UG 软件应用认证指导用书

UG NX 9.0 数控加工实例精解

北京兆迪科技有限公司　编著

中国水利水电出版社
www.waterpub.com.cn

内 容 提 要

本书是进一步学习 UG NX 9.0 数控加工编程的实例图书，选用的实例都是生产一线实际应用中的各种产品，经典而实用。

本书讲解中所选用的范例、实例或应用案例覆盖了不同行业，具有很强的实用性和广泛的适用性。本书附带 2 张多媒体 DVD 学习光盘，制作了 138 个 UG 数控加工编程技巧和具有针对性的实例教学视频，并进行了详细的语音讲解，时间长达 9.8 个小时（602 分钟）；光盘中还包含本书的素材文件和已完成的实例文件（2 张 DVD 光盘教学文件容量共计 6.6GB）。另外，为方便 UG 低版本用户的学习，光盘中特提供了 UG NX 8.0 和 UG NX 8.5 版本主要章节的素材源文件。

本书在内容上，先针对每一个实例进行概述，说明该实例的特点、设计构思、操作技巧及重点掌握内容和要用到的操作命令，使读者对它有一个整体概念，学习也更有针对性；接下来的操作步骤翔实、透彻，图文并茂，引领读者一步步完成模型的创建。这种讲解方法能够使读者更快、更深入地理解 UG 数控加工编程中的一些抽象的概念和复杂的命令及功能。在写作方式上，紧贴软件的实际操作界面，采用软件中真实的对话框、操控板和按钮等进行讲解，使初学者能够直观、准确地操作软件，从而尽快上手，提高学习效率。本书内容全面，条理清晰，实例丰富，讲解详细，图文并茂，可作为工程技术人员学习 UG 数控加工的自学教程和参考书，也可作为大中专院校学生和各类培训学校学员的 CAD/CAM 课程上课及上机练习教材。

图书在版编目（C I P）数据

UG NX 9.0 数控加工实例精解 / 北京兆迪科技有限公司编著. -- 北京 ： 中国水利水电出版社，2014.5（2020.7 重印）
UG 软件应用认证指导用书
ISBN 978-7-5170-1871-1

Ⅰ．①U… Ⅱ．①北… Ⅲ．①数控机床－加工－计算机辅助设计－应用软件 Ⅳ．①TG659-39

中国版本图书馆 CIP 数据核字（2014）第 067629 号

策划编辑：杨庆川/杨元泓　　责任编辑：张玉玲　　加工编辑：鲁林林　　封面设计：梁　燕

书　　名	UG 软件应用认证指导用书 **UG NX 9.0 数控加工实例精解**
作　　者	北京兆迪科技有限公司　编著
出版发行	中国水利水电出版社 （北京市海淀区玉渊潭南路 1 号 D 座　100038） 网址：www.waterpub.com.cn E-mail：mchannel@263.net（万水） 　　　　sales@waterpub.com.cn 电话：（010）68367658（发行部）、82562819（万水）
经　　售	北京科水图书销售中心（零售） 电话：（010）88383994、63202643、68545874 全国各地新华书店和相关出版物销售网点
排　　版	北京万水电子信息有限公司
印　　刷	三河市铭浩彩色印装有限公司
规　　格	184mm×260mm　16 开本　22 印张　463 千字
版　　次	2014 年 5 月第 1 版　2020 年 7 月第 2 次印刷
印　　数	4001—5000 册
定　　价	49.00 元（附 2 张 DVD）

前　　言

UG 是由 UGS 公司推出的功能强大的三维 CAD/CAM/CAE 软件系统，其内容涵盖了产品从概念设计、工业造型设计、三维模型设计、分析计算、动态模拟与仿真、工程图输出，到生产加工成产品的全过程，应用范围涉及航空航天、汽车、机械、造船、通用机械、数控（NC）加工、医疗器械和电子等诸多领域。

要熟练掌握 UG 中各种数控加工方法及其应用，只靠理论学习和少量的练习是远远不够的。编著本书的目的正是为了使读者通过学习书中的经典实例，迅速掌握各种数控加工方法、技巧和复杂零件的加工工艺安排，使读者在短时间内成为一名 UG 数控加工技术高手。本书是进一步学习 UG NX 9.0 数控加工技术的实例图书，其特色如下：

● 实例丰富。与其他同类书籍相比，包括更多的数控加工实例和加工方法与技巧，对读者的实际数控加工具有很好的指导和借鉴作用。

● 讲解详细，条理清晰，保证自学的读者能独立学习和灵活运用书中的内容。

● 写法独特。采用 UG NX 9.0 软件中真实的对话框、按钮和图标等进行讲解，使初学者能够直观、准确地操作软件，从而大大地提高学习效率。

● 附加值高。本书附带 2 张多媒体 DVD 学习光盘，制作了 138 个 UG 数控加工编程技巧和具有针对性的实例教学视频，并进行了详细的语音讲解，时间长达 9.8 个小时（602 分钟），两张 DVD 光盘教学文件容量共计 6.6GB，可以帮助读者轻松、高效地学习。

本书主要参编人员来自北京兆迪科技有限公司，展迪优承担本书的主要编写工作，参加编写的人员还有周涛、黄红霞、尹泉、李行、詹超、尹佩文、赵磊、王晓萍、陈淑童、周攀、吴伟、王海波、高策、冯华超、周思思、黄光辉、党辉、冯峰、詹聪、平迪、管璇、王平、李友荣。该公司专门从事 CAD/CAM/CAE 技术的研究、开发、咨询及产品设计与制造服务，并提供 UG、ANSYS、ADAMS 等软件的专业培训及技术咨询。在本书编写过程中得到了该公司的大力帮助，在此表示衷心的感谢。读者在学习本书的过程中如果遇到问题，可通过访问该公司的网站 http://www.zalldy.com 来获得帮助。

编　者

本 书 导 读

为了能更高效地学习本书，务必请您仔细阅读下面的内容。

写作环境

本书使用的操作系统为 64 位的 Windows 7，系统主题采用 Windows 经典主题。

本书采用的写作蓝本是 UG NX 9.0 中文版。

光盘使用

为方便读者练习，特将本书所有素材文件、已完成的实例文件、配置文件和视频语音讲解文件等放入随书附带的光盘中，读者在学习过程中可以打开相应素材文件进行操作和练习。

本书附带多媒体 DVD 光盘 2 张，建议读者在学习本书前，先将两张 DVD 光盘中的所有文件复制到计算机硬盘的 D 盘中，然后再将第二张光盘 ug90.11-video2 文件夹中的所有文件复制到第一张光盘的 video 文件夹中。在 D 盘上 ug90.11 目录下共有 3 个子目录：

（1）work 子目录：包含本书的全部已完成的实例文件。

（2）video 子目录：包含本书的视频录像文件（含语音讲解）。读者在学习时，可在该子目录中按顺序查找所需的视频文件。

（3）before 子目录：为方便 UG 低版本用户和读者的学习，光盘中特提供了 UG NX 8.0 和 UG NX 8.5 版本的配套素材源文件。

光盘中带有 ok 扩展名的文件或文件夹表示已完成的范例。

本书约定

● 本书中有关鼠标操作的说明如下：

    ☑　单击：将鼠标指针移至某位置处，然后按一下鼠标的左键。

    ☑　双击：将鼠标指针移至某位置处，然后连续快速地按两次鼠标的左键。

    ☑　右击：将鼠标指针移至某位置处，然后按一下鼠标的右键。

    ☑　单击中键：将鼠标指针移至某位置处，然后按一下鼠标的中键。

    ☑　滚动中键：只是滚动鼠标的中键，而不能按中键。

    ☑　选择（选取）某对象：将鼠标指针移至某对象上，单击以选取该对象。

    ☑　拖移某对象：将鼠标指针移至某对象上，然后按下鼠标的左键不放，同时移动鼠标，将该对象移动到指定的位置后再松开鼠标的左键。

- 本书中的操作步骤分为 Task、Stage 和 Step 三个级别，说明如下：

  ☑ 对于一般的软件操作，每个操作步骤以 Step 字符开始。例如，下面是草绘环境中绘制矩形操作步骤的表述：

  Step1. 单击 按钮。

  Step2. 在绘图区某位置单击，放置矩形的第一个角点，此时矩形呈"橡皮筋"样变化。

  Step3. 单击 XY 按钮，再次在绘图区某位置单击，放置矩形的另一个角点。此时，系统即在两个角点间绘制一个矩形，如图 4.7.13 所示。

  ☑ 每个 Step 操作视其复杂程度，其下面可含有多级子操作。例如 Step1 下可能包含（1）、（2）、（3）等子操作，（1）子操作下可能包含①、②、③等子操作，①子操作下可能包含 a）、b）、c）等子操作。

  ☑ 如果操作较复杂，需要几个大的操作步骤才能完成，则每个大的操作冠以 Stage1、Stage2、Stage3 等，Stage 级别的操作下再分 Step1、Step2、Step3 等子操作。

  ☑ 多个任务的操作，则每个任务冠以 Task1、Task2、Task3 等，每个 Task 操作下则可包含 Stage 和 Step 级别的操作。

- 已建议读者将随书光盘中的所有文件复制到计算机硬盘的 D 盘中，所以书中在要求设置工作目录或打开光盘文件时，所述的路径均以"D:"开始。

技术支持

本书主要参编人员来自北京兆迪科技有限公司，该公司专门从事 CAD/CAM/CAE 技术的研究、开发、咨询及产品设计与制造服务，并提供 UG、ANSYS、ADAMS 等软件的专业培训及技术咨询。读者在学习本书的过程中如果遇到问题，可通过访问该公司的网站 http://www.zalldy.com 来获得技术支持。

咨询电话：010-82176248，010-82176249。

目　　录

实例 **1** 泵 盖 加 工

本实例是泵体端盖的加工，在制定加工工序时，应仔细考虑哪些区域需要精加工，哪些区域只需粗加工，哪些区域不需要加工。在泵体端盖的加工过程中，主要是平面和孔系的加工。下面将介绍零件加工的具体过程，其加工工艺路线如图 1.1 所示。

a）底壁加工工序（一）　　b）中心钻加工工序　　c）钻孔工序（一）

f）铰孔工序（一）　　e）钻孔工序（三）　　d）钻孔工序（二）

g）铰孔工序（二）　　h）钻埋头孔工序　　i）底壁加工工序（二）

图 1.1　加工工艺路线

Task1．打开模型文件并进入加工模块

Step1. 打开模型文件 D:\ug90.11\work\ch01\ pump_asm.prt。

Step2. 进入加工环境。选择下拉菜单 启动 ➡ 加工(R)... 命令，系统弹出"加工环境"对话框；在"加工环境"对话框的 CAM 会话配置 列表框中选择 cam_general 选项，在 要创建的 CAM 设置 列表框中选择 mill_planar 选项，单击 确定 按钮，进入加工环境。

Task2．创建几何体

Stage1．创建加工坐标系

将工序导航器调整到几何视图，双击节点 MCS_MILL，系统弹出"MCS 铣削"对话

框。采用系统默认的机床坐标系，如图 1.2 所示。

Stage2. 创建部件几何体

Step1. 在工序导航器中双击 ⊞ MCS_MILL 节点下的 WORKPIECE，系统弹出"工件"对话框。

Step2. 选取部件几何体。在"工件"对话框中单击 按钮，系统弹出"部件几何体"对话框。

Step3. 在图形区中选择 PUMP-TOP 零件模型实体为部件几何体。在"部件几何体"对话框中单击 确定 按钮，完成部件几何体的创建，同时系统返回到"工件"对话框。

Stage3. 创建毛坯几何体

Step1. 在"工件"对话框中单击 按钮，系统弹出"毛坯几何体"对话框，在图形区中选取 PUMP-TOP-ROUGH 模型实体为部件几何体。

Step2. 单击 确定 按钮，完成毛坯几何体的创建，系统返回到"工件"对话框。

Step3. 单击"工件"对话框中的 确定 按钮，完成铣削几何体的定义。

Step4. 将工序导航器调整到几何视图，然后双击 ⊞ MCS_MILL 节点下的 WORKPIECE，系统弹出"工件"对话框。

说明：为了方便后续的选取，可以在设置工件后先将毛坯几何体进行隐藏。

Task3. 创建刀具 1

Step1. 将工序导航器调整到机床视图。

Step2. 选择下拉菜单 插入(S) ➡ 刀具(T)... 命令，系统弹出"创建刀具"对话框。

Step3. 在"创建刀具"对话框的 类型 下拉列表中选择 mill planar 选项，在 刀具子类型 区域中单击 MILL 按钮 ，在 位置 区域的 刀具 下拉列表中选择 GENERIC_MACHINE 选项，在 名称 文本框中输入 D50，然后单击 确定 按钮，系统弹出"铣刀-5 参数"对话框。

Step4. 在 (D) 直径 文本框中输入值 50，在 刀具号 文本框中输入值 1，在 补偿寄存器 文本框中输入值 1，在 刀具补偿寄存器 文本框中输入值 1，其他参数采用系统默认设置，单击 确定 按钮，完成刀具的创建。

Task4. 创建底壁加工工序

Stage1. 插入工序

Step1. 选择下拉菜单 插入(S) ➡ 工序(E)... 命令，系统弹出"创建工序"对话框。

Step2. 确定加工方法。在"创建工序"对话框的 类型 下拉列表中选择 mill_planar 选项，在 工序子类型 区域中单击"底壁加工"按钮 ，在 程序 下拉列表中选择 PROGRAM 选项，在 刀具 下拉列表中选择 D50（铣刀-5 参数）选项，在 几何体 下拉列表中选择 WORKPIECE 选项，在 方法 下拉列表中选择 MILL_SEMI_FINISH 选项，采用系统默认的名称。

Step3. 在"创建工序"对话框中单击 确定 按钮，系统弹出"底壁加工"对话框。

Stage2. 指定切削区域

Step1. 在 几何体 区域中单击"选择或编辑切削区域几何体"按钮 ，系统弹出"切削区域"对话框。

Step2. 选取图 1.3 所示的面为切削区域，在"切削区域"对话框中单击 确定 按钮，完成切削区域的创建，同时系统返回到"底壁加工"对话框。

图 1.2　机床坐标系　　　　　　　　　图 1.3　切削区域

Stage3. 设置刀具路径参数

Step1. 设置切削模式。在 刀轨设置 区域的 切削模式 下拉列表中选择 往复 选项。

Step2. 设置步进方式。在 步距 下拉列表中选择 刀具平直百分比 选项，在 平面直径百分比 文本框中输入值 50，其他参数接受系统默认设置。

Stage4. 设置切削参数

单击"底壁加工"对话框 刀轨设置 区域中的"切削参数"按钮 ，系统弹出"切削参数"对话框。在"切削参数"对话框中单击 策略 选项卡，在 简化形状 下拉列表中选择 凸包 选项，单击 余量 选项卡，在 最终底面余量 文本框中输入值 0.3，其他参数接受系统默认设置。

Stage5. 设置非切削移动参数

参数设置采用系统默认的非切削移动参数值。

Stage6. 设置进给率和速度

Step1. 单击"底壁加工"对话框中的"进给率和速度"按钮 ，系统弹出"进给率和速度"对话框。

Step2. 选中 主轴速度 区域中的 ☑ 主轴速度 (rpm) 复选框，在其后的文本框中输入值 500，在 进给率 区域的 切削 文本框中输入值 200，按 Enter 键，然后单击 按钮。

Step3. 单击"进给率和速度"对话框中的 确定 按钮，系统返回"底壁加工"对话框。

Stage7. 生成刀路轨迹并仿真

生成的刀路轨迹如图 1.4 所示，2D 动态仿真加工后的模型如图 1.5 所示。

图 1.4　刀路轨迹

图 1.5　2D 仿真结果

Task5. 创建刀具 2

Step1. 将工序导航器调整到机床视图。

Step2. 选择下拉菜单 插入(S) ➡ 刀具(T)... 命令，系统弹出"创建刀具"对话框。

Step3. 在"创建刀具"对话框的 类型 下拉列表中选择 hole_making 选项，在 刀具子类型 区域中单击 CENTERDRILL 按钮，在 位置 区域的 刀具 下拉列表中选择 GENERIC_MACHINE 选项，在 名称 文本框中输入 C3，然后单击 确定 按钮，系统弹出"铣刀-5 参数"对话框。

Step4. 在 (TD) 刀尖直径 文本框中输入值 3，在 刀具号 文本框中输入值 2，在 补偿寄存器 文本框中输入值 2，其他参数采用系统默认设置，单击 确定 按钮，完成刀具的创建。

Task6. 创建中心钻加工工序

Stage1. 插入工序

Step1. 选择下拉菜单 插入(S) ➡ 工序(E)... 命令，系统弹出"创建工序"对话框。

Step2. 确定加工方法。在"创建工序"对话框的 类型 下拉列表中选择 drill 选项，在 工序子类型 区域中单击"定心钻孔"按钮，在 程序 下拉列表中选择 PROGRAM 选项，在 刀具 下拉列表中选择 C3 (中心钻) 选项，在 几何体 下拉列表中选择 WORKPIECE 选项，在 方法 下拉列表中选择 DRILL_METHOD 选项，采用系统默认的名称。

Step3. 在"创建工序"对话框中单击 确定 按钮，系统弹出"定心钻孔"对话框。

Stage2. 指定钻孔点

Step1. 指定钻孔点。

（1）单击"定心钻孔"对话框 指定孔 右侧的 按钮，系统弹出"点到点几何体"对话框，单击 选择 按钮，系统弹出"点位选择"对话框，单击 面上所有孔 按钮，系统弹出"选择面"对话框。

（2）在图形区选取图 1.6 所示的面，分别单击"选择面"对话框与"点位选择"对话框中的 确定 按钮，然后再单击"点到点几何体"对话框中的 优化 按钮、

最短刀轨 按钮、 优化 按钮、 接受 按钮，最后单击 确定 按钮，返回"定心钻孔"对话框。

Step2. 指定顶面。单击"定心钻孔"对话框 指定顶面 右侧的 按钮，系统弹出"顶部曲面"对话框；在"顶部曲面"对话框的 顶面选项 下拉列表中选择 面 选项，然后选取图 1.6 所示的面；单击"顶部曲面"对话框中的 确定 按钮，返回"定心钻孔"对话框。

Stage3. 设置循环控制参数

Step1. 在"定心钻孔"对话框 循环类型 区域的 循环 下拉列表中选择 标准钻... 选项，单击"编辑参数"按钮 ，系统弹出"指定参数组"对话框。

Step2. 在"指定参数组"对话框中采用系统默认的参数组序号 1，单击 确定 按钮，系统弹出"Cycle 参数"对话框，单击 Depth (Tip) - 0.0000 按钮，系统弹出"Cycle 深度"对话框。

Step3. 单击 刀尖深度 按钮，系统弹出"深度"对话框，在 深度 文本框中输入值 3，单击 确定 按钮，系统返回到"Cycle 参数"对话框。

Step4. 单击 Dwell - ##59 按钮，系统弹出 Cycle Dwell 对话框，单击 关 按钮，单击"Cycle 参数"对话框中的 确定 按钮，返回"定心钻孔"对话框。

Stage4. 避让设置

Step1. 单击"定心钻孔"对话框中的"避让"按钮 ，系统弹出"避让几何体"对话框。

Step2. 单击"避让几何体"对话框中的 Clearance Plane -无 按钮，系统弹出"安全平面"对话框。

Step3. 单击"安全平面"对话框中的 指定 按钮，系统弹出"平面"对话框，选取图 1.7 所示的平面为参照，然后在 偏置 区域的 距离 文本框中输入值 20，单击 确定 按钮，系统返回"安全平面"对话框并创建一个安全平面，单击"安全平面"对话框中的 显示 按钮可以查看创建的安全平面，如图 1.8 所示。

图 1.6 指定顶面   图 1.7 选取参考面   图 1.8 安全平面

Step4. 单击"安全平面"对话框中的 确定 按钮，返回"避让几何体"对话框，然后单击"避让几何体"对话框中的 确定 按钮，完成安全平面的设置，返回"定心钻孔"对话框。

Stage5. 设置进给率和速度

Step1. 单击"定心钻孔"对话框中的"进给率和速度"按钮，系统弹出"进给率和速度"对话框。

Step2. 在"进给率和速度"对话框中选中 ☑ 主轴速度（rpm）复选框，然后在其文本框中输入值 2400，按 Enter 键，然后单击 按钮，在 切削 文本框中输入值 200，按 Enter 键，然后单击 按钮，其他选项采用系统默认设置，单击 确定 按钮。

Stage6. 生成刀路轨迹并仿真

生成的刀路轨迹如图 1.9 所示，2D 动态仿真加工后的模型如图 1.10 所示。

图 1.9　刀路轨迹　　　　　　　　　　图 1.10　2D 仿真结果

Task7. 创建刀具 3

Step1. 将工序导航器调整到机床视图。

Step2. 选择下拉菜单 插入(S) ➡ 刀具(T)... 命令，系统弹出"创建刀具"对话框。

Step3. 在"创建刀具"对话框的 类型 下拉列表中选择 drill 选项，在 刀具子类型 区域中单击 DRILLING_TOOL 按钮，在 位置 区域的 刀具 下拉列表中选择 GENERIC_MACHINE 选项，在 名称 文本框中输入 DR9，然后单击 确定 按钮，系统弹出"钻刀"对话框。

Step4. 在 (D) 直径 文本框中输入值 9，在 刀具号 文本框中输入值 3，在 补偿寄存器 文本框中输入值 3，其他参数采用系统默认设置，单击 确定 按钮，完成刀具的创建。

Task8. 创建钻孔工序 1

Stage1. 插入工序

Step1. 选择下拉菜单 插入(S) ➡ 工序(E)... 命令，系统弹出"创建工序"对话框。

Step2. 在"创建工序"对话框的 类型 下拉列表中选择 drill 选项，在 工序子类型 区域中单击"钻孔"按钮，在 程序 下拉列表中选择 PROGRAM 选项，在 刀具 下拉列表中选择 DR9（钻刀）选项，在 几何体 下拉列表中选择 WORKPIECE 选项，在 方法 下拉列表中选择 DRILL_METHOD 选项，其他参数采用系统默认设置。

Step3．单击"创建工序"对话框中的 确定 按钮，系统弹出"钻孔"对话框。

Stage2．指定钻孔点

Step1．指定钻孔点。

（1）单击"钻孔"对话框 指定孔 右侧的 按钮，系统弹出"点到点几何体"对话框，单击 选择 按钮，系统弹出"点位选择"对话框。单击 面上所有孔 按钮，系统弹出"选择面"对话框。

（2）单击 最小直径 -无 按钮，然后在 直径 文本框中输入 9，单击 确定 按钮，选取图 1.11 所示的面，分别单击"选择面"对话框和"点位选择"对话框中的 确定 按钮，返回"点到点几何体"对话框。

（3）分别单击"点到点几何体"对话框中的 优化 按钮、最短刀轨 按钮、 优化 按钮、接受 按钮，然后单击 确定 按钮，返回"钻孔"对话框。

Step2．指定顶面。单击"钻孔"对话框 指定顶面 右侧的 按钮，系统弹出"顶部曲面"对话框；在"顶部曲面"对话框的 顶面选项 下拉列表中选择 面 选项，选取图 1.11 所示的面；单击"顶部曲面"对话框中的 确定 按钮，返回"钻孔"对话框。

Step3．指定底面。单击"钻孔"对话框 指定底面 右侧的 按钮，系统弹出"底面"对话框；在"底面"对话框的 底面选项 下拉列表中选择 面 选项，选取图 1.12 所示的面；单击"底面"对话框中的 确定 按钮，返回"钻孔"对话框。

图 1.11　指定顶面

图 1.12　指定底面

Stage3．设置循环控制参数

接受系统默认参数设置。

Stage4．设置一般参数

接受系统默认参数设置。

Stage5．避让设置

Step1. 单击"钻孔"对话框中的"避让"按钮 ，系统弹出"避让几何体"对话框。

Step2. 单击"避让几何体"对话框中的 <u>Clearance Plane -无</u> 按钮，系统弹出"安全平面"对话框。

Step3. 单击"安全平面"对话框中的 <u>指定</u> 按钮，系统弹出"平面"对话框，选取图1.13所示的平面为参照，然后在 偏置 区域的 距离 文本框中输入值20，单击 确定 按钮，系统返回"安全平面"对话框并创建一个安全平面，如图1.14所示。

Step4. 单击"安全平面"对话框中的 确定 按钮，返回"避让几何体"对话框，然后单击"避让几何体"对话框中的 确定 按钮，完成安全平面的设置，返回"钻孔"对话框。

图1.13　选取参照平面

图1.14　创建安全平面

Stage6．设置进给率和速度

Step1. 单击"钻孔"对话框中的"进给率和速度"按钮，系统弹出"进给率和速度"对话框。

Step2. 在"进给率和速度"对话框中选中 ☑ 主轴速度（rpm）复选框，然后在其文本框中输入值1500，按 Enter 键，单击 按钮，在 切削 文本框中输入值250，按 Enter 键，单击 按钮，其他选项采用系统默认设置，单击 确定 按钮。

Stage7．生成刀路轨迹并仿真

生成的刀路轨迹如图1.15所示，2D动态仿真加工后的结果如图1.16所示。

图1.15　刀路轨迹

图1.16　2D仿真结果

Task9．创建刀具 4

Step1．将工序导航器调整到机床视图。

Step2．选择下拉菜单 插入(S) ➡ 刀具(T)... 命令，系统弹出"创建刀具"对话框。

Step3．在"创建刀具"对话框的 类型 下拉列表中选择 drill 选项，在 刀具子类型 区域中单击 DRILLING_TOOL 按钮，在 位置 区域的 刀具 下拉列表中选择 GENERIC_MACHINE 选项，在 名称 文本框中输入 DR14.8，然后单击 确定 按钮，系统弹出"钻刀"对话框。

Step4．在 (D) 直径 文本框中输入值 14.8，在 刀具号 文本框中输入值 4，在 补偿寄存器 文本框中输入值 4，其他参数采用系统默认设置，单击 确定 按钮，完成刀具的创建。

Task10．创建钻孔工序 2

Stage1．插入工序

Step1．选择下拉菜单 插入(S) ➡ 工序(E)... 命令，系统弹出"创建工序"对话框。

Step2．在"创建工序"对话框的 类型 下拉列表中选择 drill 选项，在 工序子类型 区域中单击"钻孔"按钮，在 程序 下拉列表中选择 PROGRAM 选项，在 刀具 下拉列表中选择 DR14.8 (钻刀) 选项，在 几何体 下拉列表中选择 WORKPIECE 选项，在 方法 下拉列表中选择 DRILL_METHOD 选项，其他参数采用系统默认设置。

Step3．单击"创建工序"对话框中的 确定 按钮，系统弹出"钻孔"对话框。

Stage2．指定钻孔点

Step1．指定钻孔点。单击"钻孔"对话框 指定孔 右侧的 按钮，系统弹出"点到点几何体"对话框，单击 选择 按钮，系统弹出"点位选择"对话框；在图形区选取图 1.17 所示的孔边线，分别单击"点位选择"对话框和"点到点几何体"对话框中的 确定 按钮，返回"钻孔"对话框。

Step2．指定顶面。单击"钻孔"对话框 指定顶面 右侧的 按钮，系统弹出"顶部曲面"对话框；在"顶部曲面"对话框的 顶面选项 下拉列表中选择 面 选项，然后选取图 1.18 所示的面；单击"顶部曲面"对话框中的 确定 按钮，返回"钻孔"对话框。

图 1.17　选择孔边线

图 1.18　指定顶面

Stage3. 设置循环控制参数

接受系统默认参数设置。

Stage4. 设置一般参数

接受系统默认参数设置。

Stage5. 避让设置

接受系统默认参数设置。

Stage6. 设置进给率和速度

Step1. 单击"钻孔"对话框中的"进给率和速度"按钮 ，系统弹出"进给率和速度"对话框。

Step2. 在"进给率和速度"对话框中选中 主轴速度 (rpm) 复选框，然后在其文本框中输入值 800，按 Enter 键，单击 按钮，在 切削 文本框中输入值 200，按 Enter 键，单击 按钮，其他选项采用系统默认设置，单击 确定 按钮。

Stage7. 生成刀路轨迹并仿真

生成的刀路轨迹如图 1.19 所示，2D 动态仿真加工后的结果如图 1.20 所示。

图 1.19　刀路轨迹

图 1.20　2D 仿真结果

Task11. 创建刀具 5

Step1. 将工序导航器调整到机床视图。

Step2. 选择下拉菜单 插入(S) ➡ 刀具(T)... 命令，系统弹出"创建刀具"对话框。

Step3. 在"创建刀具"对话框的 类型 下拉列表中选择 drill 选项，在 刀具子类型 区域中单击 DRILLING_TOOL 按钮 ，在 位置 区域的 刀具 下拉列表中选择 GENERIC_MACHINE 选项，在 名称 文本框中输入 DR5.7，单击 确定 按钮，系统弹出"钻刀"对话框。

Step4. 在 (D) 直径 文本框中输入值 5.7，在 刀具号 文本框中输入值 5，在 补偿寄存器 文本框中输入值 5，其他参数采用系统默认设置，单击 确定 按钮，完成刀具的创建。

Task12. 创建钻孔工序 3

Stage1. 插入工序

Step1. 选择下拉菜单 插入(S) ➡ 工序(E)... 命令，系统弹出"创建工序"对话框。

Step2. 在"创建工序"对话框的 类型 下拉列表中选择 drill 选项，在 工序子类型 区域中单击"钻孔"按钮 ⇩，在 刀具 下拉列表中选择 DR5.7 (钻刀) 选项，其他参数采用系统默认设置。

Step3. 单击"创建工序"对话框中的 确定 按钮，系统弹出"钻孔"对话框。

Stage2. 指定钻孔点

Step1. 指定钻孔点。单击"钻孔"对话框 指定孔 右侧的 按钮，系统弹出"点到点几何体"对话框，单击 选择 按钮，系统弹出"点位选择"对话框；在图形区选取图1.21所示的孔边线，分别单击"点位选择"对话框和"点到点几何体"对话框中的 确定 按钮，返回"钻孔"对话框。

Step2. 指定顶面。单击"钻孔"对话框 指定顶面 右侧的 按钮，系统弹出"顶部曲面"对话框；在"顶部曲面"对话框的 顶面选项 下拉列表中选择 面 选项，选取图1.22所示的面；单击"顶部曲面"对话框中的 确定 按钮，返回"钻孔"对话框。

Step3. 指定底面。单击"钻孔"对话框 指定底面 右侧的 按钮，系统弹出"底面"对话框；在"底面"对话框的 底面选项 下拉列表中选择 面 选项，选取图1.23所示的面；单击"底面"对话框中的 确定 按钮，返回"钻孔"对话框。

图1.21 选择孔边线

图1.22 指定顶面

图1.23 指定底面

Stage3. 设置循环控制参数

接受系统默认参数设置。

Stage4. 设置一般参数

接受系统默认参数设置。

Stage5. 避让设置

接受系统默认参数设置。

Stage6. 设置进给率和速度

Step1. 单击"钻孔"对话框中的"进给率和速度"按钮 ，系统弹出"进给率和速度"对话框。

Step2. 在"进给率和速度"对话框中选中 ☑ 主轴速度（rpm）复选框，然后在其文本框中输入值 2000，按 Enter 键，单击 按钮，在 切削 文本框中输入值 200，按 Enter 键，单击 按钮，其他选项采用系统默认设置，单击 确定 按钮。

Stage7. 生成刀路轨迹并仿真

生成的刀路轨迹如图 1.24 所示，2D 动态仿真加工后的结果如图 1.25 所示。

图 1.24　刀路轨迹　　　　　　　　　图 1.25　2D 仿真结果

Task13. 创建刀具 6

Step1. 将工序导航器调整到机床视图。

Step2. 选择下拉菜单 插入(S) ➡ 刀具(T)... 命令，系统弹出"创建刀具"对话框。

Step3. 在"创建刀具"对话框的 类型 下拉列表中选择 drill 选项，在 刀具子类型 区域中单击 REAMER 按钮 ，在 位置 区域的 刀具 下拉列表中选择 GENERIC_MACHINE 选项，在 名称 文本框中输入 RE15，然后单击 确定 按钮，系统弹出"钻刀"对话框。

Step4. 在 (D) 直径 文本框中输入值 15，在 刀具号 文本框中输入值 6，在 补偿寄存器 文本框中输入值 6，其他参数采用系统默认设置，单击 确定 按钮，完成刀具的创建。

Task14. 创建铰孔工序 1

Stage1. 插入工序

Step1. 选择下拉菜单 插入(S) ➡ 工序(E)... 命令，系统弹出"创建工序"对话框。

Step2. 在"创建工序"对话框的 类型 下拉列表中选择 drill 选项，在 工序子类型 区域中单击"铰"按钮 ，在 刀具 下拉列表中选择 RE15 (钻刀) 选项，其他参数采用系统默认设置。

Step3. 单击"创建工序"对话框中的 确定 按钮，系统弹出"铰"对话框。

Stage2. 指定钻孔点

Step1. 指定钻孔点。单击"铰"对话框 指定孔 右侧的 按钮，系统弹出"点到点几何体"对话框，单击 选择 按钮，系统弹出"点位选择"对话框；在图形区选取图 1.26 所示的孔边线，分别单击"点位选择"对话框和"点到点几何体"对话框中的 确定 按钮，返回"铰"对话框。

Step2. 指定顶面。单击"铰"对话框 指定顶面 右侧的 按钮，系统弹出"顶部曲面"对话框；在"顶部曲面"对话框的 顶面选项 下拉列表中选择 面 选项，然后选取图 1.27 所示的面；单击"顶部曲面"对话框中的 确定 按钮，返回"铰"对话框。

图 1.26 选择孔边线

图 1.27 指定顶面

Stage3. 设置循环控制参数

Step1. 在"铰"对话框 循环类型 区域的 循环 下拉列表中选择 标准钻... 选项，单击"编辑参数"按钮，系统弹出"指定参数组"对话框。

Step2. 在"指定参数组"对话框中采用系统默认的参数组序号 1，单击 确定 按钮，系统弹出"Cycle 参数"对话框，单击 Depth -模型深度 按钮，系统弹出"Cycle 深度"对话框。

Step3. 在"Cycle 深度"对话框中单击 模型深度 按钮，系统自动计算实体中孔的深度，并返回"Cycle 参数"对话框。

Step4. 单击 Dwell - 关 按钮，系统弹出 Cycle Dwell 对话框，在 Cycle Dwell 对话框中单击 秒 按钮，系统弹出"秒"对话框，在文本框中输入值 3，单击"秒"对话框和"Cycle 参数"对话框中的 确定 按钮，系统返回"铰"对话框。

Stage4. 设置一般参数

接受系统默认参数设置。

Stage5. 避让设置

接受系统默认参数设置。

Stage6. 设置进给率和速度

Step1. 单击"铰"对话框中的"进给率和速度"按钮，系统弹出"进给率和速度"对话框。

Step2. 在"进给率和速度"对话框中选中 ☑ 主轴速度 (rpm) 复选框，然后在其文本框中输入值 700，按 Enter 键，单击 按钮，在 切削 文本框中输入值 200，按 Enter 键，单击 按钮，其他选项采用系统默认设置，单击 确定 按钮。

Stage7. 生成刀路轨迹并仿真

生成的刀路轨迹如图 1.28 所示，2D 动态仿真加工后的结果如图 1.29 所示。

图 1.28　刀路轨迹　　　　　　　图 1.29　2D 仿真结果

Task15. 创建刀具 7

Step1. 将工序导航器调整到机床视图。

Step2. 选择下拉菜单 插入(S) ➡ 刀具(T)... 命令，系统弹出"创建刀具"对话框。

Step3. 在"创建刀具"对话框的 类型 下拉列表中选择 drill 选项，在 刀具子类型 区域中单击 REAMER 按钮，在 位置 区域的 刀具 下拉列表中选择 GENERIC_MACHINE 选项，在 名称 文本框中输入 RE6，然后单击 确定 按钮，系统弹出"钻刀"对话框。

Step4. 在 (D) 直径 文本框中输入值 6，在 刀具号 文本框中输入值 7，在 补偿寄存器 文本框中输入值 7，其他参数采用系统默认设置，单击 确定 按钮，完成刀具的创建。

Task16. 创建铰孔工序 2

Stage1. 插入工序

Step1. 选择下拉菜单 插入(S) ➡ 工序(E)... 命令，系统弹出"创建工序"对话框。

Step2. 在"创建工序"对话框的 类型 下拉列表中选择 drill 选项，在 工序子类型 区域中单击"钻孔"按钮，在 刀具 下拉列表中选择 RE6 (钻刀) 选项，其他参数采用系统默认设置。

Step3. 单击"创建工序"对话框中的 确定 按钮，系统弹出"钻孔"对话框。

Stage2. 指定钻孔点

Step1. 指定钻孔点。单击"铰"对话框 指定孔 右侧的 按钮，系统弹出"点到点几何体"对话框，单击 选择 按钮，系统弹出"点位选择"对话框；在图形区选取图 1.30 所示的孔边线，分别单击"点位选择"对话框和"点到点几何体"对话框中的 确定 按钮，返回"铰"对话框。

Step2. 指定顶面。单击"钻孔"对话框 指定顶面 右侧的 按钮，系统弹出"顶部曲面"对话框；在"顶部曲面"对话框的 顶面选项 下拉列表中选择 面选项，然后选取图 1.31 所示的面；单击"顶部曲面"对话框中的 确定 按钮，返回"钻孔"对话框。

Step3. 指定底面。单击"钻孔"对话框 指定底面 右侧的 按钮，系统弹出"底面"对话框；在"底面"对话框的 底面选项 下拉列表中选择 面选项，选取图 1.32 所示的面；单击"底面"对话框中的 确定 按钮，返回"钻孔"对话框。

图 1.30　选择孔边线　　　　图 1.31　指定顶面　　　　图 1.32　指定底面

Stage3. 设置循环控制参数

Step1. 在"铰"对话框 循环类型 区域的 循环 下拉列表中选择 标准钻... 选项，单击"编辑参数"按钮 ，系统弹出"指定参数组"对话框。

Step2. 在"指定参数组"对话框中采用系统默认的参数组序号 1，单击 确定 按钮，系统弹出"Cycle 参数"对话框，单击 Depth -模型深度 按钮，系统弹出"Cycle 深度"对话框。

Step3. 在"Cycle 深度"对话框中单击 模型深度 按钮，系统自动计算实体中孔的深度，并返回"Cycle 参数"对话框。

Step4. 单击 Dwell - 关 按钮，系统弹出 Cycle Dwell 对话框，在 Cycle Dwell 对话框中单击 秒 按钮，系统弹出"秒"对话框，在文本框中输入值 3，单击"秒"对话框和"Cycle 参数"对话框中的 确定 按钮，系统返回"铰"对话框。

Stage4. 设置一般参数

接受系统默认参数设置。

Stage5. 避让设置

接受系统默认参数设置。

Stage6. 设置进给率和速度

Step1. 单击"铰"对话框中的"进给率和速度"按钮 ，系统弹出"进给率和速度"

对话框。

Step2. 在"进给率和速度"对话框中选中 ☑ 主轴速度 (rpm) 复选框，然后在其文本框中输入值 600，按 Enter 键，单击 按钮，在 切削 文本框中输入值 200，按 Enter 键，单击 按钮，其他选项采用系统默认设置，单击 确定 按钮。

Stage7. 生成刀路轨迹并仿真

生成的刀路轨迹如图 1.33 所示，2D 动态仿真加工后的结果如图 1.34 所示。

图 1.33　刀路轨迹

图 1.34　2D 仿真结果

Task17. 创建刀具 8

Step1. 将工序导航器调整到机床视图。

Step2. 选择下拉菜单 插入(S) ➡ 刀具(T)... 命令，系统弹出"创建刀具"对话框。

Step3. 在"创建刀具"对话框的 类型 下拉列表中选择 drill 选项，在 刀具子类型 区域中单击 COUNTERSINKING_TOOL 按钮 ，在 位置 区域的 刀具 下拉列表中选择 GENERIC_MACHINE 选项，在 名称 文本框中输入 CO30，然后单击 确定 按钮，系统弹出"铣刀-5 参数"对话框。

Step4. 在 (D) 直径 文本框中输入值 30，在 刀具号 文本框中输入值 8，在 补偿寄存器 文本框中输入值 8，在 刀具补偿寄存器 文本框中输入值 8，其他参数采用系统默认设置，单击 确定 按钮，完成刀具的创建。

Task18. 创建钻埋头孔工序

Stage1. 插入工序

Step1. 选择下拉菜单 插入(S) ➡ 工序(E)... 命令，系统弹出"创建工序"对话框。

Step2. 在"创建工序"对话框的 类型 下拉列表中选择 drill 选项，在 工序子类型 区域中单击"钻埋头孔"按钮 ，在 刀具 下拉列表中选择 CO30 (铣刀-5 参数) 选项，其他参数采用系统默认设置。

Step3. 单击"创建工序"对话框中的 确定 按钮，系统弹出"钻埋头孔"对话框。

Stage2. 指定钻孔点

Step1. 指定钻孔点。单击"钻埋头孔"对话框 指定孔 右侧的 按钮，系统弹出"点到点几何体"对话框，单击 选择 按钮，系统弹出"点位选择"对话框；在图形区选取图 1.35 所示的孔边线，分别单击"点位选择"对话框和"点到点几何体"对话框中的 确定 按钮，返回"钻埋头孔"对话框。

Step2. 指定顶面。单击"钻埋头孔"对话框 指定顶面 右侧的 按钮，系统弹出"顶部曲面"对话框；在"顶部曲面"对话框的 顶面选项 下拉列表中选择 面 选项，然后选取图 1.36 所示的面；单击"顶部曲面"对话框中的 确定 按钮，返回"钻埋头孔"对话框。

选取该平面

选取这两条边线

图 1.35　选择孔边线　　　　图 1.36　指定顶面

Stage3．设置循环控制参数

Step1. 在"钻埋头孔"对话框 循环类型 区域的 循环 下拉列表中选择 标准钻，埋头孔... 选项，单击"编辑参数"按钮 ，系统弹出"指定参数组"对话框。

Step2. 在"指定参数组"对话框中采用系统默认的参数组序号 1，单击 确定 按钮，系统弹出"Cycle 参数"对话框，单击 Csink 直径 - 0.0000 按钮，在文本框中输入值 17，单击 确定 按钮，系统返回"Cycle 参数"对话框。

Step3. 在"Cycle 深度"对话框中单击 Dwell - #59 按钮，系统弹出 Cycle Dwell 对话框，在 Cycle Dwell 对话框中单击 秒 按钮，系统弹出"秒"对话框，在文本框中输入值 3，单击"秒"对话框和"Cycle 参数"对话框中的 确定 按钮，系统返回"钻埋头孔"对话框。

Stage4．设置一般参数

接受系统默认参数设置。

Stage5．避让设置

接受系统默认参数设置。

Stage6．设置进给率和速度

Step1. 单击"铰"对话框中的"进给率和速度"按钮 ，系统弹出"进给率和速度"对话框。

Step2. 在"进给率和速度"对话框中选中 ☑ 主轴速度（rpm）复选框，然后在其文本框中输入值 400，按 Enter 键，单击 ▣ 按钮，在 切削 文本框中输入值 200，按 Enter 键，单击 ▣ 按钮，其他选项采用系统默认设置，单击 确定 按钮。

Stage7. 生成刀路轨迹并仿真

生成的刀路轨迹如图 1.37 所示，2D 动态仿真加工后的结果如图 1.38 所示。

图 1.37　刀路轨迹

图 1.38　2D 仿真结果

Task19. 创建底壁加工工序

Stage1. 插入工序

Step1. 选择下拉菜单 插入(S) ➡ 工序(E)... 命令，系统弹出"创建工序"对话框。

Step2. 确定加工方法。在"创建工序"对话框的 类型 下拉列表中选择 mill_planar 选项，在 工序子类型 区域中单击"底壁加工"按钮 ⊔ ，在 程序 下拉列表中选择 PROGRAM 选项，在 刀具 下拉列表中选择 D50 (铣刀-5 参数) 选项，在 几何体 下拉列表中选择 WORKPIECE 选项，在 方法 下拉列表中选择 MILL_FINISH 选项，采用系统默认的名称。

Step3. 在"创建工序"对话框中单击 确定 按钮，系统弹出"底壁加工"对话框。

Stage2. 后面的详细操作过程请参见随书光盘 video\ch01\reference 文件下的语音视频讲解文件"泵盖加工-r01.avi"。

实例 **2** 平面铣加工

本实例讲述的是基于零件二维图形进行平面铣加工的过程。平面铣加工多用于加工零件的基准面、内腔的底面、内腔的垂直侧壁及敞开的外形轮廓等，对于加工直壁，并且岛屿顶面和槽腔底面为平面的零件尤为适用。

该模型零件的加工工艺路线如图 2.1 和图 2.2 所示。

平面铣削（一）	在模具加工中，一般用平面铣进行开粗。
平面铣削（二）	用于粗加工轮廓平面部分。
清理拐角（一）	用于加工由轮廓所形成的拐角区域。
清理拐角（二）	用于加工由轮廓所形成的拐角区域。
精加工壁（一）	用于精加工零件的侧壁。
精加工壁（二）	用于精加工零件的两个不连续的侧壁。
精加工底面	用于精加工模具的底面部分。

图 2.1　加工工艺路线（一）

Task1. 打开模型文件并进入加工模块

Step1. 打开模型文件 D:\ug90.11\work\ch02\ plane.prt。

Step2. 进入加工环境。选择下拉菜单 ⚙启动▾ ➡ █加工(R)...█命令，系统弹出"加工环境"对话框；在"加工环境"对话框的 CAM 会话配置 列表框中选择 cam_general 选项，在 要创建的 CAM 设置 列表框中选择 mill_planar 选项，单击 确定 按钮，进入加工环境。

Task2. 创建几何体

Stage1. 创建机床坐标系

Step1. 将工序导航器调整到几何视图，双击节点⊞ ⚙MCS_MILL，系统弹出"MCS 铣削"

对话框，在"MCS 铣削"对话框的 机床坐标系 区域中单击"CSYS 对话框"按钮 ，系统弹出 CSYS 对话框。

a）平面铣削（一）   b）平面铣削（二）   c）清理拐角（一）

f）精加工壁（二）   e）精加工壁（一）   d）清理拐角（二）

g）精加工底面

图 2.2　加工工艺路线（二）

Step2. 采用默认设置，然后单击 确定 按钮，完成图 2.3 所示机床坐标系的创建。

Stage2．创建安全平面

Step1. 在"MCS 铣削"对话框 安全设置 区域的 安全设置选项 下拉列表中选择 自动平面 选项，然后在 安全距离 文本框中输入值 10。

Step2. 单击"MCS 铣削"对话框中的 确定 按钮，完成安全平面的创建。

Stage3．创建部件几何体

Step1. 在工序导航器中双击 MCS_MILL 节点下的 WORKPIECE，系统弹出"工件"对话框。

Step2. 选取部件几何体。在"工件"对话框中单击 按钮，系统弹出"部件几何体"对话框。

Step3. 在"选择条"工具条中确认"类型过滤器"设置为"曲线"，在图形区选取了整个曲线图形为部件几何体，如图 2.4 所示。

Step4. 在"部件几何体"对话框中单击 确定 按钮，完成部件几何体的创建，同时系统返回到"工件"对话框。

Stage4．创建毛坯几何体

Step1. 在"工件"对话框中单击 按钮，系统弹出"毛坯几何体"对话框。

Step2. 在"毛坯几何体"对话框的 类型 下拉列表中选择 包容块 选项，在 极限 区域的 ZM-

文本框中输入值 30。

Step3. 单击"毛坯几何体"对话框中的 确定 按钮，系统返回到"工件"对话框，完成图 2.5 所示毛坯几何体的创建。

Step4. 单击"工件"对话框中的 确定 按钮。

图 2.3 创建机床坐标系

图 2.4 部件几何体

图 2.5 毛坯几何体

Task3. 创建刀具

Stage1. 创建刀具 1

Step1. 将工序导航器调整到机床视图。

Step2. 选择下拉菜单 插入(S) ➡ 刀具(T)... 命令，系统弹出"创建刀具"对话框。

Step3. 在"创建刀具"对话框的 类型 下拉列表中选择 mill_planar 选项，在 刀具子类型 区域中单击 MILL 按钮 ，在 位置 区域的 刀具 下拉列表中选择 GENERIC_MACHINE 选项，在 名称 文本框中输入 D20，然后单击 确定 按钮，系统弹出"铣刀-5 参数"对话框。

Step4. 在"铣刀-5 参数"对话框中的 (D) 直径 文本框中输入值 20，在 编号 区域的 刀具号 、补偿寄存器 、刀具补偿寄存器 文本框中均输入值 1，其他参数采用系统默认设置，单击 确定 按钮，完成刀具的创建。

Stage2. 创建刀具 2

设置刀具类型为 mill_planar 选项， 刀具子类型 为 MILL 类型（单击 按钮），刀具名称为 D8，刀具 (D) 直径 为 8，在 编号 区域的 刀具号 、补偿寄存器 、刀具补偿寄存器 文本框中均输入值 2，具体操作方法参照 Stage1。

Stage3. 创建刀具 3

设置刀具类型为 mill_planar 选项， 刀具子类型 为 MILL 类型（单击 按钮），刀具名称为 D6，刀具 (D) 直径 为 6，在 编号 区域的 刀具号 、补偿寄存器 、刀具补偿寄存器 文本框中均输入值 3，具体操作方法参照 Stage1。

Task4. 创建平面铣工序 1

Stage1. 插入工序

Step1. 选择下拉菜单 插入(S) ➡ 工序(E)... 命令，系统弹出"创建工序"对话框。

Step2. 确定加工方法。在"创建工序"对话框的 类型 下拉列表中选择 mill_planar 选项，在 工序子类型 区域中单击"平面铣"按钮 此 ，在 程序 下拉列表中选择 PROGRAM 选项，在 刀具 下拉列表中选择 D20（铣刀-5 参数）选项，在 几何体 下拉列表中选择 WORKPIECE 选项，在 方法 下拉列表中选择 MILL_ROUGH 选项，采用系统默认的名称。

Step3. 在"创建工序"对话框中单击 确定 按钮，系统弹出"平面铣"对话框。

Stage2. 指定部件边界

Step1. 在"平面铣"对话框的 几何体 区域中单击"选择或编辑部件边界"按钮 ，系统弹出如图 2.6 所示的"边界几何体"对话框。

Step2. 在 模式 下拉列表中选择 曲线/边... 选项，系统弹出"创建边界"对话框。依次选取图 2.7 所示的曲线（顺时针或逆时针），单击 创建下一个边界 按钮，在"创建边界"对话框中单击 确定 按钮，系统返回到"边界几何体"对话框，单击 确定 按钮，完成部件边界的指定。

Stage3. 指定毛坯边界

Step1. 在 几何体 区域中单击"选择或编辑毛坯边界"按钮 ，系统弹出"边界几何体"对话框。

Step2. 在 模式 下拉列表中选择 曲线/边... 选项，系统弹出"创建边界"对话框。按顺序依次选取图 2.8 所示的曲线（顺时针或逆时针），在 刀具位置 下拉列表中选择 对中 选项，单击 创建下一个边界 按钮，在"创建边界"对话框中单击 确定 按钮，系统返回到"边界几何体"对话框，单击 确定 按钮。

图 2.6 "边界几何体"对话框

图 2.7 选取曲线

图 2.8 选取曲线

Step3. 指定底面。在"平面铣"对话框的 几何体 区域中单击 按钮，系统弹出"平面"对话框；在 类型 下拉列表中选择 XC-YC 平面 选项，在 偏置和参考 区域的 距离 文本框中输入值 -15.0，单击 确定 按钮，完成底面的指定。

Stage4. 设置刀具路径参数

在 刀轨设置 区域的 切削模式 下拉列表中采用系统默认的 跟随部件 选项，在 步距 下拉列表中选择 刀具平直百分比 选项，在 平面直径百分比 文本框中输入值 50，其他参数采用系统默认设置。

Stage5. 设置切削层参数

Step1. 在 刀轨设置 区域中单击"切削层"按钮 ，系统弹出"切削层"对话框。

Step2. 在"切削层"对话框的 类型 下拉列表中选择 恒定 选项，在 公共 文本框中输入值 2，其余参数采用系统默认设置，单击 确定 按钮，系统返回到"平面铣"对话框。

Stage6. 设置切削参数

Step1. 在"平面铣"对话框中单击"切削参数"按钮 ，系统弹出"切削参数"对话框。

Step2. 在"切削参数"对话框中单击 余量 选项卡，在 最终底面余量 文本框中输入值 0.2。

Step3. 在"切削参数"对话框中单击 连接 选项卡，在 开放刀路 区域的下拉列表中选择 变换切削方向 选项。

Step4. 在"切削参数"对话框中单击 确定 按钮，系统返回到"平面铣"对话框。

Stage7. 设置非切削移动参数

参数采用系统默认设置。

Stage8. 设置进给率和速度

Step1. 单击"平面铣"对话框中的"进给率和速度"按钮 ，系统弹出"进给率和速度"对话框。

Step2. 在"进给率和速度"对话框的 主轴速度 区域中选中 ☑ 主轴速度 (rpm) 复选框，在其后的文本框中输入值 600，在 进给率 区域的 切削 文本框中输入值 250，按 Enter 键，单击 按钮，其他参数采用系统默认设置。

Step3. 单击"进给率和速度"对话框中的 确定 按钮，完成进给率和速度的设置。

Stage9. 生成刀路轨迹并仿真

生成的刀路轨迹如图 2.9 所示，2D 动态仿真加工后的结果如图 2.10 所示。

图 2.9　刀路轨迹　　　　　　　图 2.10　2D 仿真结果

Task5. 创建平面铣工序 2

Stage1. 插入工序

Step1. 选择下拉菜单 插入(S) ➡ 工序(E)... 命令，系统弹出"创建工序"对话框。

Step2. 确定加工方法。在"创建工序"对话框的 类型 下拉列表中选择 mill_planar 选项，在 工序子类型 区域中单击"平面铣"按钮 ，在 程序 下拉列表中选择 PROGRAM 选项，在 刀具 下拉列表中选择 D20 (铣刀-5 参数) 选项，在 几何体 下拉列表中选择 WORKPIECE 选项，在 方法 下拉列表中选择 MILL_ROUGH 选项，采用系统默认的名称。

Step3. 在"创建工序"对话框中单击 确定 按钮，系统弹出"平面铣"对话框。

Stage2. 指定部件边界

Step1. 在"平面铣"对话框的 几何体 区域中单击"选择或编辑部件边界"按钮 ，系统弹出"边界几何体"对话框。

Step2. 在 模式 下拉列表中选择 曲线/边... 选项，系统弹出"创建边界"对话框。在 平面 下拉列表中选择 用户定义 选项，系统弹出"平面"对话框。

Step3. 在 类型 下拉列表中选择 XC-YC 平面 选项，在 偏置和参考 区域的 距离 文本框中输入值-15，单击 确定 按钮，完成底面的指定。

Step4. 在"选择条"工具栏中确认"在相交处停止"按钮 被按下，按顺序依次选取图 2.11 所示的曲线，单击 创建下一个边界 按钮，在"创建边界"对话框中单击 确定 按钮，系统返回到"边界几何体"对话框，单击 确定 按钮，结果如图 2.12 所示。

说明：选取曲线时顺时针和逆时针都可以，但是必须按顺序依次选取。

Stage3. 指定毛坯边界

Step1. 在 几何体 区域中单击"选择或编辑毛坯边界"按钮 ，系统弹出"边界几何体"对话框。

Step2. 在 模式 下拉列表中选择 曲线/边... 选项，系统弹出"创建边界"对话框。在 平面 下

拉列表中选择 用户定义 选项，系统弹出"平面"对话框。

Step3. 在 类型 下拉列表中选择 XC-YC 平面 选项，在 偏置和参考 区域的 距离 文本框中输入值-15，单击 确定 按钮。

Step4. 按顺序依次选取图 2.13 所示的曲线(顺时针或逆时针)，单击 创建下一个边界 按钮，在"创建边界"对话框中单击 确定 按钮，系统返回到"边界几何体"对话框，单击 确定 按钮。

Step5. 指定底面。在"平面铣"对话框中的 几何体 区域中单击 按钮，系统弹出"平面"对话框，在 类型 下拉列表中选择 XC-YC 平面 选项，在 偏置和参考 区域的 距离 文本框中输入值-20，单击 确定 按钮，系统返回到"平面铣"对话框。

图 2.11　选取部件边界曲线　　图 2.12　创建部件边界　　图 2.13　选取毛坯边界曲线

Stage4. 设置切削层参数

Step1. 在 刀轨设置 区域中单击"切削层"按钮 ，系统弹出"切削层"对话框。

Step2. 在 类型 下拉列表中选择 恒定 选项，在 公共 文本框中输入值 2，其他参数采用系统默认设置，单击 确定 按钮，完成切削层参数的设置。

Stage5. 设置切削参数

Step1. 在 刀轨设置 区域中单击"切削参数"按钮 ，系统弹出"切削参数"对话框。

Step2. 在"切削参数"对话框中单击 余量 选项卡，在 部件余量 文本框中输入值 1，在 最终底面余量 文本框中输入值 0.2。

Step3. 在"切削参数"对话框中单击 连接 选项卡，在 开放刀路 下拉列表中选择 变换切削方向 选项。

Step4. 在"切削参数"对话框中单击 确定 按钮，系统返回到"平面铣"对话框。

Stage6. 设置进给率和速度

Step1. 在"平面铣"对话框中单击"进给率和速度"按钮 ，系统弹出"进给率和速度"对话框。

Step2. 在"进给率和速度"对话框中选中 ☑ 主轴速度 (rpm) 复选框，然后在其下的文本框中输入值 600，在 切削 文本框中输入值 250，其他参数采用系统默认设置。

Step3. 单击"进给率和速度"对话框中的 确定 按钮，系统返回到"平面铣"对话框。

Stage7. 生成刀路轨迹并仿真

生成的刀路轨迹如图 2.14 所示，2D 动态仿真加工后的零件模型如图 2.15 所示。

图 2.14 刀路轨迹

图 2.15 2D 仿真结果

Task6. 创建清理拐角工序 1

Stage1. 创建工序

Step1. 选择下拉菜单 插入(S) ➡ 工序(E)... 命令，系统弹出"创建工序"对话框。

Step2. 确定加工方法。在"创建工序"对话框的 类型 下拉列表中选择 mill_planar 选项，在 工序子类型 区域中单击"清理拐角"按钮 🗲，在 程序 下拉列表中选择 PROGRAM 选项，在 刀具 下拉列表中选择 D8 (铣刀-5 参数) 选项，在 几何体 下拉列表中选择 WORKPIECE 选项，在 方法 下拉列表中选择 MILL_ROUGH 选项，采用系统默认的名称。

Step3. 单击"创建工序"对话框中的 确定 按钮，系统弹出"清理拐角"对话框。

Stage2. 指定切削区域

Step1. 指定部件边界。单击"清理拐角"对话框 指定部件边界 区域右侧的 按钮，系统弹出"边界几何体"对话框；在 模式 下拉列表中选择 曲线/边... 选项，系统弹出"创建边界"对话框，在 类型 下拉列表中选择 开放的 选项，其他参数采用系统默认设置，按顺序依次选取图 2.16 所示的曲线（按逆时针选取），在 材料侧 下拉列表中选择 右 选项，单击 创建下一个边界 按钮，单击 确定 按钮，系统返回到"边界几何体"对话框，单击 确定 按钮。

图 2.16 选取部件边界曲线

Step2. 指定底面。单击"平面铣"对话框中的"指定底面"按钮 🔩，系统弹出"平面"

对话框，在 类型 下拉列表中选择 XC-YC 平面 选项，在 偏置和参考 区域的 距离 文本框中输入值 -15，单击 确定 按钮，返回到"清理拐角"对话框。

Stage3．设置刀具路径参数

在 刀轨设置 区域的 切削模式 下拉列表中选择 轮廓加工 选项，在 步距 下拉列表中选择 刀具平直百分比 选项，在 平面直径百分比 文本框中输入值 50，其他参数采用系统默认设置。

Stage4．设置切削层参数

Step1．在 刀轨设置 区域中单击"切削层"按钮 ，系统弹出"切削层"对话框。

Step2．在"切削层"对话框的 类型 下拉列表中选择 用户定义 选项，在 公共 文本框中输入值 2.0，其余参数采用系统默认设置，单击 确定 按钮，系统返回到"清理拐角"对话框。

Stage5．设置切削参数

Step1．在"清理拐角"对话框中单击"切削参数"按钮 ，系统弹出"切削参数"对话框。

Step2．在"切削参数"对话框中单击 策略 选项卡，在 切削顺序 下拉列表中选择 深度优先 选项。

Step3．在"切削参数"对话框中单击 余量 选项卡，在 最终底面余量 文本框中输入值 0.2。

Step4．在"切削参数"对话框中单击 空间范围 选项卡，在 处理中的工件 下拉列表中选择 使用参考刀具 选项，在 参考刀具 下拉列表中选择 D20（铣刀-5 参数）选项，在 重叠距离 文本框中输入值 2。

Step5．单击 确定 按钮，系统返回到"清理拐角"对话框。

Stage6．设置非切削移动参数

Step1．在 刀轨设置 区域中单击"非切削移动"按钮 ，系统弹出"非切削移动"对话框。

Step2．单击"非切削移动"对话框中的 转移/快速 选项卡，在 区域内 区域的 转移类型 下拉列表中选择 前一平面 选项。

Step3．单击 确定 按钮，系统返回到"清理拐角"对话框。

Stage7．设置进给率和速度

Step1．在"清理拐角"对话框中单击"进给率和速度"按钮 ，系统弹出"进给率和速度"对话框。

Step2．在"进给率和速度"对话框中选中 ☑ 主轴速度（rpm）复选框，然后在其下的文本框中输入值 1200，在 切削 文本框中输入值 250，按 Enter 键，单击 按钮，其他参数采用系统默认设置。

Step3. 单击 确定 按钮，完成进给率和速度的设置，系统返回"清理拐角"对话框。

Stage8. 生成刀路轨迹并仿真

生成的刀路轨迹如图 2.17 所示，2D 动态仿真加工后的零件模型如图 2.18 所示。

图 2.17　刀路轨迹

图 2.18　2D 仿真结果

Task7. 创建清理拐角工序 2

Stage1. 创建工序

Step1. 选择下拉菜单 插入(S) ➡ 工序(E)...命令，系统弹出"创建工序"对话框。

Step2. 确定加工方法。在"创建工序"对话框的 类型 下拉列表中选择 mill_planar 选项，在 工序子类型 区域中单击"清理拐角"按钮 ，在 程序 下拉列表中选择 PROGRAM 选项，在 刀具 下拉列表中选择 D8 (铣刀-5 参数) 选项，在 几何体 下拉列表中选择 WORKPIECE 选项，在 方法 下拉列表中选择 MILL_ROUGH 选项，采用系统默认的名称。

Step3. 单击"创建工序"对话框中的 确定 按钮，系统弹出"清理拐角"对话框。

Stage2. 指定切削区域

Step1. 指定部件边界。

（1）在"清理拐角"对话框中单击 指定部件边界 右侧的 按钮，系统弹出"边界几何体"对话框。

（2）在 模式 下拉列表中选择 曲线/边... 选项，系统弹出"创建边界"对话框，在 类型 下拉列表中选择 开放的 选项，在 平面 下拉列表中选择 用户定义 选项，系统弹出"平面"对话框。

（3）在 类型 下拉列表中选择 XC-YC 平面 选项，在 偏置和参考 区域的 距离 文本框中输入值 -15，单击 确定 按钮。

（4）创建边界 1。按顺序依次选取图 2.19 所示的曲线，单击 创建下一个边界 按钮，结果如图 2.20 所示。

注意：选取曲线时一定要从图中箭头所指的位置开始选取。

（5）创建边界 2。按顺序依次选取图 2.21 所示的曲线，单击 创建下一个边界 按钮，结果如图 2.22 所示。单击 确定 按钮，返回到"边界几何体"对话框，单击 确定 按钮。

图 2.19　选取曲线

图 2.20　边界 1

图 2.21　选取曲线

图 2.22　边界 2

Step2. 指定底面。单击"平面铣"对话框中的"指定底面"按钮 ，系统弹出"平面"对话框，在 类型 下拉列表中选择 XC-YC 平面 选项，在 偏置 区域的 距离 文本框中输入值-20，单击 确定 按钮，返回到"清理拐角"对话框。

Stage3．设置刀具路径参数

在 刀轨设置 区域的 切削模式 下拉列表中选择 轮廓加工 选项，在 步距 下拉列表中选择 刀具平直百分比 选项，在 平面直径百分比 文本框中输入值 50，其他参数采用系统默认设置。

Stage4．设置切削层参数

Step1. 在 刀轨设置 区域中单击"切削层"按钮 ，系统弹出"切削层"对话框。

Step2. 在 类型 下拉列表中选择 恒定 选项，在 公共 文本框中输入值 2，其他参数采用系统默认设置，单击 确定 按钮，完成切削层参数的设置。

Stage5．设置切削参数

Step1. 在 刀轨设置 区域中单击"切削参数"按钮 ，系统弹出"切削参数"对话框。

Step2. 在"切削参数"对话框中单击 余量 选项卡，在 最终底面余量 文本框中输入值 0.2。

Step3. 在"切削参数"对话框中单击 空间范围 选项卡，在 处理中的工件 下拉列表中选择 使用参考刀具 选项，在 参考刀具 下拉列表中选择 D20 (铣刀-5 参数) 选项，在 重叠距离 文本框中输入值 2。

Step4. 单击 确定 按钮，系统返回到"清理拐角"对话框。

Stage6. 设置非切削移动参数

Step1. 在 刀轨设置 区域中单击"非切削移动"按钮 ⬜，系统弹出"非切削移动"对话框。

Step2. 单击"非切削移动"对话框中的 进刀 选项卡，在 开放区域 区域取消选中 ☐ 修剪至最小安全距离 复选框；单击"非切削移动"对话框中的 转移/快速 选项卡，在 区域内 区域的 转移类型 下拉列表中选择 前一平面 选项；单击 确定 按钮，完成非切削移动参数的设置。

Stage7. 设置进给率和速度

Step1. 在"清理拐角"对话框中单击"进给率和速度"按钮 ⬜，系统弹出"进给率和速度"对话框。

Step2. 在"进给率和速度"对话框中选中 ☑ 主轴速度 (rpm) 复选框，然后在其下的文本框中输入值 1200，按 Enter 键，单击 ⬜ 按钮，在 切削 文本框中输入值 250，其他参数采用系统默认设置。

Step3. 单击 确定 按钮，完成进给率和速度的设置，系统返回"清理拐角"对话框。

Stage8. 生成刀路轨迹并仿真

生成的刀路轨迹如图 2.23 所示，2D 动态仿真加工后的模型如图 2.24 所示。

图 2.23 刀路轨迹

图 2.24 2D 仿真结果

Task8. 创建精加工壁工序 1

Stage1. 创建工序

Step1. 选择下拉菜单 插入(S) ➡ 工序(E)... 命令，系统弹出"创建工序"对话框。

Step2. 确定加工方法。在"创建工序"对话框的 类型 下拉列表中选择 mill_planar 选项，在 工序子类型 区域中单击"精加工壁"按钮 ⬜，在 程序 下拉列表中选择 PROGRAM 选项，在 刀具 下拉列表中选择 D6 (铣刀-5 参数) 选项，在 几何体 下拉列表中选择 WORKPIECE 选项，在 方法 下拉列表中选择 MILL_FINISH 选项，采用系统默认的名称。

Step3. 单击"创建工序"对话框中的 确定 按钮，系统弹出"精加工壁"对话框。

Stage2. 指定切削区域

Step1. 在"精加工壁"对话框的 几何体 区域中单击 指定部件边界 右侧的 ⬜ 按钮，系统弹出"边界几何体"对话框。

Step2. 在 模式 下拉列表中选择 曲线/边... 选项，系统弹出"创建边界"对话框，在 类型 下拉列表中选择 开放的 选项。

Step3. 在"选择条"工具栏中的 自动判断曲线 下拉列表中选择 相切曲线 选项。选取图 2.25 所示的曲线，单击 创建下一个边界 按钮。在"创建边界"对话框中单击 确定 按钮，系统返回到"边界几何体"对话框，单击 确定 按钮。

Step4. 指定底面。在"精加工壁"对话框的 几何体 区域中单击"选择或编辑底平面几何体"按钮 ，系统弹出"平面"对话框；在 类型 下拉列表中选择 XC-YC 平面 选项，在 偏置 区域的 距离 文本框中输入值-15，单击 确定 按钮，返回到"精加工壁"对话框。

图 2.25 选择边界曲线

Stage3. 设置刀具路径参数

在 刀轨设置 区域的 切削模式 下拉列表中选择 轮廓加工 选项，在 步距 下拉列表中选择 恒定 选项，在 最大距离 文本框中输入值 0.4，在 附加刀路 文本框中输入值 2，其他参数采用系统默认设置。

Stage4. 设置切削参数

Step1. 在 刀轨设置 区域中单击"切削参数"按钮 ，系统弹出"切削参数"对话框。

Step2. 在"切削参数"对话框中单击 余量 选项卡，在 最终底面余量 文本框中输入值0.1。

Step3. 单击 确定 按钮，系统返回到"精加工壁"对话框。

Stage5. 设置非切削移动参数

参数采用系统默认设置。

Stage6. 设置进给率和速度

Step1. 在"精加工壁"对话框的 刀轨设置 区域中单击"进给率和速度"按钮 ，系统弹出"进给率和速度"对话框。

Step2. 在"进给率和速度"对话框中选中 ☑ 主轴速度 (rpm) 复选框，然后在其后的文本框中输入值 1800，按 Enter 键，单击 按钮，在 切削 文本框中输入值 250，其他参数采用系统默认设置。

Step3. 单击"进给率和速度"对话框中的 确定 按钮，完成进给率和速度的设置。

Stage7. 生成刀路轨迹并仿真

生成的刀路轨迹如图 2.26 所示，2D 动态仿真加工后的零件模型如图 2.27 所示。

图 2.26　刀路轨迹　　　　　　　　图 2.27　2D 仿真结果

Task9. 创建精加工壁工序 2

Stage1. 创建工序

Step1. 选择下拉菜单 插入(S) ➡ ⭠ 工序(E)... 命令，系统弹出"创建工序"对话框。

Step2. 确定加工方法。在"创建工序"对话框的 类型 下拉列表中选择 mill_planar 选项，在 工序子类型 区域中单击"精加工壁"按钮 🔳，在 程序 下拉列表中选择 PROGRAM 选项，在 刀具 下拉列表中选择 D6 (铣刀-5 参数) 选项，在 几何体 下拉列表中选择 WORKPIECE 选项，在 方法 下拉列表中选择 MILL FINISH 选项，采用系统默认的名称。

Step3. 单击"创建工序"对话框中的 确定 按钮，系统弹出"精加工壁"对话框。

Stage2. 指定切削区域

说明：本 Stage 的详细操作过程请参见随书光盘中 video\ch02\reference 文件下的语音视频讲解文件"平面铣加工-r01.avi"。

Stage3. 设置刀具路径参数

在 刀轨设置 区域的 切削模式 下拉列表中选择 轮廓加工 选项，在 步距 下拉列表中选择 恒定 选项，在 最大距离 文本框中输入值 0.4，在 附加刀路 文本框中输入值 2，其他参数采用系统默认设置。

Stage4. 设置切削参数

Step1. 在 刀轨设置 区域中单击"切削参数"按钮 ⬜，系统弹出"切削参数"对话框。

Step2. 在"切削参数"对话框中单击 余量 选项卡，在 最终底面余量 文本框中输入值 0.1。

Step3. 单击 确定 按钮，系统返回到"精加工壁"对话框。

Stage5. 设置非切削移动参数

参数采用系统默认设置。

Stage6．设置进给率和速度

Step1．在"精加工壁"对话框的 刀轨设置 区域中单击"进给率和速度"按钮 ，系统弹出"进给率和速度"对话框。

Step2．在"进给率和速度"对话框中选中 ☑ 主轴速度（rpm） 复选框，然后在其后的文本框中输入值 1800，按 Enter 键，单击 按钮，在 切削 文本框中输入值 250，其他参数采用系统默认设置。

Step3．单击"进给率和速度"对话框中的 确定 按钮，完成进给率和速度的设置。

Stage7．生成刀路轨迹并仿真

生成的刀路轨迹如图 2.28 所示，2D 动态仿真加工后的零件模型如图 2.29 所示。

图 2.28　刀路轨迹

图 2.29　刀路仿真

Task10．创建精加工底面工序

Stage1．创建工序

Step1．选择下拉菜单 插入(S) ➡ 工序(E)... 命令，系统弹出"创建工序"对话框。

Step2．确定加工方法。在"创建工序"对话框的 类型 下拉列表中选择 mill_planar 选项，在 工序子类型 区域中单击"精加工底面"按钮 ，在 程序 下拉列表中选择 PROGRAM 选项，在 刀具 下拉列表中选择 D6 (铣刀-5 参数) 选项，在 几何体 下拉列表中选择 WORKPIECE 选项，在 方法 下拉列表中选择 MILL FINISH 选项，采用系统默认的名称。

Step3．在"创建工序"对话框中单击 确定 按钮，系统弹出"精加工底面"对话框。

Stage2．指定切削区域

Step1．创建部件边界。

（1）在"精加工底面"对话框的 几何体 区域中单击"选择或编辑部件边界"按钮 ，系统弹出"边界几何体"对话框。

（2）创建边界 1。在 模式 下拉列表中选择 曲线/边... 选项，系统弹出"创建边界"对话框。采用默认的参数设置，按顺序依次选取图 2.30 所示的曲线，单击 创建下一个边界 按钮，创建的边界 1 如图 2.31 所示。

图 2.30　选择曲线

图 2.31　边界 1

（3）创建边界 2。在 平面 下拉列表中选择 用户定义 选项，系统弹出"平面"对话框。在 类型 下拉列表中选择 XC-YC 平面 选项，在 偏置 区域的 距离 文本框中输入值-15，单击 确定 按钮，完成平面的指定。

（4）在"选择条"工具栏中确认"在相交处停止"按钮 被按下，按顺序依次选取图 2.32 所示的曲线，单击 创建下一个边界 按钮，系统创建的边界 2 如图 2.33 所示。单击 确定 按钮，返回到"边界几何体"对话框。

（5）单击 确定 按钮，系统返回到"精加工底面"对话框。

Step2. 创建毛坯边界。在 几何体 区域中单击"选择或编辑毛坯边界"按钮 ，系统弹出"边界几何体"对话框。在 模式 下拉列表中选择 曲线/边... 选项，系统弹出"创建边界"对话框。按顺序依次选取图 2.34 所示的曲线，在 刀具位置 下拉列表中选择 对中 选项，单击 创建下一个边界 按钮，在"创建边界"对话框中单击 确定 按钮，系统返回到"边界几何体"对话框，单击 确定 按钮，系统返回到"精加工底面"对话框。

图 2.32　选取曲线

图 2.33　边界 2

图 2.34　选取曲线

Step3. 指定底面。单击"精加工底面"对话框"指定底面"右侧的 按钮，系统弹出"平面"对话框，在 类型 下拉列表中选择 XC-YC 平面 选项，在 偏置 区域的 距离 文本框中输入值-20，单击 确定 按钮，返回到"精加工底面"对话框。

Stage3. 设置刀具路径参数

在 刀轨设置 区域的 切削模式 下拉列表中选择 跟随部件 选项，在 步距 下拉列表中选择 刀具平直百分比 选项，在 平面直径百分比 文本框中输入值 50，其他参数采用系统默认设置。

Stage4．设置切削层参数

Step1. 在 刀轨设置 区域中单击"切削层"按钮，系统弹出"切削层"对话框。

Step2. 在 类型 下拉列表中选择 底面及临界深度 选项，单击 确定 按钮，完成切削层参数的设置。

Stage5．设置切削参数

Step1. 在 刀轨设置 区域中单击"切削参数"按钮，系统弹出"切削参数"对话框。

Step2. 单击 余量 选项卡，在 部件余量 文本框中输入值 1。

Step3. 单击 连接 选项卡，在 开放刀路 区域的下拉列表中选择 变换切削方向 选项。

Step4. 单击 确定 按钮，系统返回到"精加工底面"对话框。

Stage6．设置非切削移动参数

参数采用系统默认设置。

Stage7．设置进给率和速度

Step1. 在"精加工底面"对话框中单击"进给率和速度"按钮，系统弹出"进给率和速度"对话框。

Step2. 在"进给率和速度"对话框中选中 ☑ 主轴速度 (rpm) 复选框，然后在其下的文本框中输入值 2000，按 Enter 键，单击 按钮，在 切削 文本框输入值 250，其他参数采用系统默认参数设置。

Step3. 单击 确定 按钮，系统返回"精加工底面"对话框。

Stage8．生成刀路轨迹并仿真

生成的刀路轨迹如图 2.35 所示，2D 动态仿真加工后的模型如图 2.36 所示。

图 2.35 刀路轨迹

图 2.36 2D 仿真结果

Task11．保存文件

选择下拉菜单 文件(F) ➡ 保存(S) 命令，保存文件。

实例 **3** 简单凸模加工

本实例是一个简单凸模的加工实例，加工过程中使用了型腔铣削、底壁加工铣削、深度加工铣削等加工方法，其加工工艺路线如图 3.1 和图 3.2 所示。

型腔铣削	—— 在模具加工中，一般用型腔铣或平面铣进行开粗。
底壁加工（一）	—— 对零件上部平面部分进行铣削。
深度加工轮廓铣（一）	—— 用于精加工模具的陡峭曲面部分。
底壁加工（二）	—— 对零件平面部分进行铣削。
底壁加工（三）	—— 对零件平面部分进行铣削。
深度加工轮廓铣（二）	—— 用于精加工模具的陡峭曲面部分。
固定轮廓铣	—— 用于精加工零件中平坦的轮廓曲面区域。

图 3.1　加工工艺路线（一）

Task1. 打开模型文件并进入加工模块

Step1. 打开模型文件 D:\ug90.11\work\ch03\upper_vol.prt。

Step2. 进入加工环境。选择下拉菜单 ⚙ 启动▼ ➡ ⊩ 加工(R)... 命令，系统弹出"加工环境"对话框；在"加工环境"对话框的 CAM 会话配置 列表框中选择 cam_general 选项，在 要创建的 CAM 设置 列表框中选择 mill contour 选项，单击 确定 按钮，进入加工环境。

Task2. 创建几何体

Stage1. 创建机床坐标系

Step1. 将工序导航器调整到几何视图，双击节点⊞ 🎨 MCS_MILL，系统弹出"MCS 铣削"对话框，在"MCS 铣削"对话框的 机床坐标系 区域中单击"CSYS 对话框"按钮 🔧，系统弹出 CSYS 对话框。

a) 型腔铣削   b) 底壁加工（一）   c) 深度加工轮廓铣（一）

f) 深度加工轮廓铣（二）   e) 底壁加工（三）   d) 底壁加工（二）

g) 固定轮廓铣

图 3.2 加工工艺路线（二）

Step2. 单击 CSYS 对话框 操控器 区域中的"操控器"按钮 +，系统弹出"点"对话框；在"点"对话框的 Z 文本框中输入值 65，单击 确定 按钮，此时系统返回至 CSYS 对话框；在该对话框中单击 确定 按钮，完成图 3.3 所示的机床坐标系的创建。

Stage2. 创建安全平面

Step1. 在"MCS 铣削"对话框 安全设置 区域的 安全设置选项 下拉列表中选择 自动平面 选项，在 安全距离 文本框中输入值 30。

Step2. 单击"MCS 铣削"对话框中的 确定 按钮，完成安全平面的创建。

Stage3. 创建部件几何体

Step1. 在工序导航器中双击 ⊞ MCS_MILL 节点下的 WORKPIECE，系统弹出"工件"对话框。

Step2. 选取部件几何体。在"工件"对话框中单击 按钮，系统弹出"部件几何体"对话框。

Step3. 在图形区中选择整个零件为部件几何体，如图 3.4 所示。在"部件几何体"对话框中单击 确定 按钮，完成部件几何体的创建，同时系统返回到"工件"对话框。

Stage4. 创建毛坯几何体

Step1. 在"工件"对话框中单击 ⬡ 按钮，系统弹出"毛坯几何体"对话框。

Step2. 在"毛坯几何体"对话框的 类型 下拉列表中选择 🔲包容块 选项，在 极限 区域的 ZM+ 文本框中输入值 5。

Step3. 单击"毛坯几何体"对话框中的 确定 按钮，系统返回到"工件"对话框，完成图 3.5 所示的毛坯几何体的创建。

Step4. 单击"工件"对话框中的 确定 按钮。

图 3.3 创建机床坐标系　　　　图 3.4 部件几何体　　　　图 3.5 毛坯几何体

Task3. 创建刀具

Stage1. 创建刀具 1

Step1. 将工序导航器调整到机床视图。

Step2. 选择下拉菜单 插入(S) ➡ 🔧刀具(T)... 命令，系统弹出"创建刀具"对话框。

Step3. 在"创建刀具"对话框的 类型 下拉列表中选择 mill contour 选项，在 刀具子类型 区域中单击 MILL 按钮 🔧，在 位置 区域的 刀具 下拉列表中选择 GENERIC_MACHINE 选项，在 名称 文本框中输入 T1D10，然后单击 确定 按钮，系统弹出"铣刀-5 参数"对话框。

Step4. 在"铣刀-5 参数"对话框的 (D) 直径 文本框中输入值 10，在 编号 区域的 刀具号、补偿寄存器 和 刀具补偿寄存器 文本框中均输入值 1，其他参数采用系统默认设置；单击 确定 按钮，完成刀具的创建。

Stage2. 创建刀具 2

设置刀具类型为 mill contour，刀具子类型 为 MILL 类型（单击 🔧 按钮），刀具名称为 T2D20，刀具 (D) 直径 为 20，在 编号 区域的 刀具号、补偿寄存器、刀具补偿寄存器 文本框中均输入值 2，具体操作方法参照 Stage1。

Stage3. 创建刀具 3

设置刀具类型为 mill contour，刀具子类型 为 MILL 类型（单击 🔧 按钮），刀具名称为 T3D10R2，刀具 (D) 直径 为 10，刀具 (R1) 下半径 为 2，在 编号 区域的 刀具号、补偿寄存器、

刀具补偿寄存器 文本框中均输入值3，具体操作方法参照 Stage1。

Stage4．创建刀具 4

设置刀具类型为 **mill contour**，设置 **刀具子类型** 为 MILL 类型（单击 **🔲** 按钮），刀具名称为 T4D8R1，刀具 **(D) 直径** 为 8，刀具 **(R1) 下半径** 为 1，在 **编号** 区域的 **刀具号**、**补偿寄存器**、**刀具补偿寄存器** 文本框中均输入值4，具体操作方法参照 Stage1。

Stage5．创建刀具 5

设置刀具类型为 **mill contour**，设置 **刀具子类型** 为 BALL_MILL 类型（单击 **🔲** 按钮），刀具名称为 T5D5，刀具 **(D) 球直径** 为 5，在 **编号** 区域的 **刀具号**、**补偿寄存器**、**刀具补偿寄存器** 文本框中均输入值5，具体操作方法参照 Stage1。

Task4．创建型腔铣工序

Stage1．创建工序

Step1．将工序导航器调整到程序顺序视图。

Step2．选择下拉菜单 **插入(S)** → **工序(E)...** 命令，在"创建工序"对话框的 **类型** 下拉列表中选择 **mill_contour** 选项，在 **工序子类型** 区域中单击"型腔铣"按钮 **🔲**，在 **程序** 下拉列表中选择 **PROGRAM** 选项，在 **刀具** 下拉列表中选择前面设置的刀具 **T1D10 (铣刀-5 参数)** 选项，在 **几何体** 下拉列表中选择 **WORKPIECE** 选项，在 **方法** 下拉列表中选择 **MILL ROUGH** 选项，使用系统默认的名称。

Step3．单击"创建工序"对话框中的 **确定** 按钮，系统弹出"型腔铣"对话框。

Stage2．设置一般参数

在"型腔铣"对话框的 **切削模式** 下拉列表中选择 **跟随部件** 选项；在 **步距** 下拉列表中选择 **刀具平直百分比** 选项，在 **平面直径百分比** 文本框中输入值 50；在 **公共每刀切削深度** 下拉列表中选择 **恒定** 选项，在 **最大距离** 文本框中输入值 1。

Stage3．设置切削参数

Step1．在 **刀轨设置** 区域中单击"切削参数"按钮 **🔲**，系统弹出"切削参数"对话框。

Step2．在"切削参数"对话框中单击 **连接** 选项卡，在 **开放刀路** 下拉列表中选择 **变换切削方向** 选项，其他参数采用系统默认设置。

Step3．单击"切削参数"对话框中的 **确定** 按钮，系统返回到"型腔铣"对话框。

Stage4．设置非切削移动参数

采用系统默认的非切削参数设置。

Stage5. 设置进给率和速度

Step1. 在"型腔铣"对话框中单击"进给率和速度"按钮 ，系统弹出"进给率和速度"对话框。

Step2. 选中"进给率和速度"对话框 主轴速度 区域中的 ☑ 主轴速度 (rpm) 复选框，在其后的文本框中输入值 1200，按 Enter 键，然后单击 按钮；在 进给率 区域的 切削 文本框中输入值 500，按 Enter 键，然后单击 按钮，其他参数采用系统默认设置。

Step3. 单击 确定 按钮，完成进给率和速度的设置，系统返回到"型腔铣"对话框。

Stage6. 生成刀路轨迹并仿真

生成的刀路轨迹如图 3.6 所示，2D 动态仿真加工后的模型如图 3.7 所示。

放大图

图 3.6　刀路轨迹　　　　　　　　　　图 3.7　2D 仿真结果

Task5. 创建底壁加工工序 1

Stage1. 创建工序

Step1. 选择下拉菜单 插入(S) ➡ ↳ 工序(E)... 命令，系统弹出"创建工序"对话框。

Step2. 确定加工方法。在"创建工序"对话框的 类型 下拉列表中选择 mill_planar 选项，在 工序子类型 区域中单击"底壁加工"按钮 ，在 程序 下拉列表中选择 PROGRAM 选项，在 刀具 下拉列表中选择 T2D20 (铣刀-5 参数) 选项，在 几何体 下拉列表中选择 WORKPIECE 选项，在 方法 下拉列表中选择 MILL_SEMI_FINISH 选项，采用系统默认的名称。

Step3. 在"创建工序"对话框中单击 确定 按钮，系统弹出"底壁加工"对话框。

Stage2. 指定切削区域

Step1. 在"底壁加工"对话框的 几何体 区域中单击"选择或编辑切削区域几何体"按钮 ，系统弹出"切削区域"对话框。

Step2. 选取图 3.8 所示的面为切削区域，在"切削区域"对话框中单击 确定 按钮，完成切削区域的创建，同时系统返回到"底壁加工"对话框。

Step3. 在"切削区域"对话框中选中 ☑ 自动壁 复选框，单击 指定壁几何体 区域中的 按钮查看壁几何体。

Stage3. 设置刀具路径参数

Step1. 设置切削模式。在 刀轨设置 区域的 切削模式 下拉列表中选择 跟随部件 选项。

Step2. 设置步进方式。在 步距 下拉列表中选择 刀具平直百分比 选项，在 平面直径百分比 文本框中输入值 60。在 底面毛坯厚度 文本框中输入值 1，在 每刀切削深度 文本框中输入值 0。

Stage4. 设置切削参数

Step1. 在 刀轨设置 区域中单击"切削参数"按钮，系统弹出"切削参数"对话框。

Step2. 在"切削参数"对话框中单击 空间范围 选项卡，在 刀具延展量 文本框中输入值 50。

Step3. 在"切削参数"对话框中单击 余量 选项卡，在 壁余量 文本框中输入值 3，在 最终底面余量 文本框中输入值 0.2，单击 确定 按钮，系统返回到"底壁加工"对话框。

Stage5. 设置非切削移动参数

Step1. 单击"底壁加工"对话框中的"非切削移动"按钮，系统弹出"非切削移动"对话框。

Step2. 单击"非切削移动"对话框中的 进刀 选项卡，在 斜坡角 文本框中输入值 3，在 高度 文本框中输入值 2，单击 确定 按钮，完成非切削移动参数的设置。

Stage6. 设置进给率和速度

Step1. 单击"底壁加工"对话框中的"进给率和速度"按钮，系统弹出"进给率和速度"对话框。

Step2. 选中"进给率和速度"对话框 主轴速度 区域中的 ☑ 主轴速度 (rpm) 复选框，在其后的文本框中输入值 1000，按 Enter 键，然后单击 按钮；在 进给率 区域的 切削 文本框中输入值 300，按 Enter 键，然后单击 按钮，其他参数采用系统默认设置。

Step3. 单击"进给率和速度"对话框中的 确定 按钮，系统返回"底壁加工"对话框。

Stage7. 生成刀路轨迹并仿真

生成的刀路轨迹如图 3.9 所示，2D 动态仿真加工后的模型如图 3.10 所示。

图 3.8 指定切削区域

图 3.9 刀路轨迹

Task6. 创建深度加工轮廓铣工序 1

Stage1. 创建工序

Step1. 选择下拉菜单 插入(S) ➡ 工序(E)... 命令，在"创建工序"对话框的 类型 下拉列表中选择 mill_contour 选项，在 工序子类型 区域中单击"深度加工轮廓"按钮 ，在 程序 下拉列表中选择 PROGRAM 选项，在 刀具 下拉列表中选择刀具 T3D10R2 (铣刀-5 参数) 选项，在 几何体 下拉列表中选择 WORKPIECE 选项，在 方法 下拉列表中选择 MILL_FINISH 选项，使用系统默认的名称。

Step2. 单击"创建工序"对话框中的 确定 按钮，系统弹出"深度加工轮廓"对话框。

Stage2. 指定切削区域

Step1. 在"深度加工轮廓"对话框的 几何体 区域中单击 指定切削区域 右侧的 按钮，系统弹出"切削区域"对话框。

Step2. 在图形区中选取图 3.11 所示的面（共 18 个）为切削区域，然后单击"切削区域"对话框中的 确定 按钮，系统返回到"深度加工轮廓"对话框。

图 3.10　2D 仿真结果

选取这些面

图 3.11　指定切削区域

Stage3. 设置一般参数

在"深度加工轮廓"对话框的 合并距离 文本框中输入值 3，在 最小切削长度 文本框中输入值 1，在 公共每刀切削深度 下拉列表中选择 恒定 选项，在 最大距离 文本框中输入值 0.5。

Stage4. 设置切削层

参数采用系统默认设置。

Stage5. 设置切削参数

Step1. 单击"深度加工轮廓"对话框中的"切削参数"按钮 ，系统弹出"切削参数"对话框。

Step2. 在"切削参数"对话框中单击 余量 选项卡，在 部件侧面余量 文本框中输入值 0.25。

Step3. 在"切削参数"对话框中单击 连接 选项卡，在 层到层 下拉列表中选择 直接对部件进刀 选项。

Step4. 单击"切削参数"对话框中的 确定 按钮，完成切削参数的设置，系统返回到"深度加工轮廓"对话框。

Stage6. 设置非切削移动参数

采用系统默认的非切削移动参数设置。

Stage7. 设置进给率和速度

Step1. 在"深度加工轮廓"对话框中单击"进给率和速度"按钮，系统弹出"进给率和速度"对话框。

Step2. 选中"进给率和速度"对话框 主轴速度 区域中的 ✓ 主轴速度 (rpm) 复选框，在其后的文本框中输入值 1500，按 Enter 键，然后单击 按钮；在 进给率 区域的 切削 文本框中输入值 300，按 Enter 键，然后单击 按钮，其他参数采用系统默认设置。

Step3. 单击 确定 按钮，完成进给率和速度的设置，系统返回到"深度加工轮廓"对话框。

Stage8. 生成刀路轨迹并仿真

生成的刀路轨迹如图 3.12 所示，2D 动态仿真加工后的模型如图 3.13 所示。

图 3.12 刀路轨迹   图 3.13 2D 仿真结果

Task7. 创建底壁加工工序 2

Stage1. 创建工序

Step1. 选择下拉菜单 插入(S) ➡ 工序(E)... 命令，系统弹出"创建工序"对话框。

Step2. 确定加工方法。在"创建工序"对话框的 类型 下拉列表中选择 mill_planar 选项，在 工序子类型 区域中单击"底壁加工"按钮，在 程序 下拉列表中选择 PROGRAM 选项，在 刀具 下拉列表中选择 T2D20 (铣刀-5 参数) 选项，在 几何体 下拉列表中选择 WORKPIECE 选项，在 方法 下拉列表中选择 MILL_FINISH 选项，采用系统默认的名称。

Step3. 在"创建工序"对话框中单击 确定 按钮，系统弹出"底壁加工"对话框。

Stage2. 指定切削区域

Step1. 在"底壁加工"对话框的 几何体 区域中单击"选择或编辑切削区域几何体"按钮，系统弹出"切削区域"对话框。

Step2. 选取图 3.14 所示的面为切削区域，在"切削区域"对话框中单击 确定 按钮，完成切削区域的创建，同时系统返回到"底壁加工"对话框。

Stage3. 设置刀具路径参数

Step1. 设置切削模式。在 刀轨设置 区域的 切削模式 下拉列表中选择 单向 选项。

Step2. 设置步进方式。在 步距 下拉列表中选择 刀具平直百分比 选项，在 平面直径百分比 文本框中输入值 60，在 底面毛坯厚度 文本框中输入值 1，在 每刀切削深度 文本框中输入值 0。

Stage4. 设置切削参数

采用系统默认的切削参数。

Stage5. 设置非切削移动参数

Step1. 单击"底壁加工"对话框中的"非切削移动"按钮，系统弹出"非切削移动"对话框。

Step2. 单击"非切削移动"对话框中的 转移/快速 选项卡，按图 3.15 所示设置参数，单击 确定 按钮，完成非切削移动参数的设置。

图 3.14 指定切削区域

图 3.15 "转移/快速"选项卡

Stage6. 设置进给率和速度

Step1. 单击"底壁加工"对话框中的"进给率和速度"按钮，系统弹出"进给率和速度"对话框。

Step2. 选中"进给率和速度"对话框 主轴速度 区域中的 ☑ 主轴速度 (rpm) 复选框，在其后

的文本框中输入值 1500，按 Enter 键，然后单击 ■ 按钮；在 进给率 区域的 切削 文本框中输入值 400，按 Enter 键，然后单击 ■ 按钮，其他参数采用系统默认设置。

Step3. 单击"进给率和速度"对话框中的 确定 按钮，系统返回到"底壁加工"对话框。

Stage7. 生成刀路轨迹并仿真

生成的刀路轨迹如图 3.16 所示，2D 动态仿真加工后的模型如图 3.17 所示。

图 3.16　刀路轨迹　　　　　　　　　　　　图 3.17　2D 仿真结果

Task8. 创建底壁加工工序 3

Stage1. 创建工序

Step1. 选择下拉菜单 插入(S) ➡ ⬛ 工序(E)... 命令，系统弹出"创建工序"对话框。

Step2. 确定加工方法。在"创建工序"对话框的 类型 下拉列表中选择 mill_planar 选项，在 工序子类型 区域中单击"底壁加工"按钮 ⬛，在 程序 下拉列表中选择 PROGRAM 选项，在 刀具 下拉列表中选择 T2D20 (铣刀-5 参数) 选项，在 几何体 下拉列表中选择 WORKPIECE 选项，在 方法 下拉列表中选择 MILL_FINISH 选项，采用系统默认的名称。

Step3. 在"创建工序"对话框中单击 确定 按钮，系统弹出"底壁加工"对话框。

Stage2. 指定切削区域

Step1. 在"底壁加工"对话框的 几何体 区域中单击"选择或编辑切削区域几何体"按钮 ⬛，系统弹出"切削区域"对话框。

Step2. 选取图 3.18 所示的面为切削区域，在"切削区域"对话框中单击 确定 按钮，完成切削区域的创建，同时系统返回到"底壁加工"对话框。

Step3. 在"底壁加工"对话框中选中 ☑ 自动壁 复选框。

Stage3. 设置刀具路径参数

Step1. 设置切削模式。在 刀轨设置 区域的 切削模式 下拉列表中选择 ⬛ 跟随周边 选项。

Step2. 设置步进方式。在 步距 下拉列表中选择 刀具平直百分比 选项，在 平面直径百分比 文本框中输入值 40，在 底面毛坯厚度 文本框中输入值 1，在 每刀切削深度 文本框中输入值 0。

Stage4. 设置切削参数

Step1. 在 刀轨设置 区域中单击"切削参数"按钮 ，系统弹出"切削参数"对话框。

Step2. 在"切削参数"对话框中单击 策略 选项卡，在 刀路方向 下拉列表中选择 向内 选项，在 壁 区域中选中 ☑岛清根 复选框；单击 空间范围 选项卡，在 刀具延展量 文本框中输入值 60；单击 确定 按钮，系统返回到"底壁加工"对话框。

Stage5. 设置非切削移动参数

采用系统默认的非切削移动参数设置。

Stage6. 设置进给率和速度

Step1. 单击"底壁加工"对话框中的"进给率和速度"按钮 ，系统弹出"进给率和速度"对话框。

Step2. 选中"进给率和速度"对话框 主轴速度 区域中的 ☑ 主轴速度 (rpm) 复选框，在其后的文本框中输入值 1500，按 Enter 键，然后单击 按钮；在 进给率 区域的 切削 文本框中输入值 300，按 Enter 键，然后单击 按钮，其他参数采用系统默认设置。

Step3. 单击"进给率和速度"对话框中的 确定 按钮，系统返回到"底壁加工"对话框。

Stage7. 生成刀路轨迹并仿真

生成的刀路轨迹如图 3.19 所示，2D 动态仿真加工后的模型如图 3.20 所示。

图 3.18　指定切削区域

图 3.19　刀路轨迹

图 3.20　2D 仿真结果

Task9. 创建深度加工轮廓铣工序 2

Stage1. 创建工序

Step1. 选择下拉菜单 插入(S) ➡ 工序(E)... 命令，在"创建工序"对话框的 类型 下拉列表中选择 mill_contour 选项，在 工序子类型 区域中单击"深度加工轮廓"按钮 ，在 程序 下拉列表中选择 PROGRAM 选项，在 刀具 下拉列表中选择刀具 T4D8R1 (铣刀-5 参数) 选项，在 几何体 下拉列表中选择 WORKPIECE 选项，在 方法 下拉列表中选择 MILL_FINISH 选项，使用系统默认的名称。

Step2. 单击"创建工序"对话框中的 确定 按钮，系统弹出"深度加工轮廓"对话框。

Stage2．指定切削区域

Step1. 在"深度加工轮廓"对话框的 几何体 区域中单击 指定切削区域 右侧的 按钮，系统弹出"切削区域"对话框。

Step2. 在图形区中选取图 3.21 所示的面（共 18 个）为切削区域，然后单击"切削区域"对话框中的 确定 按钮，系统返回到"深度加工轮廓"对话框。

图 3.21 指定切削区域

Stage3．设置一般参数

在"深度加工轮廓"对话框的 合并距离 文本框中输入值 3，在 最小切削长度 文本框中输入值 1，在 公共每刀切削深度 下拉列表中选择 恒定 选项，在 最大距离 文本框中输入值 0.2。

Stage4．设置切削层

参数采用系统默认设置值。

Stage5．设置切削参数

说明：本 Stage 的详细操作过程请参见随书光盘中 video\ch03\reference 文件下的语音视频讲解文件 upper_vol -r01.avi。

Stage6．设置非切削移动参数

采用系统默认的非切削移动参数设置。

Stage7．设置进给率和速度

Step1. 在"深度加工轮廓"对话框中单击"进给率和速度"按钮 ，系统弹出"进给率和速度"对话框。

Step2. 选中"进给率和速度"对话框 主轴速度 区域中的 ☑ 主轴速度 (rpm) 复选框，在其后的文本框中输入值 3500，按 Enter 键，然后单击 按钮；在 进给率 区域的 切削 文本框中输入值 400，按 Enter 键，然后单击 按钮，其他参数采用系统默认设置值。

Step3. 单击 确定 按钮，完成进给率和速度的设置，系统返回到"深度加工轮廓"对话框。

Stage8. 生成刀路轨迹并仿真

生成的刀路轨迹如图 3.22 所示，2D 动态仿真加工后的模型如图 3.23 所示。

图 3.22 刀路轨迹

图 3.23 2D 仿真结果

Task10. 创建固定轮廓铣

Stage1. 创建工序

Step1. 选择下拉菜单 插入(S) ➡ 工序(E)... 命令，在"创建工序"对话框的 类型 下拉列表中选择 mill_contour 选项，在 工序子类型 区域中单击 FIXED_CONTOUR 按钮，在 程序 下拉列表中选择 PROGRAM 选项，在 刀具 下拉列表中选择刀具 T5D5 (铣刀-球头铣) 选项，在 几何体 下拉列表中选择 WORKPIECE 选项，在 方法 下拉列表中选择 MILL_FINISH 选项，使用系统默认的名称 FIXED_CONTOUR。

Step2. 单击"创建工序"对话框中的 确定 按钮，系统弹出"固定轮廓铣"对话框。

Stage2. 设置驱动方式

Step1. 在"固定轮廓铣"对话框 驱动方法 区域的 方法 下拉列表中选择 径向切削 选项，系统弹出"驱动方法"对话框，单击其中的 确定 按钮，系统弹出"径向切削驱动方法"对话框。

Step2. 在"径向切削驱动方法"对话框的 驱动几何体 区域中单击"选择或编辑驱动几何体"按钮，系统弹出"临时边界"对话框。

Step3. 在图形区选取图 3.24 所示的边线，单击 确定 按钮，系统返回到"径向切削驱动方法"对话框。

Step4. 按图 3.25 所示设置 驱动设置 区域的参数，单击 确定 按钮，系统返回到"固定轮廓铣"对话框。

Stage3. 设置切削参数

采用系统默认的切削参数设置。

Stage4. 设置非切削移动参数

采用系统默认的非切削移动参数设置。

图 3.24 定义参照边线

图 3.25 "径向切削驱动方法"对话框

Stage5. 设置进给率和速度

Step1. 在"固定轮廓铣"对话框中单击"进给率和速度"按钮，系统弹出"进给率和速度"对话框。

Step2. 选中"进给率和速度"对话框**主轴速度**区域中的 ☑ **主轴速度（rpm）** 复选框，在其后的文本框中输入值 4500，按 Enter 键，然后单击 按钮；在**进给率**区域的 **切削** 文本框中输入值 800，按 Enter 键，然后单击 按钮，其他参数采用系统默认设置。

Step3. 单击 **确定** 按钮，完成进给率和速度的设置，系统返回到"固定轮廓铣"操作对话框。

Stage6. 生成刀路轨迹并仿真

生成的刀路轨迹如图 3.26 所示，2D 动态仿真加工后的模型如图 3.27 所示。

图 3.26 刀路轨迹

图 3.27 2D 仿真结果

Task11. 保存文件

选择下拉菜单 **文件(F)** ➡ **保存(S)** 命令，保存文件。

实例 **4** 餐盘加工

在机械加工中，零件加工一般都要经过多道工序。工序安排是否合理对加工后零件的质量有较大的影响，因此在加工之前需要根据零件的特征制定好加工工序。

下面以一个餐盘为例介绍多工序铣削的加工方法，加工该零件应注意多型腔的加工方法，其加工工艺路线如图 4.1 和图 4.2 所示。

图 4.1　加工工艺路线（一）

图 4.2　加工工艺路线（二）

Task1. 打开模型文件并进入加工模块

Step1. 打开模型文件 D:\ug90.11\work\ch04\canteen.prt。

Step2. 进入加工环境。选择下拉菜单 启动· ➡ 加工(R)... 命令，系统弹出"加工环境"对话框；在"加工环境"对话框的 CAM 会话配置 列表框中选择 cam_general 选项，在 要创建的 CAM 设置 列表框中选择 mill contour 选项，单击 确定 按钮，进入加工环境。

Task2. 创建几何体

Stage1. 创建安全平面

Step1. 将工序导航器调整到几何视图，双击 MCS_MILL 节点，系统弹出"MCS 铣削"对话框。采用系统默认的加工坐标系，在 安全设置 区域的 安全设置选项 下拉列表中选择 自动平面 选项，然后在 安全距离 文本框中输入值 20。

Step2. 单击"MCS 铣削"对话框中的 确定 按钮，完成安全平面的创建。

Stage2. 创建部件几何体

Step1. 在工序导航器中双击 MCS_MILL 节点下的 WORKPIECE，系统弹出"工件"对话框。

Step2. 选取部件几何体。在"工件"对话框中单击 按钮，系统弹出"部件几何体"对话框。

Step3. 在图形区中选择整个零件为部件几何体。在"部件几何体"对话框中单击 确定 按钮，完成部件几何体的创建，系统返回到"工件"对话框。

Stage3. 创建毛坯几何体

Step1. 在"工件"对话框中单击 按钮，系统弹出"毛坯几何体"对话框。

Step2. 在"毛坯几何体"对话框的 类型 下拉列表中选择 包容块 选项，按图 4.3 所示设置"限制"区域的参数。

Step3. 单击"毛坯几何体"对话框中的 确定 按钮，系统返回到"工件"对话框，完成图 4.4 所示的毛坯几何体的创建。

Step4. 单击"工件"对话框中的 确定 按钮。

图 4.3 "毛坯几何体"对话框

图 4.4 毛坯几何体

Task3. 创建刀具 1

Step1. 将工序导航器调整到机床视图。

Step2. 选择下拉菜单 插入(S) ➡ 刀具(T)... 命令，系统弹出"创建刀具"对话框。

Step3. 在"创建刀具"对话框的 类型 下拉列表中选择 mill contour 选项，在 刀具子类型 区域中单击 MILL 按钮 ，在 位置 区域的 刀具 下拉列表中选择 GENERIC_MACHINE 选项，在 名称 文本框中输入 T1D16R1；单击 确定 按钮，系统弹出"铣刀-5 参数"对话框。

Step4. 在"铣刀-5 参数"对话框中的 (D) 直径 文本框中输入值 16，在 (R1) 下半径 文本框中输入值 1，在 编号 区域的 刀具号 、 补偿寄存器 、 刀具补偿寄存器 文本框中均输入值 1，其他参数采用系统默认设置，单击 确定 按钮，完成刀具的创建。

Task4. 创建型腔铣削工序

Stage1. 创建工序

Step1. 将工序导航器调整到程序顺序视图。

Step2. 选择下拉菜单 插入(S) ➡ 工序(E)... 命令，在"创建工序"对话框的 类型 下拉列表中选择 mill_contour 选项，在 工序子类型 区域中单击"型腔铣"按钮 ，在 程序 下拉列表中选择 PROGRAM 选项，在 刀具 下拉列表中选择 Task3 的 Step3 中设置的刀具 T1D16R1 (铣刀-5 参数) 选项，在 几何体 下拉列表中选择 WORKPIECE 选项，在 方法 下拉列表中选择 MILL ROUGH 选项，使用系统默认的名称。

Step3. 单击"创建工序"对话框中的 确定 按钮，系统弹出"型腔铣"对话框。

Stage2. 设置一般参数

在"型腔铣"对话框的 切削模式 下拉列表中选择 跟随部件 选项，在 步距 下拉列表中选择 刀具平直百分比 选项，在 平面直径百分比 文本框中输入值 50，在 公共每刀切削深度 下拉列表中选择 恒定 选项，在 最大距离 文本框中输入值 0.5。

Stage3. 设置切削参数

Step1. 在 刀轨设置 区域中单击"切削参数"按钮 ，系统弹出"切削参数"对话框。

Step2. 在"切削参数"对话框中单击 策略 选项卡，在 切削顺序 下拉列表中选择 深度优先 选项；单击 余量 选项卡，在 余量 区域的 部件侧面余量 文本框中输入值 0.5；单击 连接 选项卡，在 开放刀路 下拉列表中选择 变换切削方向 选项，其他参数采用系统默认设置值。

Step3. 单击"切削参数"对话框中的 确定 按钮，系统返回到"型腔铣"对话框。

Stage4. 设置非切削移动参数

各参数采用系统的默认设置。

Stage5. 设置进给率和速度

Step1. 在"型腔铣"对话框中单击"进给率和速度"按钮，系统弹出"进给率和速度"对话框。

Step2. 选中"进给率和速度"对话框 **主轴速度** 区域中的 **☑ 主轴速度 (rpm)** 复选框，在其后的文本框中输入值 1000，按 Enter 键，单击 **按钮**；在 **进给率** 区域的 **切削** 文本框中输入值 200，按 Enter 键，单击 **按钮**，其他参数采用系统默认设置。

Step3. 单击 **确定** 按钮，完成进给率和速度的设置，系统返回到"型腔铣"对话框。

Stage6. 生成刀路轨迹并仿真

生成的刀路轨迹如图 4.5 所示，2D 动态仿真加工后的模型如图 4.6 所示。

图 4.5　刀路轨迹

图 4.6　2D 仿真结果

Task5. 创建刀具 2

Step1. 将工序导航器调整到机床视图。

Step2. 选择下拉菜单 **插入(S)** ➡ **刀具(T)...** 命令，系统弹出"创建刀具"对话框。

Step3. 在"创建刀具"对话框的 **类型** 下拉列表中选择 **mill contour** 选项，在 **刀具子类型** 区域中单击 MILL 按钮 **✂**，在 **位置** 区域的 **刀具** 下拉列表中选择 **GENERIC_MACHINE** 选项，在 **名称** 文本框中输入 T2D12；单击 **确定** 按钮，系统弹出"铣刀-5 参数"对话框。

Step4. 在"铣刀-5 参数"对话框中的 **(D) 直径** 文本框中输入值 12，在 **编号** 区域的 **刀具号** 、 **补偿寄存器** 、 **刀具补偿寄存器** 文本框中均输入值 2，其他参数采用系统默认设置；单击 **确定** 按钮，完成刀具的创建。

Task6. 创建平面轮廓铣工序

Stage1. 创建工序

Step1. 选择下拉菜单 **插入(S)** ➡ **工序(E)...** 命令，系统弹出"创建工序"对话框。

Step2. 确定加工方法。在"创建工序"对话框的 **类型** 下拉列表中选择 **mill_planar** 选项，在

工序子类型 区域中单击"平面轮廓铣"按钮 ，在 刀具 下拉列表中选择 T2D12 (铣刀-5 参数) 选项，在 几何体 下拉列表中选择 WORKPIECE 选项，在 方法 下拉列表中选择 MILL_FINISH 选项，采用系统默认的名称。

Step3. 在"创建工序"对话框中单击 确定 按钮，系统弹出"平面轮廓铣"对话框。

Step4. 创建部件边界。

（1）在"平面轮廓铣"对话框的 几何体 区域中单击 按钮，系统弹出"边界几何体"对话框。

（2）在"边界几何体"对话框的 面选择 区域中选中 ☑ 忽略孔 复选框，然后在图形区选取图 4.7 所示的面，系统自动生成图 4.8 所示的边界。

图 4.7 选取面　　　　　　　　　图 4.8 部件边界

（3）单击 确定 按钮，完成部件边界的创建，系统返回到"平面轮廓铣"对话框。

Step5. 指定底面。

（1）在"平面轮廓铣"对话框中单击 按钮，系统弹出"平面"对话框，在 类型 下拉列表中选择 自动判断 选项。

（2）在模型上选取图 4.9 所示的模型平面，在 偏置 区域的 距离 文本框中输入值 1，单击 确定 按钮，完成底面的指定。

图 4.9 指定底面

Stage2. 创建刀具路径参数

Step1. 在 刀轨设置 区域的 部件余量 文本框中输入值 0，在 切削进给 文本框中输入值 500，在其后的下拉列表中选择 mmpm 选项。

Step2. 在 切削深度 下拉列表中选择 恒定 选项，在 公共 文本框中输入值 0，其他参数采用系统默认设置。

Stage3．设置切削参数

各参数采用系统默认的设置。

Stage4．设置非切削移动参数

Step1．单击"平面轮廓铣"对话框中的"非切削移动"按钮 📭 ，系统弹出"非切削移动"对话框。

Step2．单击"非切削移动"对话框中的 起点/钻点 选项卡，在 重叠距离 文本框中输入值 2，在 默认区域起点 下拉列表中选择 拐角 选项，其他参数采用系统默认设置，单击 确定 按钮，完成非切削移动参数的设置。

Stage5．设置进给率和速度

Step1．单击"平面轮廓铣"对话框中的"进给率和速度"按钮 🕏 ，系统弹出"进给率和速度"对话框。

Step2．在"进给率和速度"对话框中选中 ☑ 主轴速度 (rpm) 复选框，并在其后的文本框中输入值 1800，在 切削 文本框中输入值 500，按 Enter 键，然后单击 🔲 按钮。

Step3．单击 确定 按钮，完成进给率和速度的设置，系统返回到"平面轮廓铣"对话框。

Stage6．生成刀路轨迹并仿真

生成的刀路轨迹如图 4.10 所示，2D 动态仿真加工后的模型如图 4.11 所示。

图 4.10　刀路轨迹

图 4.11　2D 仿真结果

Task7．创建刀具 3

Step1．将工序导航器调整到机床视图。

Step2．选择下拉菜单 插入(S) ➡ 🖫 刀具(T)... 命令，系统弹出"创建刀具"对话框。

Step3．在"创建刀具"对话框的 类型 下拉列表中选择 mill_planar 选项，在 刀具子类型 区域中单击 BALL_MILL 按钮 🥄 ，在 位置 区域的 刀具 下拉列表中选择 GENERIC_MACHINE 选项，在 名称 文本框中输入 T3B8；单击 确定 按钮，系统弹出"铣刀-球头铣"对话框。

Step4．在"铣刀-球头铣"对话框的 (D) 直径 文本框中输入值 8，在 编号 区域的 刀具号 、

补偿寄存器 和 刀具补偿寄存器 文本框中均输入值 3，其他参数采用系统默认设置；单击 确定 按钮，完成刀具的创建。

Task8. 创建深度加工轮廓铣工序

Stage1. 创建工序

Step1. 选择下拉菜单 插入(S) ➡️ 工序(E)... 命令，系统弹出"创建工序"对话框。

Step2. 在"创建工序"对话框的 类型 下拉列表中选择 mill_contour 选项，在 工序子类型 区域中单击"深度加工轮廓"按钮，在 程序 下拉列表中选择 PROGRAM 选项，在 刀具 下拉列表中选择 T3B8 (铣刀-球头铣) 选项，在 几何体 下拉列表中选择 WORKPIECE 选项，在 方法 下拉列表中选择 MILL_FINISH 选项，单击 确定 按钮，系统弹出"深度加工轮廓"对话框。

Stage2. 创建修剪边界

Step1. 在"深度加工轮廓"对话框的 几何体 区域中单击 按钮，系统弹出"修剪边界"对话框。

Step2. 在"修剪边界"对话框的 面选择 区域中选中 ☑ 忽略孔 复选框，在 修剪侧 区域中选中 ⦿ 外部 单选项，然后在图形区选取图 4.12 所示的面，系统自动生成图 4.13 所示的边界。

图 4.12 选取面

图 4.13 创建修剪边界

Step3. 单击 确定 按钮，完成修剪边界的创建，系统返回"深度加工轮廓"对话框。

Stage3. 设置刀具路径参数和切削层

Step1. 设置刀具路径参数。在"深度加工轮廓"对话框的 公共每刀切削深度 下拉列表中选择 残余高度 选项，其他参数采用系统默认设置。

Step2. 设置切削层。各参数采用系统默认设置。

Stage4. 设置切削参数

Step1. 单击"深度加工轮廓"对话框中的"切削参数"按钮，系统弹出"切削参数"对话框。

Step2. 单击"切削参数"对话框中的 策略 选项卡，在 切削顺序 下拉列表中选择 始终深度优先 选项。

Step3. 单击"切削参数"对话框中的 余量 选项卡，在 内公差 和 外公差 文本框中输入值 0.01，其他参数采用系统默认设置。

Step4. 单击"切削参数"对话框中的 连接 选项卡，其参数设置如图 4.14 所示；单击 确定 按钮，系统返回到"深度加工轮廓"对话框。

Stage5. 设置非切削移动参数

Step1. 在"深度加工轮廓"对话框中单击"非切削移动"按钮，系统弹出"非切削移动"对话框。

Step2. 单击"非切削移动"对话框中的 起点/钻点 选项卡，在 默认区域起点 下拉列表中选择 拐角 选项，其他参数采用系统默认设置。

Step3. 单击"非切削移动"对话框中的 转移/快速 选项卡，其参数设置如图 4.15 所示；单击 确定 按钮，完成非切削移动参数的设置。

图 4.14　"连接"选项卡

图 4.15　"转移/快速"选项卡

Stage6. 设置进给率和速度

Step1. 在"深度加工轮廓"对话框中单击"进给率和速度"按钮，系统弹出"进给率和速度"对话框。

Step2. 在"进给率和速度"对话框中选中 ☑ 主轴速度 (rpm) 复选框，并在其后的文本框中输入值 3000，在 切削 文本框中输入值 400，按 Enter 键，然后单击 按钮。

Step3. 单击 确定 按钮，完成进给率和速度的设置，系统返回到"深度加工轮廓"对话框。

Stage7. 生成刀路轨迹并仿真

生成的刀路轨迹如图 4.16 所示，2D 动态仿真加工后的模型如图 4.17 所示。

图 4.16　刀路轨迹

图 4.17　2D 仿真结果

Task9. 创建底壁加工工序 1

Stage1. 创建工序

Step1. 选择下拉菜单 插入(S) ➡ 工序(E)... 命令，系统弹出"创建工序"对话框。

Step2. 确定加工方法。在"创建工序"对话框的 类型 下拉列表中选择 mill_planar 选项，在 工序子类型 区域中单击"底壁加工"按钮 ⊔ ，在 刀具 下拉列表中选择 T1D16R1 (铣刀-5 参数) 选项，在 几何体 下拉列表中选择 WORKPIECE 选项，在 方法 下拉列表中选择 MILL_FINISH 选项，采用系统默认的名称。

Step3. 在"创建工序"对话框中单击 确定 按钮，系统弹出"底壁加工"对话框。

Stage2. 指定切削区域

Step1. 在"底壁加工"对话框的 几何体 区域中单击"选择或编辑切削区域几何体"按钮 ，系统弹出"切削区域"对话框。

Step2. 选取图 4.18 所示的平面为切削区域，在"切削区域"对话框中单击 确定 按钮，完成切削区域的指定，同时系统返回到"底壁加工"对话框。

Stage3. 设置刀具路径参数

Step1. 设置切削模式。在 刀轨设置 区域的 切削模式 下拉列表中选择 跟随周边 选项。

Step2. 设置步进方式。在 步距 下拉列表中选择 刀具平直百分比 选项，其余参数采用系统默认设置。

选取该平面

图 4.18　指定切削区域

Stage4．设置切削参数

Step1．在 刀轨设置 区域中单击"切削参数"按钮 ，系统弹出"切削参数"对话框。

Step2．在"切削参数"对话框中单击 策略 选项卡，在 刀路方向 下拉列表中选择 向内 选项，其他参数采用系统默认设置。

Step3．单击 确定 按钮，系统返回到"底壁加工"对话框。

Stage5．设置非切削移动参数

各参数采用系统默认的设置。

Stage6．设置进给率和速度

Step1．单击"底壁加工"对话框中的"进给率和速度"按钮 ，系统弹出"进给率和速度"对话框。

Step2．选中"进给率和速度"对话框 主轴速度 区域中的 ☑ 主轴速度 (rpm) 复选框，在其后的文本框中输入值 1500，按 Enter 键，然后单击 按钮；在 进给率 区域的 切削 文本框中输入值 400，按 Enter 键，然后单击 按钮，其他参数采用系统默认设置。

Step3．单击"进给率和速度"对话框中的 确定 按钮，系统返回到"底壁加工"对话框。

Stage7．生成刀路轨迹并仿真

生成的刀路轨迹如图 4.19 所示，2D 动态仿真加工后的模型如图 4.20 所示。

图 4.19　刀路轨迹

图 4.20　2D 仿真结果

Task10．创建刀具 4

Step1．将工序导航器调整到机床视图。

Step2．选择下拉菜单 插入(S) ➡ 刀具(T)... 命令，系统弹出"创建刀具"对话框。

Step3．在"创建刀具"对话框的 类型 下拉列表中选择 mill_planar 选项，在 刀具子类型 区域中单击 MILL 按钮 ，在 位置 区域的 刀具 下拉列表中选择 GENERIC_MACHINE 选项，在 名称 文本框中输入 T4D8R2；单击 确定 按钮，系统弹出"铣刀-5 参数"对话框。

Step4．在"铣刀-5 参数"对话框的 (D) 直径 文本框中输入值 8，在 (R1) 下半径 文本框中输入值 2，在 编号 区域的 刀具号 、 补偿寄存器 、 刀具补偿寄存器 文本框中均输入值 4，其他参数采用系统默认设置，单击 确定 按钮，完成刀具的创建。

Task11. 创建底壁加工工序 2

Stage1. 创建工序

Step1. 选择下拉菜单 插入(S) ➡️ 工序(E)... 命令，系统弹出"创建工序"对话框。

Step2. 确定加工方法。在"创建工序"对话框的 类型 下拉列表中选择 mill_planar 选项，在 工序子类型 区域中单击"底壁加工"按钮 ，在 刀具 下拉列表中选择 T4D8R2（铣刀-5 参数）选项，在 几何体 下拉列表中选择 WORKPIECE 选项，在 方法 下拉列表中选择 MILL_FINISH 选项，采用系统默认的名称。

Step3. 在"创建工序"对话框中单击 确定 按钮，系统弹出"底壁加工"对话框。

Stage2. 指定切削区域

Step1. 在"底壁加工"对话框的 几何体 区域中单击"选择或编辑切削区域几何体"按钮 ，系统弹出"切削区域"对话框。

Step2. 选取图 4.21 所示的面(共 6 个)为切削区域，在"切削区域"对话框中单击 确定 按钮，完成切削区域的指定，同时系统返回到"底壁加工"对话框。

Step3. 选中 ✓ 自动壁 复选框，单击 指定壁几何体 后的 查看壁几何体。

Stage3. 设置刀具路径参数

Step1. 设置切削模式。在 刀轨设置 区域的 切削模式 下拉列表中选择 跟随周边 选项。

Step2. 设置步进方式。在 步距 下拉列表中选择 刀具平直百分比 选项，在 平面直径百分比 文本框中输入值 50，在 底面毛坯厚度 文本框中输入值 1，其余参数采用系统默认设置。

Stage4. 设置切削参数

各参数采用系统默认的设置。

Stage5. 设置非切削移动参数

Step1. 单击"底壁加工"对话框 刀轨设置 区域中的"非切削移动"按钮 ，系统弹出"非切削移动"对话框。

Step2. 在"非切削移动"对话框中单击 进刀 选项卡，在 斜坡角 文本框中输入值 3，在 高度 文本框中输入值 1，其余参数采用系统默认设置值。

Step3. 单击"非切削移动"对话框中的 转移/快速 选项卡，其参数设置如图 4.22 所示，单击 确定 按钮，完成非切削移动参数的设置。

图 4.21 指定切削区域

图 4.22 "转移/快速"选项卡

Stage6. 设置进给率和速度

Step1. 单击"底壁加工"对话框中的"进给率和速度"按钮，系统弹出"进给率和速度"对话框。

Step2. 选中"进给率和速度"对话框主轴速度区域中的 ☑ 主轴速度 (rpm) 复选框，在其后的文本框中输入值 3000，按 Enter 键，然后单击按钮；在进给率区域的切削文本框中输入值 400，按 Enter 键，然后单击按钮，其他参数采用系统默认设置。

Step3. 单击"进给率和速度"对话框中的 确定 按钮，系统返回"底壁加工"对话框。

Stage7. 生成刀路轨迹并仿真

生成的刀路轨迹如图 4.23 所示，2D 动态仿真加工后的模型如图 4.24 所示。

图 4.23 刀路轨迹

图 4.24 2D 仿真结果

Task12. 保存文件

选择下拉菜单 文件(F) ➡ 保存(S) 命令，保存文件。

实例 **5** 鞋跟凸模加工

粗加工是指大量地去除毛坯材料；精加工是把毛坯件加工成目标件的最后步骤，也是关键的一步，其加工结果直接影响模具的加工质量和加工精度。下面以鞋跟凸模加工为例，来介绍铣削的一般加工操作。该零件的加工工艺路线如图 5.1 和图 5.2 所示。

型腔铣削	——在模具加工中，一般用型腔铣或平面铣进行开粗。
固定轮廓铣	——用于半精加工零件中平坦的轮廓曲面区域。
底壁加工	——对零件平面部分进行铣削。
轮廓区域铣	——用于精加工由轮廓曲面所形成的区域。
流线驱动铣	——用于精加工轮廓中曲面部分。
清根铣	——使用清根铣清理模具中的小的凹部。
深度加工轮廓铣	——用于精加工模具的陡峭曲面部分。

图 5.1　加工工艺路线（一）

a）型腔铣削　　b）固定轮廓铣　　c）底壁加工

f）清根铣　　e）流线驱动铣　　d）轮廓区域铣

g）深度加工轮廓铣

图 5.2　加工工艺路线（二）

Task1. 打开模型文件并进入加工模块

Step1. 打开模型文件 D:\ug90.11\work\ch05\ shoe_mold.prt。

Step2. 进入加工环境。选择下拉菜单 启动 ➡ 加工(R)... 命令，系统弹出"加工环境"对话框；在"加工环境"对话框的 CAM 会话配置 列表框中选择 cam_general 选项，在 要创建的 CAM 设置 列表框中选择 mill contour 选项，单击 确定 按钮，进入加工环境。

Task2. 创建几何体

Stage1. 创建机床坐标系

Step1. 将工序导航器调整到几何视图，双击 MCS_MILL 节点，系统弹出"MCS 铣削"对话框。在"MCS 铣削"对话框的 机床坐标系 区域中单击"CSYS 对话框"按钮，系统弹出 CSYS 对话框。

Step2. 单击 CSYS 对话框 操控器 区域中的"操控器"按钮，系统弹出"点"对话框；在"点"对话框的 Z 文本框中输入值 30，单击 确定 按钮，此时系统返回至 CSYS 对话框；在该对话框中单击 确定 按钮，完成图 5.3 所示的机床坐标系的创建。

Stage2. 创建安全平面

Step1. 在"MCS 铣削"对话框 安全设置 区域的 安全设置选项 下拉列表中选择 自动平面 选项，然后在 安全距离 文本框中输入值 10。

Step2. 单击"MCS 铣削"对话框中的 确定 按钮，完成安全平面的创建。

Stage3. 创建部件几何体

Step1. 在工序导航器中双击 MCS_MILL 节点下的 WORKPIECE，系统弹出"工件"对话框。

Step2. 选取部件几何体。在"工件"对话框中单击 按钮，系统弹出"部件几何体"对话框。

Step3. 在图形区中选择整个零件为部件几何体，如图 5.4 所示。在"部件几何体"对话框中单击 确定 按钮，完成部件几何体的创建，同时系统返回到"工件"对话框。

Stage4. 创建毛坯几何体

Step1. 在"工件"对话框中单击 按钮，系统弹出"毛坯几何体"对话框。

Step2. 在"毛坯几何体"对话框的 类型 下拉列表中选择 包容块 选项，在 极限 区域的 ZM+ 文本框中输入值 8。

Step3. 单击"毛坯几何体"对话框中的 确定 按钮，系统返回到"工件"对话框，完成图 5.5 所示的毛坯几何体的创建。

Step4. 单击"工件"对话框中的 确定 按钮。

机床坐标系

图 5.3 创建机床坐标系

图 5.4 部件几何体

图 5.5 毛坯几何体

Task3. 创建刀具

Stage1. 创建刀具 1

Step1. 将工序导航器调整到机床视图。

Step2. 选择下拉菜单 插入(S) ➡ 刀具(T)... 命令，系统弹出"创建刀具"对话框。

Step3. 在"创建刀具"对话框的 类型 下拉列表中选择 mill contour 选项，在 刀具子类型 区域中单击 MILL 按钮 ，在 位置 区域的 刀具 下拉列表中选择 GENERIC_MACHINE 选项，在 名称 文本框中输入 D16R1，然后单击 确定 按钮，系统弹出"铣刀-5 参数"对话框。

Step4. 系统弹出"铣刀-5 参数"对话框中的 (D) 直径 文本框中输入值 16，在 (R1) 下半径 文本框中输入值 1，在 编号 区域的 刀具号 、补偿寄存器 、刀具补偿寄存器 文本框中均输入值 1，其他参数采用系统默认设置，单击 确定 按钮，完成刀具的创建。

Stage2. 创建刀具 2

设置刀具类型为 mill contour ，刀具子类型 为 BALL_MILL 类型（单击 按钮），刀具名称为 B10，刀具 (D) 球直径 为 10，在 编号 区域的 刀具号 、补偿寄存器 、刀具补偿寄存器 文本框中均输入值 2，具体操作方法参照 Stage1。

Stage3. 创建刀具 3

设置刀具类型为 mill contour ，刀具子类型 为 MILL 类型（单击 按钮），刀具名称为 D8，刀具 (D) 直径 为 8，在 编号 区域的 刀具号 、补偿寄存器 、刀具补偿寄存器 文本框中均输入值 3，具体操作方法参照 Stage1。

Stage4. 创建刀具 4

设置刀具类型为 mill contour ，刀具子类型 为 BALL_MILL 类型（单击 按钮），刀具名称为 B8，刀具 (D) 球直径 为 8，在 编号 区域的 刀具号 、补偿寄存器 、刀具补偿寄存器 文本框中均输入值 4，具体操作方法参照 Stage1。

Stage5. 创建刀具 5

设置刀具类型为 mill contour ，刀具子类型 为 MILL 类型（单击 按钮），刀具名称为 D8R2，刀具 (D) 直径 为 8，刀具 (R1) 下半径 为 2，在 编号 区域的 刀具号 、 补偿寄存器 、 刀具补偿寄存器 文本框中均输入值 5，具体操作方法参照 Stage1。

Stage6. 创建刀具 6

设置刀具类型为 mill contour ， 刀具子类型 为 BALL_MILL 类型（单击 按钮），刀具名称为 B2，刀具 (D) 球直径 为 2，在 编号 区域的 刀具号 、 补偿寄存器 、 刀具补偿寄存器 文本框中均输入值 6，具体操作方法参照 Stage1。

Task4. 创建型腔铣工序

Stage1. 创建工序

Step1. 将工序导航器调整到程序顺序视图。

Step2. 选择下拉菜单 插入(S) ➡ 工序(E)... 命令，在"创建工序"对话框的 类型 下拉列表中选择 mill_contour 选项，在 工序子类型 区域中单击"型腔铣"按钮 ，在 程序 下拉列表中选择 PROGRAM 选项，在 刀具 下拉列表中选择前面设置的刀具 D16R1 (铣刀-5 参数) 选项，在 几何体 下拉列表中选择 WORKPIECE 选项，在 方法 下拉列表中选择 MILL ROUGH 选项，使用系统默认的名称。

Step3. 单击"创建工序"对话框中的 确定 按钮，系统弹出"型腔铣"对话框。

Stage2. 设置一般参数

在"型腔铣"对话框的 切削模式 下拉列表中选择 跟随部件 选项；在 步距 下拉列表中选择 刀具平直百分比 选项，在 平面直径百分比 文本框中输入值 50；在 公共每刀切削深度 下拉列表中选择 恒定 选项，在 最大距离 文本框中输入值 1。

Stage3. 设置切削参数

Step1. 在 刀轨设置 区域中单击"切削参数"按钮 ，系统弹出"切削参数"对话框。

Step2. 在"切削参数"对话框中单击 策略 选项卡，在 切削顺序 下拉列表中选择 深度优先 选项；单击 连接 选项卡，在 开放刀路 下拉列表中选择 变换切削方向 选项，其他参数采用系统默认设置。

Step3. 单击"切削参数"对话框中的 确定 按钮，系统返回到"型腔铣"对话框。

Stage4. 设置非切削移动参数

Step1. 在"型腔铣"对话框中单击"非切削移动"按钮 ，系统弹出"非切削移动"对话框。

Step2. 单击 "非切削移动" 对话框中的 进刀 选项卡，在 进刀类型 下拉列表中选择 沿形状斜进刀 选项，在 封闭区域 的 斜坡角 文本框中输入值 3，在 高度起点 下拉列表中选择 当前层 选 项，其他参数采用系统默认设置，单击 确定 按钮，完成非切削移动参数的设置。

Stage5．设置进给率和速度

Step1. 在 "型腔铣" 对话框中单击 "进给率和速度" 按钮 🔧，系统弹出 "进给率和速 度" 对话框。

Step2. 选中 "进给率和速度" 对话框 主轴速度 区域中的 ☑ 主轴速度 (rpm) 复选框，在其后 的文本框中输入值 800，按 Enter 键，然后单击 🔲 按钮，在 进给率 区域的 切削 文本框中输入 值 250，按 Enter 键，然后单击 🔲 按钮，其他参数采用系统默认设置。

Step3. 单击 确定 按钮，完成进给率和速度的设置，系统返回 "型腔铣" 对话框。

Stage6．生成刀路轨迹并仿真

生成的刀路轨迹如图 5.6 所示，2D 动态仿真加工后的模型如图 5.7 所示。

图 5.6　刀路轨迹　　　　　　　　　　图 5.7　2D 仿真结果

Task5．创建固定轮廓铣

Stage1．创建工序

Step1. 选择下拉菜单 插入(S) ➡ 工序(E)... 命令，在 "创建工序" 对话框的 类型 下 拉列表中选择 mill_contour 选项，在 工序子类型 区域中单击 "固定轮廓铣" 按钮 🔥，在 程序 下拉 列表中选择 PROGRAM 选项，在 刀具 下拉列表中选择 B10 (铣刀-球头铣) 选项，在 几何体 下拉列表中 选择 WORKPIECE 选项，在 方法 下拉列表中选择 MILL_SEMI_FINISH 选项，使用系统默认的名称 FIXED_CONTOUR。

Step2. 单击 "创建工序" 对话框中的 确定 按钮，系统弹出 "固定轮廓铣" 对话框。

Stage2．设置驱动方式

Step1. 在 "固定轮廓铣" 对话框 驱动方法 区域的 方法 下拉列表中选择 边界 选项，单击 "编 辑" 按钮 🔧，系统弹出 "边界驱动方法" 对话框。

Step2. 在 "边界驱动方法" 对话框的 驱动几何体 区域中单击 "选择或编辑驱动几何体"

按钮 ，系统弹出"边界几何体"对话框。

Step3. 在 模式 下拉列表中选择 面 选项，在 凸边 下拉列表中选择 对中 选项。

Step4. 在图形区选择图 5.8 所示的面，然后单击 确定 按钮，系统返回"边界驱动方法"对话框。

Step5. 在 驱动设置 区域的 步距 下拉列表中选择 恒定 选项，在 最大距离 文本框中输入值 2，在 切削角 下拉列表中选择 指定 选项，在 与 XC 的夹角 文本框中输入值 45，单击 确定 按钮，系统返回"固定轮廓铣"对话框。

Stage3．设置切削参数

Step1. 在 刀轨设置 区域中单击"切削参数"按钮 ，系统弹出"切削参数"对话框。

Step2. 在"切削参数"对话框中单击 策略 选项卡，然后选中 ☑ 在边上延伸 复选框，其他参数采用系统默认设置。

Step3. 单击"切削参数"对话框中的 确定 按钮，系统返回到"固定轮廓铣"对话框。

Stage4．设置非切削移动参数

采用系统默认的非切削移动参数。

Stage5．设置进给率和速度

Step1. 在"固定轮廓铣"对话框中单击"进给率和速度"按钮 ，系统弹出"进给率和速度"对话框。

Step2. 选中"进给率和速度"对话框 主轴速度 区域中的 ☑ 主轴速度 (rpm) 复选框，在其后的文本框中输入值 1000，按 Enter 键，然后单击 按钮，在 进给率 区域的 切削 文本框中输入值 400，按 Enter 键，然后单击 按钮，其他参数采用系统默认设置。

Step3. 单击 确定 按钮，完成进给率和速度的设置，系统返回"固定轮廓铣"对话框。

Stage6．生成刀路轨迹并仿真

生成的刀路轨迹如图 5.9 所示，2D 动态仿真加工后的模型如图 5.10 所示。

图 5.8　定义参照面

图 5.9　刀路轨迹

Task6. 创建底壁加工铣工序

Stage1. 创建工序

Step1. 选择下拉菜单 插入(S) ➡ 工序(E)... 命令，系统弹出"创建工序"对话框。

Step2. 在"创建工序"对话框的 类型 下拉列表中选择 mill_planar 选项，在 工序子类型 区域中单击"底壁加工"按钮，在 程序 下拉列表中选择 PROGRAM 选项，在 刀具 下拉列表中选择 D8 (铣刀-5 参数) 选项，在 几何体 下拉列表中选择 WORKPIECE 选项，在 方法 下拉列表中选择 MILL FINISH 选项，使用系统默认的名称。

Step3. 单击"创建工序"对话框中的 确定 按钮，系统弹出"底壁加工"对话框。

Stage2. 指定切削区域

Step1. 单击"底壁加工"对话框中的"选择或编辑切削区域几何体"按钮，系统弹出"切削区域"对话框。

Step2. 在图形区选取图 5.11 所示的切削区域，单击"切削区域"对话框中的 确定 按钮，系统返回到"底壁加工"对话框。

图 5.10　2D 仿真结果

图 5.11　指定切削区域

Stage3. 设置一般参数

在"底壁加工"对话框的 几何体 区域中选中 ☑ 自动壁 复选框，在 刀轨设置 区域的 切削模式 下拉列表中选择 跟随周边 选项，在 步距 下拉列表中选择 刀具平直百分比 选项，在 平面直径百分比 文本框中输入值 55，在 底面毛坯厚度 文本框中输入值 1，在 每刀切削深度 文本框中输入值 0。

Stage4. 设置切削参数

Step1. 单击"底壁加工"对话框中的"切削参数"按钮，系统弹出"切削参数"对话框。

Step2. 单击"切削参数"对话框中的 策略 选项卡，在 切削 区域的 刀路方向 下拉列表中选择 向内 选项，在 壁 区域中选中 ☑ 岛清根 复选框；单击 空间范围 选项卡，在 切削区域 区域的 刀具延展量 文本框中输入值 50，其他参数采用系统默认设置。

Step3. 单击"切削参数"对话框中的 确定 按钮，完成切削参数的设置，系统返回到"底壁加工"对话框。

Stage5. 设置非切削移动参数

采用系统默认的非切削移动参数设置。

Stage6. 设置进给率和速度

Step1. 单击"底壁加工"对话框中的"进给率和速度"按钮 ，系统弹出"进给率和速度"对话框。

Step2. 选中"进给率和速度"对话框 主轴速度 区域中的 ☑ 主轴速度 (rpm) 复选框，在其后的文本框中输入值 1500，按 Enter 键，然后单击 按钮，在 进给率 区域的 切削 文本框中输入值 500，按 Enter 键，然后单击 按钮，最后单击 确定 按钮，完成进给率和速度的设置，返回"底壁加工"对话框。

Stage7. 生成刀路轨迹并仿真

生成的刀路轨迹如图 5.12 所示，2D 动态仿真加工后的模型如图 5.13 所示。

Task7. 创建轮廓区域铣

Stage1. 创建工序

Step1. 选择下拉菜单 插入(S) ➡ 工序(E)... 命令，在"创建工序"对话框的 类型 下拉列表中选择 mill_contour 选项，在 工序子类型 区域中单击"轮廓区域"按钮 ，在 程序 下拉列表中选择 PROGRAM 选项，在 刀具 下拉列表中选择 B8 (铣刀-球头铣) 选项，在 几何体 下拉列表中选择 WORKPIECE 选项，在 方法 下拉列表中选择 MILL_FINISH 选项，使用系统默认的名称 CONTOUR_AREA。

Step2. 单击"创建工序"对话框中的 确定 按钮，系统弹出"轮廓区域"对话框。

Stage2. 指定切削区域

Step1. 在 几何体 区域中单击"选择或编辑切削区域几何体"按钮 ，系统弹出"切削区域"对话框。

Step2. 选取图 5.14 所示的面(共 19 个)为切削区域，在"切削区域"对话框中单击 确定 按钮，完成切削区域的创建，同时系统返回到"轮廓区域"对话框。

图 5.12 刀路轨迹

图 5.13 2D 仿真结果

图 5.14 指定切削区域

Stage3. 设置驱动方式

说明：本 Stage 的详细操作过程请参见随书光盘中 video\ch05\reference 文件下的语音视频讲解文件"鞋跟凸模加工-r01.avi"。

Stage4. 设置切削参数

Step1. 单击"轮廓区域"对话框中的"切削参数"按钮 ，系统弹出"切削参数"对话框。

Step2. 在"切削参数"对话框中单击 策略 选项卡，在 延伸刀轨 区域中选中 ☑ 在边上延伸 复选框，在 距离 文本框中输入值 1，在其后的下拉列表中选择 mm 选项。

Step3. 单击 余量 选项卡，在 公差 区域的 内公差 和 外公差 文本框中均输入值 0.01，其他参数采用系统默认设置。

Step4. 单击"切削参数"对话框中的 确定 按钮，完成切削参数的设置，系统返回到"轮廓区域"对话框。

Stage5. 设置非切削移动参数

采用系统默认的非切削移动参数设置。

Stage6. 设置进给率和速度

Step1. 在"轮廓区域"对话框中单击"进给率和速度"按钮 ，系统弹出"进给率和速度"对话框。

Step2. 选中"进给率和速度"对话框 主轴速度 区域中的 ☑ 主轴速度 (rpm) 复选框，在其后的文本框中输入值 2200，按 Enter 键，然后单击 按钮，在 进给率 区域的 切削 文本框中输入值 600，按 Enter 键，然后单击 按钮，其他参数采用系统默认设置。

Step3. 单击 确定 按钮，完成进给率和速度的设置，系统返回"轮廓区域"对话框。

Stage7. 生成刀路轨迹并仿真

生成的刀路轨迹如图 5.15 所示，2D 动态仿真加工后的模型如图 5.16 所示。

Task8. 创建流线驱动铣

Stage1. 创建工序

Step1. 选择下拉菜单 插入(S) ➡ 工序(E)... 命令，系统弹出"创建工序"对话框。

Step2. 在"创建工序"对话框的 类型 下拉列表中选择 mill_contour 选项，在 工序子类型 区域中单击"流线"按钮 ，在 程序 下拉列表中选择 PROGRAM 选项，在 刀具 下拉列表中选择 D8R2 (铣刀-5 参数) 选项，在 几何体 下拉列表中选择 WORKPIECE 选项，在 方法 下拉列表中选择 MILL_FINISH 选项，使用系统默认的名称。

Step3. 单击"创建工序"对话框中的 确定 按钮，系统弹出"流线"对话框。

Stage2. 指定切削区域

在"流线"对话框中单击 按钮，系统弹出"切削区域"对话框，采用系统默认设置，选取图 5.17 所示的切削区域，单击 确定 按钮，系统返回到"流线"对话框。

图 5.15 刀路轨迹

图 5.16 2D 仿真结果

图 5.17 指定切削区域

Stage3. 设置驱动几何体

说明：本 Stage 的详细操作过程请参见随书光盘中 video\ch05\reference 文件下的语音视频讲解文件"鞋跟凸模加工-r02.avi"。

Stage4. 设置切削参数

Step1. 单击"流线"对话框中的"切削参数"按钮 ，系统弹出"切削参数"对话框。

Step2. 在"切削参数"对话框中单击 余量 选项卡，在 公差 区域的 内公差 和 外公差 文本框中均输入值 0.01，其他参数采用系统默认设置。

Step3. 单击 确定 按钮，系统返回"流线"对话框。

Stage5. 设置非切削移动参数

采用系统默认参数设置。

Stage6. 设置进给率和速度

Step1. 单击"流线"对话框中的"进给率和速度"按钮 ，系统弹出"进给率和速度"对话框。

Step2. 在"进给率和速度"对话框中选中 ☑ 主轴速度（rpm）复选框，然后在其文本框中输入值 1800，在 切削 文本框中输入值 250，按 Enter 键，然后单击 按钮，在 更多 区域的 进刀 文本框中输入值 600，其他参数采用系统默认设置。

Step3. 单击 确定 按钮，系统返回"流线"对话框。

Stage7. 生成刀路轨迹并仿真

生成的刀路轨迹如图 5.18 所示，2D 动态仿真加工后的模型如图 5.19 所示。

图 5.18　刀路轨迹　　　　　　　　　　　图 5.19　2D 仿真结果

Task9. 创建清根铣工序

Stage1. 创建工序

Step1. 选择下拉菜单 插入(S) ➡ ⊩ 工序(E)... 命令，系统弹出"创建工序"对话框。

Step2. 确定加工方法。在"创建工序"对话框的 类型 下拉列表中选择 mill_contour 选项，在 工序子类型 区域中单击"清根参考刀具"按钮 ，在 程序 下拉列表中选择 PROGRAM 选项，在 刀具 下拉列表中选择 B2 (铣刀-球头铣) 选项，在 几何体 下拉列表中选择 WORKPIECE 选项，在 方法 下拉列表中选择 MILL_FINISH 选项，单击 确定 按钮，系统弹出"清根参考刀具"对话框。

Stage2. 指定切削区域

在"清根参考刀具"对话框中单击 按钮，系统弹出"切削区域"对话框，采用系统默认的选项，选取图 5.20 所示的切削区域，单击 确定 按钮，系统返回到"清根参考刀具"对话框。

图 5.20　指定切削区域

Stage3. 设置驱动设置

Step1. 单击"多刀路清根"对话框 驱动设置 区域中的"编辑"按钮 ，然后在系统弹出的"清根驱动方法"对话框中按图 5.21 所示设置参数。

Step2. 单击 确定 按钮，系统返回到"清根参考刀具"对话框。

图 5.21　清根驱动设置

Stage4．设置切削参数

Step1．单击"清根参考刀具"对话框中的"切削参数"按钮，系统弹出"切削参数"对话框。

Step2．在"切削参数"对话框中单击 余量 选项卡，在 公差 区域的 内公差 和 外公差 文本框中均输入值 0.01，其他参数采用系统默认设置。

Step3．单击 确定 按钮，系统返回到"清根参考刀具"对话框。

Stage5．设置进给率和速度

Step1．单击"清根参考刀具"对话框中的"进给率和速度"按钮，系统弹出"进给率和速度"对话框。

Step2．在"进给率和速度"对话框中选中 ☑ 主轴速度（rpm） 复选框，然后在其文本框中输入值 5000，按 Enter 键，然后单击 按钮，在 切削 文本框中输入值 500，按 Enter 键，然后单击 按钮，其他参数均采用系统默认设置。

Step3．单击"进给率和速度"对话框中的 确定 按钮，完成进给率和速度的设置，系统返回到"清根参考刀具"对话框。

Stage6．生成刀路轨迹并仿真

生成的刀路轨迹如图 5.22 所示，2D 动态仿真加工后的模型如图 5.23 所示。

图 5.22　刀路轨迹

图 5.23　2D 仿真结果

Task10．创建深度加工轮廓铣工序

Stage1．创建工序

Step1. 选择下拉菜单 插入(S) ➡ 工序(E)... 命令，在"创建工序"对话框的 类型 下拉列表中选择 mill_contour 选项，在 工序子类型 区域中单击"深度加工轮廓"按钮 ，在 程序 下拉列表中选择 PROGRAM 选项，在 刀具 下拉列表中选择 D8（铣刀-5 参数）选项，在 几何体 下拉列表中选择 WORKPIECE 选项，在 方法 下拉列表中选择 MILL_FINISH 选项，使用系统默认的名称。

Step2. 单击"创建工序"对话框中的 确定 按钮，系统弹出"深度加工轮廓"对话框。

Stage2．指定切削区域

Step1. 在"深度加工轮廓"对话框的 几何体 区域中单击 指定切削区域 右侧的 按钮，系统弹出"切削区域"对话框。

Step2. 在图形区选取图 5.24 所示的面（共 12 个）为切削区域，然后单击"切削区域"对话框中的 确定 按钮，系统返回到"深度加工轮廓"对话框。

Stage3．设置一般参数

在"深度加工轮廓"对话框的 合并距离 文本框中输入值 3，在 最小切削长度 文本框中输入值 1，在 公共每刀切削深度 下拉列表中选择 恒定 选项，在 最大距离 文本框中输入值 0.1。

Stage4．设置切削层

Step1. 单击"深度加工轮廓"对话框中的"切削层"按钮 ，系统弹出"切削层"对话框。

Step2. 激活 范围 1 的顶部 区域中的 选择对象 (1)，在图形区选取图 5.25 所示的面，然后在 ZC 文本框中输入值 12，在 范围定义 区域的 范围深度 文本框中输入值 2，在 每刀的深度 文本框中输入值 0.1。

Step3. 单击 确定 按钮，系统返回到"深度加工轮廓"对话框。

图 5.24　指定切削区域

图 5.25　定义参照面

Stage5．设置进给率和速度

Step1. 在"深度加工轮廓"对话框中单击"进给率和速度"按钮 ，系统弹出"进给率和速度"对话框。

Step2. 选中"进给率和速度"对话框 主轴速度 区域中的 ☑ 主轴速度 (rpm) 复选框，在其后的文本框中输入值 1500，按 Enter 键，然后单击 按钮，在 进给率 区域的 切削 文本框中输入值 500，按 Enter 键，然后单击 按钮，其他参数采用系统默认设置。

Step3. 单击 确定 按钮，完成进给率和速度的设置，系统返回"深度加工轮廓"对话框。

Stage6. 生成刀路轨迹并仿真

生成的刀路轨迹如图 5.26 所示，2D 动态仿真加工后的模型如图 5.27 所示。

图 5.26　刀路轨迹

图 5.27　2D 仿真结果

Task11. 保存文件

选择下拉菜单 文件(F) ➡ 保存(S) 命令，保存文件。

实例 **6** 订书机垫凹模加工

数控加工工艺方案在制定时必须要考虑很多因素，如零件的结构特点、表面形状、精度等级和技术要求、表面粗糙度要求等，毛坯的状态、切削用量以及所需的工艺装备、刀具等。本实例是订书机垫的凹模加工，其加工工艺路线如图 6.1 和图 6.2 所示。

底壁加工（一）————————对零件平面部分进行铣削。

底壁加工（二）————————对零件平面部分进行铣削。

型腔铣削————————在模具加工中，一般用型腔铣或平面铣进行开粗。

深度加工轮廓铣削————————用于精加工模具的陡峭曲面部分。

底壁加工（三）————————对零件平面部分进行铣削。

平面轮廓铣削————————用于精加工零件圆面部分。

图 6.1 加工工艺路线（一）

a）底壁加工（一）　　　b）底壁加工（二）　　　c）型腔铣削

f）平面轮廓铣削　　　e）底壁加工（三）　　　d）深度加工轮廓铣削

图 6.2 加工工艺路线（二）

Task1. 打开模型文件并进入加工模块

Step1. 打开模型文件 D:\ug90.11\work\ch06\ stapler_pad_mold.prt。

Step2. 进入加工环境。选择下拉菜单 ✐ 启动 ▾ ➡ ▸ 加工(R) 命令，系统弹出"加工环境"对话框；在"加工环境"对话框的 CAM 会话配置 列表框中选择 cam_general 选项，在要创建的 CAM 设置 列表框中选择 mill planar 选项，单击 确定 按钮，进入加工环境。

Task2. 创建几何体

Stage1. 创建机床坐标系

Step1. 将工序导航器调整到几何视图，双击节点⊞ 🕭 MCS_MILL，系统弹出"MCS 铣削"对话框，在"MCS 铣削"对话框的 机床坐标系 选项区域中单击"CSYS 对话框"按钮 🕭，系统弹出 CSYS 对话框。

Step2. 单击 CSYS 对话框 操控器 区域中的"操控器"按钮 ⁺，系统弹出"点"对话框，在"点"对话框的 X 文本框中输入值 85，在 Z 文本框中输入值 5，单击 确定 按钮，此时系统返回至 CSYS 对话框，在该对话框中单击 确定 按钮，完成图 6.3 所示机床坐标系的创建。

Stage2. 创建安全平面

Step1. 在"MCS 铣削"对话框 安全设置 区域的 安全设置选项 下拉列表中选择 自动平面 选项，在 安全距离 文本框中输入值 10。

Step2. 单击"MCS 铣削"对话框中的 确定 按钮，完成安全平面的创建。

Stage3. 创建部件几何体

Step1. 在工序导航器中双击⊞ 🕭 MCS_MILL 节点下的 🕭 WORKPIECE，系统弹出"工件"对话框。

Step2. 选取部件几何体。在"工件"对话框中单击 🕭 按钮，系统弹出"部件几何体"对话框。

Step3. 在图形区中框选整个零件为部件几何体，如图 6.4 所示。在"部件几何体"对话框中单击 确定 按钮，完成部件几何体的创建，同时系统返回到"工件"对话框。

Stage4. 创建毛坯几何体

Step1. 在"工件"对话框中单击 🕭 按钮，系统弹出"毛坯几何体"对话框。

Step2. 在"毛坯几何体"对话框的 类型 下拉列表中选择 🕭 包容块 选项，在 极限 区域的 ZM+ 文本框中输入值 5。

Step3. 单击"毛坯几何体"对话框中的 确定 按钮，系统返回到"工件"对话框，完成图 6.5 所示毛坯几何体的创建。

Step4. 单击"工件"对话框中的 确定 按钮。

图 6.3　创建机床坐标系

图 6.4　部件几何体

图 6.5　毛坯几何体

Task3. 创建刀具

Stage1. 创建刀具 1

Step1. 将工序导航器调整到机床视图。

Step2. 选择下拉菜单 插入(S) ➡ 刀具(T)... 命令，系统弹出"创建刀具"对话框。

Step3. 在"创建刀具"对话框的 类型 下拉列表中选择 mill_planar 选项，在 刀具子类型 区域中单击 MILL 按钮 ，在 位置 区域的 刀具 下拉列表中选择 GENERIC_MACHINE 选项，在 名称 文本框中输入 T1D20，然后单击 确定 按钮，系统弹出"铣刀-5 参数"对话框。

Step4. 在"铣刀-5 参数"对话框的 (D) 直径 文本框中输入值 20，在 编号 区域的 刀具号 、补偿寄存器 、刀具补偿寄存器 文本框中均输入值 1，其他参数采用系统默认设置，单击 确定 按钮，完成刀具的创建。

Stage2. 创建刀具 2

设置刀具类型为 mill_planar ，刀具子类型 为 MILL 类型（单击 MILL 按钮 ），刀具名称为 T2D10R2，刀具 (D) 直径 为 10，刀具 (R1) 下半径 为 2，在 编号 区域的 刀具号 、补偿寄存器 、刀具补偿寄存器 文本框中均输入值 2，具体操作方法参照 Stage1。

Stage3. 创建刀具 3

设置刀具类型为 mill_planar ，刀具子类型 为 MILL 类型（单击 MILL 按钮 ），刀具名称为 T3D5R1，刀具 (D) 直径 为 5，刀具 (R1) 下半径 为 1，在 编号 区域的 刀具号 、补偿寄存器 、刀具补偿寄存器 文本框中均输入值 3，具体操作方法参照 Stage1。

Stage4. 创建刀具 4

设置刀具类型为 mill_planar ，刀具子类型 为 MILL 类型（单击 MILL 按钮 ），刀具名称为 T4D3R0.5，刀具 (D) 直径 为 3，刀具 (R1) 下半径 为 0.5，在 编号 区域的 刀具号 、补偿寄存器 、刀具补偿寄存器 文本框中均输入值 4，具体操作方法参照 Stage1。

Stage5. 创建刀具 5

设置刀具类型为 `mill_planar`，`刀具子类型` 为 MILL 类型（单击 MILL 按钮 ），刀具名称为 T5B3，刀具 `(D) 球直径` 为 3，在 `编号` 区域的 `刀具号`、`补偿寄存器`、`刀具补偿寄存器` 文本框中均输入值 5，具体操作方法参照 Stage1。

Task4. 创建底壁加工工序

Stage1. 创建工序

Step1. 选择下拉菜单 `插入(S)` ➡ `工序(E)...` 命令，系统弹出"创建工序"对话框。

Step2. 确定加工方法。在"创建工序"对话框的 `类型` 下拉列表中选择 `mill_planar` 选项，在 `工序子类型` 区域中单击"底壁加工"按钮 ，在 `程序` 下拉列表中选择 `PROGRAM` 选项，在 `刀具` 下拉列表中选择 `T1D20 (铣刀-5 参数)` 选项，在 `几何体` 下拉列表中选择 `WORKPIECE` 选项，在 `方法` 下拉列表中选择 `MILL_SEMI_FINISH` 选项，采用系统默认的名称。

Step3. 在"创建工序"对话框中单击 `确定` 按钮，系统弹出"底壁加工"对话框。

Stage2. 指定切削区域

Step1. 在 `几何体` 区域中单击"选择或编辑切削区域几何体"按钮 ，系统弹出"切削区域"对话框。

Step2. 选取图 6.6 所示的面为切削区域（共 1 个面），在"切削区域"对话框中单击 `确定` 按钮，完成切削区域的创建，同时系统返回到"底壁加工"对话框。

图 6.6 指定切削区域

Stage3. 设置刀具路径参数

Step1. 设置切削模式。在 `刀轨设置` 区域的 `切削模式` 下拉列表中选择 `往复` 选项。

Step2. 设置步进方式。在 `步距` 下拉列表中选择 `刀具平直百分比` 选项，在 `平面直径百分比` 文本框中输入值 75，在 `底面毛坯厚度` 文本框中输入值 5，在 `每刀切削深度` 文本框中输入值 2。

Stage4. 设置切削参数

Step1. 在 `刀轨设置` 区域中单击"切削参数"按钮 ，系统弹出"切削参数"对话框。

Step2. 在"切削参数"对话框中单击 `策略` 选项卡，在 `切削区域` 区域中选中 ☑ `延伸到部件轮廓`

复选框；单击 余量 选项卡，在 最终底面余量 文本框中输入值 0.2；单击 确定 按钮，系统返回到"底壁加工"对话框。

Stage5. 设置非切削移动参数

采用系统的默认设置。

Stage6. 设置进给率和速度

Step1. 单击"底壁加工"对话框中的"进给率和速度"按钮 ，系统弹出"进给率和速度"对话框。

Step2. 选中"进给率和速度"对话框 主轴速度 区域中的 ☑ 主轴速度 (rpm) 复选框，在其后的文本框中输入值 800，按 Enter 键，然后单击 按钮，在 进给率 区域的 切削 文本框中输入值 200，按 Enter 键，然后单击 按钮，其他参数采用系统默认设置。

Step3. 单击"进给率和速度"对话框中的 确定 按钮，系统返回"底壁加工"对话框。

Stage7. 生成刀路轨迹并仿真

生成的刀路轨迹如图 6.7 所示，2D 动态仿真加工后的模型如图 6.8 所示。

图 6.7　刀路轨迹　　　　　　　　　图 6.8　2D 仿真结果

Task5. 创建底壁加工工序

Stage1. 创建工序

Step1. 选择下拉菜单 插入(S) ➡ 工序(E)... 命令，系统弹出"创建工序"对话框。

Step2. 确定加工方法。在"创建工序"对话框的 类型 下拉列表中选择 mill_planar 选项，在 工序子类型 区域中单击"底壁加工"按钮 ，在 程序 下拉列表中选择 PROGRAM 选项，在 刀具 下拉列表中选择 T2D10R2 (铣刀-5 参数) 选项，在 几何体 下拉列表中选择 WORKPIECE 选项，在 方法 下拉列表中选择 MILL_SEMI_FINISH 选项，采用系统默认的名称。

Step3. 在"创建工序"对话框中单击 确定 按钮，系统弹出"底壁加工"对话框。

Stage2. 指定切削区域

Step1. 在 几何体 区域中单击"选择或编辑切削区域几何体"按钮 ，系统弹出"切削区域"对话框。

Step2. 选取图 6.9 所示的面为切削区域（共 1 个面），在"切削区域"对话框中单击 确定 按钮，完成切削区域的创建，同时系统返回到"底壁加工"对话框。

Step3. 在"切削区域"对话框中选中 ☑ 自动壁 复选框，单击 指定壁几何体 区域中的 ✎ 按钮查看壁几何体，如图 6.10 所示。

图 6.9　指定切削区域　　　　　图 6.10　查看壁几何体

Stage3. 设置刀具路径参数

Step1. 设置切削模式。在 刀轨设置 区域的 切削模式 下拉列表中选择 往复 选项。

Step2. 设置步进方式。在 步距 下拉列表中选择 刀具平直百分比 选项，在 平面直径百分比 文本框中输入值 50，在 底面毛坯厚度 文本框中输入值 3，在 每刀切削深度 文本框中输入值 1。

Stage4. 设置切削参数

Step1. 在 刀轨设置 区域中单击"切削参数"按钮 ⬚，系统弹出"切削参数"对话框。

Step2. 在"切削参数"对话框中单击 空间范围 选项卡，在 将底面延伸至 下拉列表中选择 部件轮廓 选项。

Step3. 在"切削参数"对话框中单击 余量 选项卡，在 壁余量 文本框中输入值 0.3，在 最终底面余量 文本框中输入值 0.3，单击 确定 按钮，系统返回到"底壁加工"对话框。

Stage5. 设置非切削移动参数

Step1. 单击"底壁加工"对话框中的"非切削移动"按钮 ▨，系统弹出"非切削移动"对话框。

Step2. 单击"非切削移动"对话框中的 进刀 选项卡，在 斜坡角 文本框中输入值 3，在 高度 文本框中输入值 1，单击 确定 按钮，完成非切削移动参数的设置。

Stage6. 设置进给率和速度

Step1. 单击"底壁加工"对话框中的"进给率和速度"按钮 🔩，系统弹出"进给率和速度"对话框。

Step2. 选中"进给率和速度"对话框 主轴速度 区域中的 ☑ 主轴速度 (rpm) 复选框，在其后

的文本框中输入值 1200，按 Enter 键，然后单击 按钮，在 进给率 区域的 切削 文本框中输入值 300，按 Enter 键，然后单击 按钮，其他参数采用系统默认设置。

Step3. 单击"进给率和速度"对话框中的 确定 按钮，系统返回"底壁加工"对话框。

Stage7. 生成刀路轨迹并仿真

生成的刀路轨迹如图 6.11 所示，2D 动态仿真加工后的模型如图 6.12 所示。

图 6.11　刀路轨迹　　　　　　图 6.12　2D 仿真结果

Task6. 创建型腔铣操作

Stage1. 创建工序

Step1. 选择下拉菜单 插入(S) ➡️ 工序(E)... 命令，在"创建工序"对话框的 类型 下拉列表中选择 mill_contour 选项，在 工序子类型 区域中单击"型腔铣"按钮，在 程序 下拉列表中选择 PROGRAM 选项，在 刀具 下拉列表中选择前面设置的刀具 T3D5R1 (铣刀-5 参数) 选项，在 几何体 下拉列表中选择 WORKPIECE 选项，在 方法 下拉列表中选择 MILL_SEMI_FINISH 选项，使用系统默认的名称。

Step2. 单击"创建工序"对话框中的 确定 按钮，系统弹出"型腔铣"对话框。

Stage2. 指定切削区域

Step1. 在 几何体 区域中单击"选择或编辑切削区域几何体"按钮，系统弹出"切削区域"对话框。

Step2. 选取图 6.13 所示的面为切削区域（共 18 个面），在"切削区域"对话框中单击 确定 按钮，完成切削区域的创建，同时系统返回到"型腔铣"对话框。

图 6.13　指定切削区域

Stage3. 设置一般参数

在"型腔铣"对话框的 切削模式 下拉列表中选择 跟随部件 选项；在 步距 下拉列表中选择 刀具平直百分比 选项，在 平面直径百分比 文本框中输入值 50，在 公共每刀切削深度 下拉列表中选择 恒定 选项，在 最大距离 文本框中输入值 0.2。

Stage4. 设置切削参数

Step1. 在 刀轨设置 区域中单击"切削参数"按钮 🔄，系统弹出"切削参数"对话框。

Step2. 在"切削参数"对话框中单击 空间范围 选项卡，在 处理中的工件 下拉列表框中选择 使用基于层的 选项，其他参数采用系统默认设置。

Step3. 单击"切削参数"对话框中的 确定 按钮，系统返回到"型腔铣"对话框。

Stage5. 设置非切削移动参数。

Step1. 单击"型腔铣"对话框中的"非切削移动"按钮 🔄，系统弹出"非切削移动"对话框。

Step2. 单击"非切削移动"对话框中的 进刀 选项卡，在 斜坡角 文本框中输入值 3，在 高度 文本框中输入值 1，在 开放区域 区域的 进刀类型 下拉列表中选择 与封闭区域相同 选项，单击 确定 按钮，完成非切削移动参数的设置。

Stage6. 设置进给率和速度

Step1. 在"型腔铣"对话框中单击"进给率和速度"按钮 🔧，系统弹出"进给率和速度"对话框。

Step2. 选中"进给率和速度"对话框 主轴速度 区域中的 ☑ 主轴速度 (rpm) 复选框，在其后的文本框中输入值 2500，按 Enter 键，然后单击 📃 按钮，在 进给率 区域的 切削 文本框中输入值 500，按 Enter 键，然后单击 📃 按钮，其他参数采用系统默认设置。

Step3. 单击 确定 按钮，完成进给率和速度的设置，系统返回"型腔铣"对话框。

Stage7. 生成刀路轨迹并仿真

生成的刀路轨迹如图 6.14 所示，2D 动态仿真加工后的模型如图 6.15 所示。

图 6.14 刀路轨迹

图 6.15 2D 仿真结果

Task7. 创建深度加工轮廓铣工序

Stage1. 创建工序

Step1. 选择下拉菜单 插入(S) ➡️ 工序(E)... 命令,在"创建工序"对话框中的 类型 下拉列表中选择 mill_contour 选项,在 工序子类型 区域中单击"深度加工轮廓"按钮 ⤵□ ,在 程序 下拉列表中选择 PROGRAM 选项,在 刀具 下拉列表中选择刀具 T4D3R0.5 (铣刀-5 参数) 选项,在 几何体 下拉列表中选择 WORKPIECE 选项,在 方法 下拉列表中选择 MILL_FINISH 选项,使用系统默认的名称。

Step2. 单击"创建工序"对话框中的 确定 按钮,系统弹出"深度加工轮廓"对话框。

Stage2. 指定切削区域

Step1. 在"深度加工轮廓"对话框的 几何体 区域中单击 指定切削区域 右侧的 🀄 按钮,系统弹出"切削区域"对话框。

Step2. 在图形区选取图 6.16 所示的面(共 10 个)为切削区域,然后单击"切削区域"对话框中的 确定 按钮,系统返回到"深度加工轮廓"对话框。

图 6.16 指定切削区域

Stage3. 设置一般参数

在"深度加工轮廓"对话框的 合并距离 文本框中输入值 3,在 最小切削长度 文本框中输入值 1,在 公共每刀切削深度 下拉列表中选择 恒定 选项,在 最大距离 文本框中输入值 0.1。

Stage4. 设置切削参数

Step1. 单击"深度加工轮廓"对话框中的"切削参数"按钮 ➡️ ,系统弹出"切削参数"对话框。

Step2. 在"切削参数"对话框中单击 策略 选项卡,在 延伸刀轨 区域中选中 ☑ 在刀具接触点下继续切削 复选框。

Step3. 单击 连接 选项卡,按图 6.17 所示设置参数。

Step4. 单击"切削参数"对话框中的 确定 按钮,完成切削参数的设置,系统返回到"深度加工轮廓"对话框。

图 6.17 "连接"选项卡

Stage5. 设置非切削移动参数

采用系统默认的非切削移动参数。

Stage6. 设置进给率和速度

Step1. 在"深度加工轮廓"对话框中单击"进给率和速度"按钮 ，系统弹出"进给率和速度"对话框。

Step2. 选中"进给率和速度"对话框 主轴速度 区域中的 ☑ 主轴速度 (rpm) 复选框，在其后的文本框中输入值 5000，按 Enter 键，然后单击 按钮，在 进给率 区域的 切削 文本框中输入值 800，按 Enter 键，然后单击 按钮，其他参数采用系统默认设置。

Step3. 单击 确定 按钮，完成进给率和速度的设置，系统返回"深度加工轮廓"对话框。

Stage7. 生成刀路轨迹并仿真

生成的刀路轨迹如图 6.18 所示，2D 动态仿真加工后的模型如图 6.19 所示。

放大图

图 6.18 刀路轨迹

图 6.19 2D 仿真结果

Task8. 创建底壁加工工序

Stage1. 创建工序

Step1. 选择下拉菜单 插入(S) ➡ 工序(E)... 命令，系统弹出"创建工序"对话框。

Step2. 确定加工方法。在"创建工序"对话框的 类型 下拉列表中选择 mill_planar 选项，在 工序子类型 区域中单击"底壁加工"按钮 ，在 程序 下拉列表中选择 PROGRAM 选项，在 刀具 下拉列表中选择 T1D20 (铣刀-5 参数) 选项，在 几何体 下拉列表中选择 WORKPIECE 选项，在 方法 下拉列表中选择 MILL_FINISH 选项，采用系统默认的名称。

Step3. 在"创建工序"对话框中单击 确定 按钮，系统弹出"底壁加工"对话框。

Stage2. 指定切削区域

Step1. 在 几何体 区域中单击"选择或编辑切削区域几何体"按钮 ，系统弹出"切削区域"对话框。

Step2. 选取图 6.20 所示的面为切削区域（共 1 个面），在"切削区域"对话框中单击 确定 按钮，完成切削区域的创建，同时系统返回到"底壁加工"对话框。

Stage3. 设置刀具路径参数

Step1. 设置切削模式。在 刀轨设置 区域的 切削模式 下拉列表中选择 跟随周边 选项。

Step2. 设置步进方式。在 步距 下拉列表中选择 刀具平直百分比 选项，在 平面直径百分比 文本框中输入值 75，在 底面毛坯厚度 文本框中输入值 1，在 每刀切削深度 文本框中输入值 0。

Stage4. 设置切削参数

Step1. 在 刀轨设置 区域中单击"切削参数"按钮 ，系统弹出"切削参数"对话框。

Step2. 在"切削参数"对话框中单击 策略 选项卡，在 刀路方向 下拉列表中选择 向内 选项，单击 空间范围 选项卡，在 刀具延展量 文本框中输入值 50。

Step3. 单击 确定 按钮，系统返回到"底壁加工"对话框。

Stage5. 设置非切削移动参数

采用系统默认的非切削移动参数。

Stage6. 设置进给率和速度

Step1. 单击"底壁加工"对话框中的"进给率和速度"按钮 ，系统弹出"进给率和速度"对话框。

Step2. 选中"进给率和速度"对话框 主轴速度 区域中的 ☑ 主轴速度 (rpm) 复选框，在其后的文本框中输入值 1200，按 Enter 键，然后单击 按钮，在 进给率 区域的 切削 文本框中输入值 400，按 Enter 键，然后单击 按钮，其他参数采用系统默认设置。

Step3. 单击"进给率和速度"对话框中的 确定 按钮，系统返回"底壁加工"对话框。

Stage7. 生成刀路轨迹并仿真

生成的刀路轨迹如图 6.21 所示，2D 动态仿真加工后的模型如图 6.22 所示。

图 6.20　指定切削区域　　　　图 6.21　刀路轨迹　　　　图 6.22　2D 仿真结果

Task9. 创建平面轮廓铣工序

Stage1. 创建工序

Step1. 选择下拉菜单 插入(S) ➡ 工序(E)... 命令，系统弹出"创建工序"对话框。

Step2. 确定加工方法。在"创建工序"对话框的 类型 下拉列表中选择 mill_planar 选项，在 工序子类型 区域中单击"平面轮廓铣"按钮 凸，在 程序 下拉列表中选择 PROGRAM 选项，在 刀具 下拉列表中选择 T5B3 (铣刀-球头铣) 选项，在 几何体 下拉列表中选择 WORKPIECE 选项，在 方法 下拉列表中选择 MILL_FINISH 选项，采用系统默认的名称。

Step3. 在"创建工序"对话框中单击 确定 按钮，系统弹出"平面轮廓铣"对话框。

Stage2. 指定部件边界

Step1. 在"平面轮廓铣"对话框的 几何体 区域中单击 按钮，系统弹出"边界几何体"对话框。

Step2. 在"边界几何体"对话框的 模式 下拉列表中选择 曲线/边... 选项，系统弹出"创建边界"对话框。

Step3. 在"创建边界"对话框的 材料侧 下拉列表中选择 外部 选项，选取图 6.23 所示的边线串 1 为几何体边界，单击"创建边界"对话框中的 创建下一个边界 按钮。

Step4. 依次单击"创建边界"对话框和"边界几何体"对话框中的 确定 按钮，系统返回到"平面轮廓铣"对话框，完成部件边界的创建。

Stage3. 指定底面

Step1. 在"平面轮廓铣"对话框中单击 按钮，系统弹出"平面"对话框，在 类型 下拉列表中选择 自动判断 选项。

Step2. 在模型上选取图 6.24 所示的模型底部平面，在 偏置 区域的 距离 文本框中输入值 0，单击 确定 按钮，完成底面的指定。

图 6.23　创建边界

图 6.24　指定底面

Stage4．设置刀具路径参数

在"平面轮廓铣"对话框 刀轨设置 区域的 切削进给 文本框中输入值 250，在 切削深度 下拉列表中选择 恒定 选项，在 公共 文本框中输入值 0.5。其他参数采用系统默认设置值。

Stage5．设置切削参数

采用系统默认的切削参数。

Stage6．设置非切削移动参数

采用系统默认的非切削移动参数。

Stage7．设置进给率和速度

Step1．单击"平面轮廓铣"对话框中的"进给率和速度"按钮 ，系统弹出"进给率和速度"对话框。

Step2．选中"进给率和速度"对话框 主轴速度 区域中的 ☑ 主轴速度 (rpm) 复选框，在其后文本框中输入值 5000，按 Enter 键，然后单击 按钮，在 进给率 区域的 切削 文本框中输入值 250，按 Enter 键，然后单击 按钮，其他参数采用系统默认设置。

Step3．单击"进给率和速度"对话框中的 确定 按钮，系统返回"平面轮廓铣"对话框。

Stage8．生成刀路轨迹并仿真

生成的刀路轨迹如图 6.25 所示，2D 动态仿真加工后的模型如图 6.26 所示。

图 6.25　刀路轨迹　　　　　　　　图 6.26　2D 仿真结果

Task10．保存文件

选择下拉菜单 文件(F) ➡ 保存(S) 命令，保存文件。

实例 **7** 手柄车削加工

下面以手柄车削加工为例来介绍车削的一般加工操作。该零件的加工工艺路线如图 7.1 和图 7.2 所示。

外径粗车（一）	—— 在车削加工中，一般用粗车外侧加工进行开粗，去除大量材料。
↓	
外径精车（一）	—— 用于对零件外侧去除少量材料的精加工。
↓	
外径粗车（二）	—— 用于对另一端外侧开粗的车削加工。
↓	
外径精车（二）	—— 用于对零件另一端外侧去除少量材料的精加工。
↓	
外径车槽	—— 用于车削沟槽加工。
↓	
螺纹车削	—— 用于车削螺纹加工。

图 7.1 加工工艺路线（一）

a）外径粗车（一） b）外径精车（一） c）外径粗车（二）

f）螺纹车削 e）外径车槽 d）外径精车（二）

图 7.2 加工工艺路线（二）

Task1. 打开模型文件并进入加工模块

Step1. 打开模型文件 D:\ug90.11\work\ch07\ handle.prt。

Step2. 进入加工环境。选择下拉菜单 启动▾ ➡ 加工(R)... 命令，系统弹出"加工环境"对话框；在"加工环境"对话框的 CAM 会话配置 列表框中选择 cam_general 选项，在 要创建的 CAM 设置 列表框中选择 turning 选项，单击 确定 按钮，进入加工环境。

Task2. 创建几何体 1

Stage1. 创建机床坐标系

Step1. 将工序导航器调整到几何视图，双击 MCS_SPINDLE 节点，系统弹出"MCS 主轴"对话框，在"MCS 主轴"对话框的 机床坐标系 区域中单击"CSYS 对话框"按钮 ，系统弹出 CSYS 对话框。

Step2. 单击 CSYS 对话框 操控器 区域中的"操控器"按钮，系统弹出"点"对话框；在"点"对话框的 X 文本框中输入 90，按 Enter 键；单击"点"对话框中的 确定 按钮，此时系统返回到 CSYS 对话框；单击 CSYS 对话框中的 确定 按钮，此时系统返回至"MCS 主轴"对话框，完成图 7.3 所示的机床坐标系的创建。

Stage2. 指定工作平面

Step1. 在"MCS 主轴"对话框 车床工作平面 区域的 指定平面 下拉列表中选择 ZM-XM 选项。

Step2. 单击"MCS 主轴"对话框中的 确定 按钮，完成工作平面的指定。

Stage3. 创建部件几何体

Step1. 在工序导航器中双击 MCS_SPINDLE 节点下的 WORKPIECE，系统弹出"工件"对话框。

Step2. 单击"工件"对话框中的 按钮，系统弹出"部件几何体"对话框，选取整个零件为部件几何体。

Step3. 依次单击"部件几何体"对话框和"工件"对话框中的 确定 按钮，完成部件几何体的创建。

Stage4. 创建车削几何体

Step1. 在工序导航器中的几何视图状态下双击 WORKPIECE 节点下的 TURNING_WORKPIECE，系统弹出"车削工件"对话框。

Step2. 单击"车削工件"对话框 指定部件边界 右侧的 按钮，系统弹出"部件边界"对话框，此时系统会自动指定部件边界并在图形区显示，如图 7.4 所示；单击 确定 按钮，完成部件边界的定义。

Step3. 单击"车削工件"对话框中的"指定毛坯边界"按钮 ，系统弹出"选择毛坯"对话框。

Step4. 在"选择毛坯"对话框中确认"棒料"按钮 被按下，在 点位置 区域中选中 ⊙ 在主轴箱处 单选项；单击 选择 按钮，系统弹出"点"对话框，在 XC 文本框中输入值-95；单击 确定 按钮，完成安装位置的定义，系统返回到"选择毛坯"对话框。

Step5. 在"选择毛坯"对话框的 长度 文本框中输入值 100，在 直径 文本框中输入值 30；单击 确定 按钮，在图形区中显示毛坯边界，如图 7.5 所示。

Step6. 单击"车削工件"对话框中的 确定 按钮，完成毛坯几何体的定义。

机床坐标系

图 7.3　创建机床坐标系　　　图 7.4　部件边界　　　图 7.5　毛坯边界

Task3. 创建 1 号刀具

Step1. 选择下拉菜单 插入(S) ➡ 刀具(T)... 命令，系统弹出"创建刀具"对话框。

Step2. 在"创建刀具"对话框的 类型 下拉列表中选择 turning 选项，在 刀具子类型 区域中单击 OD_55_L 按钮 ，在 位置 区域的 刀具 下拉列表中选择 GENERIC_MACHINE 选项，采用系统默认的名称，单击 确定 按钮，系统弹出"车刀-标准"对话框。

Step3. 在"车刀-标准"对话框中单击 刀具 选项卡，在 编号 区域的 刀具号 文本框中输入 1。

Step4. 单击"车刀-标准"对话框中的 夹持器 选项卡，选中 ☑ 使用车刀夹持器 复选框，采用系统默认的参数设置。

Step5. 单击"车刀-标准"对话框中的 确定 按钮，完成 1 号刀具的创建。

Task4. 创建 2 号刀具

设置刀具类型为 turning，刀具子类型 为 OD_55_L 类型（单击 按钮），名称为 OD_35_L，单击 确定 按钮。在系统弹出的"车刀-标准"对话框中单击 刀具 选项卡，在 镶块 区域的 ISO 刀片形状 下拉列表中选择 V（菱形 35）选项，在 编号 区域的 刀具号 文本框中输入 2；单击 夹持器 选项卡，选中 ☑ 使用车刀夹持器 复选框，在 样式 下拉列表中选择 T 样式 选项，在 尺寸 区域的 (OHA) 夹持器角度 文本框中输入值 90，其他参数采用系统默认设置，详细操作过程参照 Task3。

Task5. 创建外径粗车工序 1

Stage1. 创建工序

Step1. 选择下拉菜单 插入(S) ➡ 工序(E)... 命令，系统弹出"创建工序"对话框。

Step2. 在"创建工序"对话框的 类型 下拉列表中选择 turning 选项，在 工序子类型 区域中单击"外径粗车"按钮 ，在 程序 下拉列表中选择 PROGRAM 选项，在 刀具 下拉列表中选择 OD_55_L (车刀-标准) 选项，在 几何体 下拉列表中选择 TURNING_WORKPIECE 选项，在 方法 下拉列表中选择 LATHE_ROUGH 选项，采用系统默认的名称。

Step3. 单击"创建工序"对话框中的 确定 按钮，系统弹出"外径粗车"对话框。

Stage2. 设置切削区域

Step1. 单击"外径粗车"对话框 切削区域 右侧的"显示"按钮 ，在图形区中显示出切削区域，如图7.6所示。

Step2. 单击 切削区域 右侧的"编辑"按钮 ，系统弹出"切削区域"对话框。在 轴向修剪平面 1 区域的 限制选项 下拉列表中选择 点 选项；单击"点对话框"按钮 ，在图形区选取图7.7所示边线的中点；分别单击"点"对话框和"切削区域"对话框中的 确定 按钮，完成切削区域的设置。

图7.6　切削区域　　　　　　　　　图7.7　选择参照点

Stage3. 设置切削移动参数

Step1. 在"外径粗车"对话框 步进 区域的 切削深度 下拉列表中选择 恒定 选项，在 深度 文本框中输入值2。

Step2. 单击"外径粗车"对话框中的 更多 区域，选中 ☑ 附加轮廓加工 复选框。

Step3. 设置切削参数。单击"外径粗车"对话框中的"切削参数"按钮 ，系统弹出"切削参数"对话框；在该对话框中选择 余量 选项卡，然后在 轮廓加工余量 区域的 面 和 径向 文本框中都输入值0.2，其他参数采用系统默认设置；单击 确定 按钮，系统返回到"外径粗车"对话框。

Stage4. 设置非切削移动参数

单击"外径粗车"对话框中的"非切削移动"按钮 ，系统弹出"非切削移动"对话框。在 进刀 选项卡 轮廓加工 区域的 进刀类型 下拉列表中选择 线性 选项，在 角度 文本框中输入值180，在 长度 文本框中输入值2，其他参数采用系统默认设置；单击 确定 按钮，系统返回到"外径粗车"对话框。

Stage5. 设置进给率和速度

Step1. 在"外径粗车"对话框中单击"进给率和速度"按钮，系统弹出"进给率和速度"对话框；在 主轴速度 区域的 表面速度（smm）文本框中输入值 600，在 进给率 区域的 切削 文本框中输入值 0.5，其他参数采用系统默认设置。

Step2. 单击 确定 按钮，完成进给率和速度的设置，系统返回到"外径粗车"对话框。

Stage6. 生成刀路轨迹并 3D 仿真

Step1. 单击"外径粗车"对话框中的"生成"按钮，生成的刀路轨迹如图 7.8 所示。

Step2. 单击"外径粗车"对话框中的"确认"按钮，系统弹出"刀轨可视化"对话框。

Step3. 在"刀轨可视化"对话框中单击 3D 动态 选项卡，采用系统默认的参数设置；调整动画速度后单击"播放"按钮，即可观察到 3D 动态仿真加工，结果如图 7.9 所示。

Step4. 依次在"刀轨可视化"对话框和"外径粗车"对话框中单击 确定 按钮，完成粗车加工。

图 7.8　刀路轨迹

图 7.9　3D 仿真结果

Task6. 创建外径精车工序 1

Stage1. 创建工序

Step1. 选择下拉菜单 插入(S) ➡ 工序(E)... 命令，系统弹出"创建工序"对话框。

Step2. 在"创建工序"对话框的 类型 下拉列表中选择 turning 选项，在 工序子类型 区域中单击"外径精车"按钮，在 程序 下拉列表中选择 PROGRAM 选项，在 刀具 下拉列表中选择 OD_35_L (车刀-标准) 选项，在 几何体 下拉列表中选择 TURNING_WORKPIECE 选项，在 方法 下拉列表中选择 LATHE_FINISH 选项。

Step3. 单击"创建工序"对话框中的 确定 按钮，系统弹出"外径精车"对话框。

Stage2. 设置切削区域

Step1. 单击"外径精车"对话框 切削区域 右侧的"显示"按钮，在图形区中显示出切削区域，如图 7.10 所示。

Step2. 单击 切削区域 右侧的"编辑"按钮，系统弹出"切削区域"对话框；在 轴向修剪平面 1 区域的 限制选项 下拉列表中选择 点 选项；单击"点对话框"按钮，在图形区选取图 7.11 所示边线的中点；分别单击"点"对话框和"切削区域"对话框中的 确定 按钮，完成切削区域的设置。

图 7.10 切削区域   图 7.11 选择参照点

Stage3. 设置切削参数

Step1. 在"外径精车"对话框 刀轨设置 区域的 切削圆角 下拉列表中选择 无 选项。

Step2. 设置切削参数。单击"外径精车"对话框中的"切削参数"按钮 ，系统弹出"切削参数"对话框；在该对话框中选择 策略 选项卡，然后在 切削 区域中取消选中 □ 允许底切 复选框，其他参数采用系统默认设置；单击 确定 按钮，系统返回"外径精车"对话框。

Stage4. 设置非切削移动参数

各参数采用系统默认设置。

Stage5. 设置进给率和速度

Step1. 在"外径精车"对话框中单击"进给率和速度"按钮 ，系统弹出"进给率和速度"对话框；在 主轴速度 区域的 表面速度（smm）文本框中输入值 1000，在 进给率 区域的 切削 文本框中输入值 0.2，其他参数采用系统默认设置。

Step2. 单击 确定 按钮，完成进给率和速度的设置，系统返回到"外径精车"对话框。

Stage6. 生成刀路轨迹并 3D 仿真

Step1. 单击"外径精车"对话框中的"生成"按钮 ，生成的刀路轨迹如图 7.12 所示。

Step2. 单击"外径精车"对话框中的"确认"按钮 ，系统弹出"刀轨可视化"对话框。

Step3. 在"刀轨可视化"对话框中单击 3D 动态 选项卡，采用系统默认的参数设置；调整动画速度后单击"播放"按钮 ，即可观察到 3D 动态仿真加工，结果如图 7.13 所示。

图 7.12 刀路轨迹

图 7.13 3D 仿真结果

Step4. 分别在"刀轨可视化"对话框和"外径精车"对话框中单击 确定 按钮，完成精车加工。

Task7. 创建几何体 2

Stage1. 创建机床坐标系

Step1. 选择下拉菜单 插入(S) ➡️ 几何体(G)... 命令，系统弹出"创建几何体"对话框；在 几何体子类型 区域中单击 按钮，采用默认的名称；单击 确定 按钮，系统弹出"MCS 主轴"对话框。

Step2. 在"MCS 主轴"对话框的 机床坐标系 区域中单击"CSYS 对话框"按钮，系统弹出 CSYS 对话框。

Step3. 拖动坐标系中间的小球，使其绕 XC 轴旋转-180°，单击 CSYS 对话框中的 确定 按钮，此时系统返回至"MCS 主轴"对话框，完成图 7.14 所示机床坐标系的创建。

Stage2. 创建部件几何体

Step1. 在工序导航器中双击 MCS_SPINDLE_1 节点下的 WORKPIECE_1，系统弹出"工件"对话框。

Step2. 单击"工件"对话框中的 按钮，系统弹出"部件几何体"对话框，选取整个零件为部件几何体。

Step3. 依次单击"部件几何体"对话框和"工件"对话框中的 确定 按钮，完成部件几何体的创建。

Stage3. 创建毛坯几何体

Step1. 在工序导航器中的几何视图状态下双击 WORKPIECE_1 节点下的 TURNING_WORKPIECE_1，系统弹出"车削工件"对话框。

Step2. 单击"车削工件"对话框 指定部件边界 右侧的 按钮，系统弹出"部件边界"对话框，此时系统会自动指定部件边界并在图形区显示，如图 7.15 所示；单击 确定 按钮，完成部件边界的定义。

图 7.14 创建机床坐标系

图 7.15 部件边界

Step3. 单击"车削工件"对话框中的"指定毛坯边界"按钮，系统弹出"选择毛坯"对话框。

Step4. 在"选择毛坯"对话框中确认"从工作区"按钮 ⬛️ 被按下；单击 **参考位置** 区域中的 [_____选择_____] 按钮，系统弹出"点"对话框，采用系统默认设置；单击 [确定] 按钮，完成参考位置的定义并返回到"选择毛坯"对话框。

Step5. 单击 **目标位置** 区域中的 [_____选择_____] 按钮，系统弹出"点"对话框，采用系统默认设置；单击 [确定] 按钮，完成目标位置的定义并返回到"选择毛坯"对话框；在该对话框中选中 ☑ **翻转方向** 复选框，单击 [确定] 按钮。

Step6. 单击"车削工件"对话框中的 [确定] 按钮，完成毛坯几何体的定义。

Task8. 创建 3 号刀具

设置刀具类型为 **turning**，**刀具子类型** 为 OD_GROOVE_L 类型（单击 ▮ 按钮），名称为 OD_GROOVE_L，单击 [确定] 按钮。在系统弹出的"车刀-标准"对话框中单击 **刀具** 选项卡，在 **尺寸** 区域的 **(IW) 刀片宽度** 文本框中输入值 4，在 **编号** 区域的 **刀具号** 文本框中输入 3；单击 **夹持器** 选项卡，选中 ☑ **使用车刀夹持器** 复选框，其他参数采用系统默认设置，详细操作过程参照 Task3。

Task9. 创建 4 号刀具

设置刀具类型为 **turning**，**刀具子类型** 为 OD_THREAD_L 类型（单击 ▮ 按钮），名称为 OD_THREAD_L，单击 [确定] 按钮；在系统弹出的"车刀-标准"对话框中单击 **刀具** 选项卡，在 **尺寸** 区域的 **(IW) 刀片宽度** 文本框中输入值 4，在 **(TO) 刀尖偏置** 文本框中输入值 2，在 **编号** 区域的 **刀具号** 文本框中输入 4。其他参数采用系统默认设置，详细操作过程参照 Task3。

Task10. 创建外径粗车工序 2

Stage1. 创建工序

Step1. 选择下拉菜单 **插入(S)** ➡ **工序(E)...** 命令，系统弹出"创建工序"对话框。

Step2. 在"创建工序"对话框的 **类型** 下拉列表中选择 **turning** 选项，在 **工序子类型** 区域中单击"外径粗车"按钮 ⬛️，在 **程序** 下拉列表中选择 **PROGRAM** 选项，在 **刀具** 下拉列表中选择 **OD_55_L (车刀-标准)** 选项，在 **几何体** 下拉列表中选择 **TURNING_WORKPIECE_1** 选项，在 **方法** 下拉列表中选择 **LATHE_ROUGH** 选项，采用系统默认的名称。

Step3. 单击"创建工序"对话框中的 [确定] 按钮，系统弹出"外径粗车"对话框。

Stage2. 设置切削区域

在"外径粗车"对话框的 **刀具方位** 区域中选中 ☑ **绕夹持器翻转刀具** 复选框，然后单击 **切削区域** 右侧的"显示"按钮 🔧，在图形区显示出切削区域，如图 7.16 所示。

图 7.16　切削区域

Stage3．设置一般参数

在"外径粗车"对话框 步进 区域的 切削深度 下拉列表中选择 恒定 选项，在 深度 文本框中输入值 2，在 变换模式 下拉列表中选择 省略 选项。

Stage4．设置进给率和速度

Step1．在"外径粗车"对话框中单击"进给率和速度"按钮 ，系统弹出"进给率和速度"对话框；在 主轴速度 区域的 表面速度（smm） 文本框中输入值 600，在 进给率 区域的 切削 文本框中输入值 0.5，其他参数采用系统默认设置。

Step2．单击 确定 按钮，完成进给率和速度的设置，系统返回"外径粗车"对话框。

Stage5．生成刀路轨迹并 3D 仿真

Step1．单击"外径粗车"对话框中的"生成"按钮 ，生成的刀路轨迹如图 7.17 所示。

Step2．单击"外径粗车"对话框中的"确认"按钮 ，系统弹出"刀轨可视化"对话框。

Step3．在"刀轨可视化"对话框中单击 3D 动态 选项卡，采用系统默认参数设置；调整动画速度后单击"播放"按钮 ，即可观察到 3D 动态仿真加工，加工后的结果如图 7.18 所示。

Step4．分别在"刀轨可视化"对话框和"外径粗车"对话框中单击 确定 按钮，完成粗车加工。

图 7.17　刀路轨迹　　　　　　　　　　　图 7.18　3D 仿真结果

Task11．创建外径精车工序 2

说明：本 Task 的详细操作过程请参见随书光盘中 video\ch07\reference 文件下的语音视频讲解文件"手柄车削加工-r01.avi"。

Task12. 创建外径开槽工序

Stage1. 创建工序

Step1. 选择下拉菜单 插入(S) ➡ 工序(E)... 命令，系统弹出"创建工序"对话框。

Step2. 在"创建工序"对话框的 类型 下拉列表中选择 turning 选项，在 工序子类型 区域中单击"外径开槽"按钮 ，在 程序 下拉列表中选择 PROGRAM 选项，在 刀具 下拉列表中选择 OD_GROOVE_L (槽刀-标准) 选项，在 几何体 下拉列表中选择 TURNING_WORKPIECE_1 选项，在 方法 下拉列表中选择 LATHE_GROOVE 选项，在 名称 文本框中输入 GROOVE_OD。

Step3. 单击"创建工序"对话框中的 确定 按钮，系统弹出"外径开槽"对话框。

Stage2. 指定切削区域

在"外径开槽"对话框的 刀具方位 区域中选中 ☑ 绕夹持器翻转刀具 复选框，然后单击 切削区域 右侧的"编辑"按钮 ，系统弹出"切削区域"对话框；在 轴向修剪平面 1 区域的 限制选项 下拉列表中选择 点 选项，单击"点对话框"按钮 ，在图形区选取图 7.19 所示边线的端点；分别单击"点"对话框和"切削区域"对话框中的 确定 按钮，完成切削区域的设置。

图 7.19 选择参照点

Stage3. 设置切削参数

Step1. 单击"外径开槽"对话框中的"切削参数"按钮 ，系统弹出"切削参数"对话框。

Step2. 在"切削参数"对话框中单击 策略 选项卡，在 转 文本框中输入 2；单击 切屑控制 选项卡，在 切屑控制 下拉列表中选择 恒定安全设置 选项，在 恒定增量 文本框中输入值 1，在 安全距离 文本框中输入值 0.5，其他参数采用系统默认设置；单击 确定 按钮，系统返回到"外径开槽"对话框。

Stage4. 设置非切削移动参数

Step1. 单击"外径开槽"对话框中的"非切削移动"按钮 ，系统弹出"非切削移动"对话框。

Step2. 单击 离开 选项卡，在 离开刀轨 区域的 刀轨选项 下拉列表中选择 点 选项，在 离开点 区

域的 运动到离开点 下拉列表中选择 径向->轴向 选项；单击"点对话框"按钮 ，系统弹出"点"对话框，在"点"对话框的 XC 文本框中输入值 30，在 YC 文本框中输入值 20，单击 确定 按钮。

Step3. 单击"非切削区域"对话框中的 确定 按钮，系统返回到"外径开槽"对话框。

Stage5. 设置进给率和速度

Step1. 在"外径开槽"对话框中单击"进给率和速度"按钮 ，系统弹出"进给率和速度"对话框；在 主轴速度 区域中选中 ☑主轴速度 复选框，在其后的文本框中输入值 400，在 进给率 区域的 切削 文本框中输入值 0.3，其他参数采用系统默认设置。

Step2. 单击 确定 按钮，完成进给率和速度的设置，系统返回到"外径开槽"对话框。

Stage6. 生成刀路轨迹并 3D 仿真

Step1. 单击"外径开槽"对话框中的"生成"按钮 ，生成的刀路轨迹如图 7.20 所示。

Step2. 单击"外径开槽"对话框中的"确认"按钮 ，系统弹出"刀轨可视化"对话框。

Step3. 在"刀轨可视化"对话框中单击 3D 动态 选项卡，采用系统默认参数设置；调整动画速度后单击"播放"按钮 ，即可观察到 3D 动态仿真加工，加工后的结果如图 7.21 所示。

Step4. 分别在"刀轨可视化"对话框和"外径开槽"对话框中单击 确定 按钮，完成车槽加工。

图 7.20 刀路轨迹

图 7.21 3D 仿真结果

Task13. 创建螺纹车削工序

Stage1. 创建工序

Step1. 选择下拉菜单 插入(S) → 工序(E)... 命令，系统弹出"创建工序"对话框。

Step2. 在"创建工序"对话框的 类型 下拉列表中选择 turning 选项，在 工序子类型 区域中单击"外径螺纹加工"按钮 ，在 程序 下拉列表中选择 PROGRAM 选项，在 刀具 下拉列表中选择 OD_THREAD_L (螺纹刀-标准) 选项，在 几何体 下拉列表中选择 TURNING_WORKPIECE_1 选项，在 方法 下拉列表中选择 LATHE_THREAD 选项。

Step3. 单击"创建工序"对话框中的 确定 按钮，系统弹出"外径螺纹加工"对话框。

Stage2. 定义螺纹几何体

Step1. 设置刀具方位。在 刀具方位 区域中选中 ☑ 绕夹持器翻转刀具 复选框。

Step2. 选取螺纹起始线。激活"外径螺纹加工"对话框的 ✳ 选择顶线 (0) 区域，在图形区选取图 7.22 所示的边线。

说明：选取螺纹起始线时从靠近手柄零件的端部选取。

Step3. 选取螺纹终止线。激活"外径螺纹加工"对话框的 ✳ 选择终止线 (0) 区域，在图形区选取图 7.23 所示的边线。

Step4. 选取根线。在 深度选项 下拉列表中选择 根线 选项，激活 ✳ 选择根线 (0) 区域，然后选取图 7.23 所示的边线。

Stage3. 设置螺纹参数

Step1. 单击 偏置 区域使其显示出来，按图 7.24 所示设置参数。

图 7.22 定义起始线

图 7.23 定义终止线及根线

图 7.24 "外径螺纹加工"对话框

Step2. 设置刀轨参数。在 刀轨设置 区域的 最大距离 文本框中输入值 1，在 最小距离 文本框中输入值 0.1，其他参数采用系统默认设置。

Stage4. 设置切削参数

单击"外径螺纹加工"对话框中的"切削参数"按钮 ➡，系统弹出"切削参数"对话框；单击 螺距 选项卡，然后在 距离 文本框中输入值 2；单击 附加刀路 选项卡，在 精加工刀路 区域的 刀路数 文本框中输入值 1，在 增量 文本框中输入值 0.05，单击 确定 按钮。

Stage5．设置进给率和速度

Step1．在"外径螺纹加工"对话框中单击"进给率和速度"按钮 ，系统弹出"进给率和速度"对话框；在 主轴速度 区域中选中 ☑ 主轴速度 复选框，在其后的文本框中输入值 400，在 进给率 区域的 切削 文本框中输入值 2，其他参数采用系统默认设置。

Step2．单击 确定 按钮，完成进给率和速度的设置，系统返回到"外径螺纹加工"对话框。

Stage6．生成刀路轨迹并 3D 仿真

Step1．单击"外径螺纹加工"对话框中的"生成"按钮 ，生成的刀路轨迹如图 7.25 所示。

Step2．单击"外径螺纹加工"对话框中的"确认"按钮 ，系统弹出"刀轨可视化"对话框。

Step3．在"刀轨可视化"对话框中单击 3D 动态 选项卡，采用系统默认参数设置；调整动画速度后单击"播放"按钮 ，即可观察到 3D 动态仿真加工，结果如图 7.26 所示。

Step4．分别在"刀轨可视化"对话框和"外径螺纹加工"对话框中单击 确定 按钮，完成螺纹加工。

图 7.25　刀路轨迹　　　　　　　　　　图 7.26　3D 仿真结果

Task14．保存文件

选择下拉菜单 文件(F) ➡ 保存(S) 命令，保存文件。

实例 **8** 螺纹轴车削加工

本实例通过螺纹轴的车削加工介绍了车削加工的常见方法，主要使用了车端面、外径粗车、外径精车、沟槽车削、螺纹车削等方法。下面具体介绍该螺纹轴加工的过程，其加工工艺路线如图 8.1 和图 8.2 所示。

| 车端面工序 | —— 用于车削轴的端面加工。 |

| 外径粗车工序（一） | —— 用于去除大量材料。 |

| 外径精车工序（一） | —— 用于对零件模型进行精车加工。 |

| 沟槽精车工序（一） | —— 用于对零件外径沟槽进行加工。 |

| 车削螺纹工序 | —— 用于对零件的螺纹进行加工。 |

| 外径粗车工序（二） | —— 用于去除大量材料。 |

| 外径精车工序（二） | —— 用于对零件模型进行精车加工。 |

| 沟槽精车工序（二） | —— 用于对零件外径沟槽进行加工。 |

图 8.1　加工工艺路线（一）

Task1. 打开模型文件并进入加工模块

Step1. 打开文件 D:\ug90.11\work\ch08\ladder_axis.prt。

Step2. 选择下拉菜单 启动▾ ➞ 加工⑧... 命令，系统弹出"加工环境"对话框，在"加工环境"对话框的 要创建的 CAM 设置 列表框中选择 turning 选项，单击 确定 按钮，进入加工环境。

a）车端面工序　　　b）外径粗车工序（一）　　　c）外径精车工序（一）

f）外径粗车工序（二）　　　e）车削螺纹工序　　　d）沟槽精车工序（一）

g）外径精车工序（二）　　　h）沟槽精车工序（二）

图 8.2　加工工艺路线（二）

Task2．创建几何体

Stage1．创建机床坐标系

Step1. 在工序导航器中调整到几何视图状态，双击节点 ⊞ MCS_SPINDLE，系统弹出"MCS 主轴"对话框。

Step2. 在图形区观察机床坐标系方位，若无需调整，在"MCS 主轴"对话框中单击 确定 按钮，完成机床坐标系的创建，如图 8.3 所示。

Stage2．创建部件几何体

Step1. 在工序导航器中双击 ⊞ MCS_SPINDLE 节点下的 ⊞ WORKPIECE，系统弹出"工件"对话框。

Step2. 单击"工件"对话框中的 按钮，系统弹出"部件几何体"对话框，选取整个零件为部件几何体。

Step3. 依次单击"部件几何体"对话框和"工件"对话框中的 确定 按钮，完成部件几何体的创建。

Stage3. 创建毛坯几何体

Step1. 在工序导航器中的几何视图状态下双击 WORKPIECE 节点下的 TURNING_WORKPIECE，系统弹出"车削工件"对话框。

Step2. 单击"车削工件"对话框中的"指定毛坯边界"按钮，系统弹出"选择毛坯"对话框。

Step3. 在"选择毛坯"对话框中确认"棒料"按钮被按下，在 点位置 区域中选中 ⊙ 远离主轴箱 单选项，单击 选择 按钮，系统弹出"点"对话框，在 XC 文本框中输入值 5，单击 确定 按钮，完成安装位置的定义并返回"选择毛坯"对话框。

Step4. 在"选择毛坯"对话框的 长度 文本框中输入值 175，在 直径 文本框中输入值 60，单击 确定 按钮，在图形区中显示毛坯边界，如图 8.4 所示。

Step5. 单击"车削工件"对话框中的 确定 按钮，完成毛坯几何体的定义。

图 8.3　创建机床坐标系　　　　　　图 8.4　毛坯边界

Stage4. 创建几何体

Step1. 选择下拉菜单 插入(S) ➡ 几何体(G)... 命令，系统弹出"创建几何体"对话框。

Step2. 在 几何体子类型 区域中选择 AVOIDANCE 选项，在 位置 下拉列表中选择 TURNING_WORKPIECE 选项，采用系统默认的名称 AVOIDANCE，单击 确定 按钮，系统弹出"避让"对话框。

Step3. 在"避让"对话框 运动到起点（ST）区域的 运动类型 下拉列表中选择 直接 选项，然后单击"避让"对话框中的 + 按钮，系统弹出"点"对话框，在其中按图 8.5 所示设置参数，单击 确定 按钮，系统返回"避让"对话框。

Step4. 按图 8.6 所示设置"避让"对话框 径向安全平面 区域中的参数，单击 确定 按钮。

Task3. 创建刀具 1

Step1. 选择下拉菜单 插入(S) ➡ 刀具(T)... 命令，系统弹出"创建刀具"对话框。

Step2. 在"创建刀具"对话框的 类型 下拉列表中选择 turning 选项，在 刀具子类型 区域中单击 OD_80_L 按钮，在 位置 区域的 刀具 下拉列表中选择 GENERIC_MACHINE 选项，采用系统默认的名称，单击 确定 按钮，系统弹出"车刀-标准"对话框。

Step3. 在"车刀-标准"对话框中单击 刀具 选项卡，在 刀片尺寸 区域的"长度"文本框中输入值 10。

Step4. 单击"车刀-标准"对话框中的 夹持器 选项卡，选中 ☑ 使用车刀夹持器 复选框，采用系统默认参数设置；调整到静态线框视图状态，显示出刀具的形状。

Step5. 单击"车刀-标准"对话框中的 确定 按钮，完成刀具的创建。

图 8.5 "点"对话框

图 8.6 "径向安全平面"设置

Task4. 创建车端面工序

Stage1. 创建工序

Step1. 选择下拉菜单 插入(S) ➡ 工序(E)... 命令，系统弹出"创建工序"对话框。

Step2. 在"创建工序"对话框的 类型 下拉列表中选择 turning 选项，在 工序子类型 区域中单击"面加工"按钮，在 程序 下拉列表中选择 PROGRAM 选项，在 刀具 下拉列表中选择 OD_80_L (车刀-标准) 选项，在 几何体 下拉列表中选择 AVOIDANCE 选项，在 方法 下拉列表中选择 LATHE_ROUGH 选项。

Step3. 单击"创建工序"对话框中的 确定 按钮，系统弹出"面加工"对话框。

Stage2. 设置切削区域

Step1. 单击"面加工"对话框 切削区域 右侧的"编辑"按钮，系统弹出"切削区域"对话框。

Step2. 在"切削区域"对话框 轴向修剪平面 1 区域的 限制选项 下拉列表中选择 距离 选项。

Step3. 单击 确定 按钮，系统返回到"面加工"对话框。

Stage3. 设置刀轨参数

在"面加工"对话框中 步进 区域的 切削深度 下拉列表中选择 恒定 选项，其他参数接受系统默认设置。

Stage4．设置切削参数

采用系统默认参数设置。

Stage5．设置非切削移动参数

Step1．单击"面加工"对话框中的"非切削移动"按钮，系统弹出"非切削移动"对话框。

Step2．在"非切削移动"对话框中单击 逼近 选项卡，然后在 逼近刀轨 区域的 刀轨选项 下拉列表中选择 点 选项，单击"点对话框"按钮，系统弹出"点"对话框，在其中按图8.7所示设置参数，单击 确定 按钮。

Step3．在"非切削移动"对话框中选择 离开 选项卡，按图8.8所示设置参数。

Step4．单击 确定 按钮，完成非切削移动参数的设置。

图 8.7 "点"对话框

图 8.8 "离开"选项卡

Stage6．设置进给率和速度

Step1．单击"面加工"对话框中的"进给率和速度"按钮，系统弹出"进给率和速度"对话框。

Step2．在"进给率和速度"对话框 主轴速度 区域的 输出模式 下拉列表中选择 SMM 选项，在 表面速度（smm） 文本框中输入值80，其他参数采用系统默认设置。

Step3．单击"进给率和速度"对话框中的 确定 按钮，系统返回"面加工"对话框。

Stage7．生成刀路轨迹并 3D 仿真

Step1．单击"面加工"对话框中的"生成"按钮，生成的刀路轨迹如图8.9所示。

Step2．单击"面加工"对话框中的"确认"按钮，系统弹出"刀轨可视化"对话框。

Step3．在"刀轨可视化"对话框中单击 3D 动态 选项卡，采用系统默认参数设置，调整动

画速度后单击"播放"按钮 ▶，即可观察到 3D 动态仿真加工，加工后的结果如图 8.10 所示。

Step4. 分别在"刀轨可视化"对话框和"面加工"对话框中单击 确定 按钮，完成车端面加工。

图 8.9　刀路轨迹　　　　　　　　　图 8.10　3D 仿真结果

Task5. 创建外径粗车工序 1

Stage1. 创建工序

Step1. 选择下拉菜单 插入(S) ➡ 工序(E)... 命令，系统弹出"创建工序"对话框。

Step2. 在"创建工序"对话框的 类型 下拉列表中选择 turning 选项，在 工序子类型 区域中单击"外径粗车"按钮 ，在 程序 下拉列表中选择 PROGRAM 选项，在 刀具 下拉列表中选择 OD_80_L (车刀-标准) 选项，在 几何体 下拉列表中选择 AVOIDANCE 选项，在 方法 下拉列表中选择 LATHE_ROUGH 选项，采用系统默认的名称。

Step3. 单击"创建工序"对话框中的 确定 按钮，系统弹出"外径粗车"对话框。

Stage2. 设置切削区域

Step1. 单击"外径粗车"对话框 切削区域 右侧的"编辑"按钮 ，系统弹出"切削区域"对话框。

Step2. 在"切削区域"对话框 轴向修剪平面 1 区域的 限制选项 下拉列表中选择 点 选项，然后单击"点对话框"按钮 ，系统弹出"点"对话框，在绘图区域选取图 8.11 所示的点。

Step3. 单击 确定 按钮，系统返回到"外径粗车"对话框。

Stage3. 设置刀轨参数

在"外径粗车"对话框 步进 区域的 切削深度 下拉列表中选择 恒定 选项，在 深度 文本框中输入值 2，其他参数接受系统默认设置。

Stage4. 设置切削参数

Step1. 在"外径粗车"对话框中单击"切削参数"按钮 ，系统弹出"切削参数"对话框。

Step2. 在"切削参数"对话框中单击 余量 选项卡，按图 8.12 所示设置参数。

图 8.11　选取点

图 8.12　"余量"选项卡

Step3. 在"切削参数"对话框中单击 轮廓加工 选项卡，选中 附加轮廓加工 区域中的 ☑ 附加轮廓加工 复选框，单击 确定 按钮，系统返回到"外径粗车"对话框。

Stage5. 设置非切削移动参数

Step1. 单击"外径粗车"对话框中的"非切削移动"按钮，系统弹出"非切削移动"对话框。

Step2. 在"非切削移动"对话框中选择 离开 选项卡，按图 8.13 所示设置参数。

Step3. 单击 确定 按钮，完成非切削移动参数的设置。

Stage6. 设置进给率和速度

Step1. 单击"外径粗车"对话框中的"进给率和速度"按钮，系统弹出"进给率和速度"对话框。

Step2. 在"进给率和速度"对话框 主轴速度 区域的 输出模式 下拉列表中选择 SMM 选项，在 表面速度 (smm) 文本框中输入值 80，其他参数采用系统默认设置。

Step3. 单击"进给率和速度"对话框中的 确定 按钮，系统返回"外径粗车"对话框。

Stage7. 生成刀路轨迹并 3D 仿真

Step1. 单击"外径粗车"对话框中的"生成"按钮，生成的刀路轨迹如图 8.14 所示。

Step2. 单击"外径粗车"对话框中的"确认"按钮，系统弹出"刀轨可视化"对话框。

Step3. 在"刀轨可视化"对话框中单击 3D 动态 选项卡，采用系统默认参数设置，调整动画速度后单击"播放"按钮 ，即可观察到 3D 动态仿真加工，加工后的结果如图 8.15 所示。

Step4. 分别在"刀轨可视化"对话框和"外径粗车"对话框中单击 确定 按钮，完成粗车加工。

图 8.13 "离开"选项卡

图 8.14 刀路轨迹

图 8.15 3D 仿真结果

Task6. 创建刀具 2

Step1. 选择下拉菜单 插入(S) ➡️ 刀具(T)... 命令，系统弹出"创建刀具"对话框。

Step2. 在"创建刀具"对话框的 类型 下拉列表中选择 turning 选项，在 刀具子类型 区域中单击 OD_55_L 按钮 ，在 名称 文本框中输入 OD_55_L，单击 确定 按钮，系统弹出"车刀-标准"对话框。

Step3. 在"车刀-标准"对话框中按图 8.16 所示设置参数。

Step4. 单击"车刀-标准"对话框中的 夹持器 选项卡，选中 ☑ 使用车刀夹持器 复选框。

Step5. 单击"车刀-标准"对话框中的 确定 按钮，完成刀具的创建。

Task7. 创建外径精车工序 1

Stage1. 创建工序

Step1. 选择下拉菜单 插入(S) ➡️ 工序(E)... 命令，系统弹出"创建工序"对话框。

Step2. 在"创建工序"对话框的 类型 下拉列表中选择 turning 选项，在 工序子类型 区域中单击"外径精车"按钮 ，在 程序 下拉列表中选择 PROGRAM 选项，在 刀具 下拉列表中选择 OD_55_L (车刀-标准) 选项，在 几何体 下拉列表中选择 AVOIDANCE 选项，在 方法 下拉列表中选择 LATHE_FINISH 选项。

Step3. 单击"创建工序"对话框中的 确定 按钮，系统弹出"外径精车"对话框。

Stage2．设置切削区域

Step1．单击"外径精车"对话框切削区域右侧的"编辑"按钮，系统弹出"切削区域"对话框。

Step2．在"切削区域"对话框轴向修剪平面 1 区域的 限制选项 下拉列表中选择 点 选项，然后单击"点对话框"按钮 +，系统弹出"点"对话框，在绘图区域选取图 8.17 所示的点。

图 8.16　"车刀-标准"对话框

图 8.17　选取点

Step3．单击 确定 按钮，系统返回到"外径精车"对话框。

Stage3．设置刀轨参数

在"外径精车"对话框中选中 ☑ 省略变换区 复选框，其他参数接受系统默认设置。

Stage4．设置切削参数

Step1．单击"外径精车"对话框中的"切削参数"按钮 ，系统弹出"切削参数"对话框，在其中选择 策略 选项卡，取消选中 □ 允许底切 复选框，其他参数采用默认设置。

Step2．选择 拐角 选项卡，按图 8.18 所示设置参数；单击 确定 按钮，完成切削参数的设置。

Stage5．设置非切削移动参数

Step1．单击"外径精车"对话框中的"非切削移动"按钮 ，系统弹出"非切削移动"对话框。

Step2. 在"非切削移动"对话框中选择 逼近 选项卡，然后在 逼近刀轨 区域的 刀轨选项 下拉列表中选择 点 选项，然后单击"点对话框"按钮 ✛，系统弹出"点"对话框，在其中按图 8.19 所示设置参数，单击 确定 按钮。

图 8.18 "拐角"选项卡   图 8.19 "点"对话框

Step3. 在"非切削移动"对话框中选择 离开 选项卡，在 运动到返回点/安全平面 区域的 运动类型 下拉列表中选择 ✓ 径向 → 轴向 选项，然后单击"点对话框"按钮 ✛，系统弹出"点"对话框，在其中按图 8.20 所示设置参数。

Step4. 单击 确定 按钮，完成非切削移动参数的设置。

Stage6. 设置进给率和速度

Step1. 单击"外径精车"对话框中的"进给率和速度"按钮 🔧，系统弹出"进给率和速度"对话框。

Step2. 在"进给率和速度"对话框 主轴速度 区域的 输出模式 下拉列表中选择 SFM 选项，在 表面速度（smm）文本框中输入值 150，在 进给率 区域的 切削 文本框中输入值 0.2。

Step3. 单击"进给率和速度"对话框中的 确定 按钮，系统返回"外径精车"对话框。

Stage7. 生成刀路轨迹并 3D 仿真

Step1. 单击"外径精车"对话框中的"生成"按钮 ⚡，生成的刀路轨迹如图 8.21 所示。

Step2. 单击"外径精车"对话框中的"确认"按钮 🔧，系统弹出"刀轨可视化"对话框。

Step3. 在"刀轨可视化"对话框中单击 3D 动态 选项卡，采用系统默认参数设置，调整动画速度后单击"播放"按钮 ▶，即可观察到 3D 动态仿真加工，加工后的结果如图 8.22 所示。

Step4. 分别在"刀轨可视化"对话框和"外径精车"对话框中单击 确定 按钮，完成精车加工。

图 8.20 "点"对话框　　　　图 8.21 刀路轨迹

Task8. 创建刀具 3

Step1. 选择下拉菜单 插入(S) ➡ 刀具(T)... 命令，系统弹出"创建刀具"对话框。

Step2. 在"创建刀具"对话框的 类型 下拉列表中选择 turning 选项，在 刀具子类型 区域中单击 OD_GROOVE_L 按钮，在 名称 文本框中输入 OD_GROOVE_L，单击 确定 按钮，系统弹出"槽刀-标准"对话框。

Step3. 在"槽刀-标准"对话框中单击 刀具 选项卡，在 (IW) 刀片宽度 文本框中输入数值 3，其他参数采用系统默认设置。

Step4. 单击"槽刀-标准"对话框中的 夹持器 选项卡，选中 ☑ 使用车刀夹持器 复选框，其他参数采用系统默认设置。

Step5. 单击"槽刀-标准"对话框中的 确定 按钮，完成刀具的创建。

Task9. 创建沟槽车削工序 1

Stage1. 创建工序

Step1. 选择下拉菜单 插入(S) ➡ 工序(E)... 命令，系统弹出"创建工序"对话框。

Step2. 在"创建工序"对话框的 类型 下拉列表中选择 turning 选项，在 工序子类型 区域中单击"外径开槽"按钮，在 程序 下拉列表中选择 PROGRAM 选项，在 刀具 下拉列表中选择 OD_GROOVE_L (槽刀-标准) 选项，在 几何体 下拉列表中选择 AVOIDANCE 选项，在 方法 下拉列表中选择 LATHE_GROOVE 选项，在 名称 文本框中输入 GROOVE_OD。

Step3. 单击"创建工序"对话框中的 确定 按钮，系统弹出"外径开槽"对话框。

Stage2．指定切削区域

Step1．单击"外径开槽"对话框 切削区域 右侧的"编辑"按钮 🔧，系统弹出"切削区域"对话框。

Step2．在"切削区域"对话框 轴向修剪平面 1 区域的 限制选项 下拉列表中选择 点 选项，然后单击"点对话框"按钮 ⊞，系统弹出"点"对话框，在绘图区域选取图 8.23 所示的点，单击 确定 按钮。

Step3．在"切削区域"对话框 区域选择 区域的 区域加工 下拉列表中选择 多个 选项，单击 确定 按钮，系统返回到"外径开槽"对话框。

Stage3．设置刀轨参数

在"外径开槽"对话框中按图 8.24 所示设置刀轨参数。

图 8.22　3D 仿真结果

图 8.23　选取点

图 8.24　"外径开槽"对话框

Stage4．设置切削参数

Step1．单击"外径开槽"对话框中的"切削参数"按钮 ⊟，系统弹出"切削参数"对话框。

Step2．在"切削参数"对话框中单击 策略 选项卡，在 切削 区域的 转 文本框中输入 3，其余参数接受系统默认设置。

Step3．在"切削参数"对话框中单击 切层控制 选项卡，按图 8.25 所示设置参数。

Step4. 单击 确定 按钮，返回到"外径开槽"对话框。

Stage5. 设置非切削移动参数

所有参数接受系统默认设置。

Stage6. 设置进给率和速度

Step1. 单击"外径开槽"对话框中的"进给率和速度"按钮，系统弹出"进给率和速度"对话框。

Step2. 在"进给率和速度"对话框 主轴速度 区域的 输出模式 下拉列表中选择 RPM 选项，选中 ☑ 主轴速度 复选框，然后在 ☑ 主轴速度 文本框中输入值 700，在 进给率 区域的 切削 文本框中输入值 0.5。

Step3. 单击"进给率和速度"对话框中的 确定 按钮，系统返回"外径开槽"对话框。

Stage7. 生成刀路轨迹并 3D 仿真

Step1. 单击"外径开槽"对话框中的"生成"按钮，生成的刀路轨迹如图 8.26 所示。

图 8.25 "切削控制"选项卡

图 8.26 刀路轨迹

Step2. 单击"外径开槽"对话框中的"确认"按钮，系统弹出"刀轨可视化"对话框。

Step3. 在"刀轨可视化"对话框中单击 3D 动态 选项卡，采用系统默认参数设置，调整动画速度后单击"播放"按钮，即可观察到 3D 动态仿真加工，加工后的结果如图 8.27 所示。

Step4. 分别在"刀轨可视化"对话框和"外径开槽"对话框中单击 确定 按钮，完成精车加工。

Task10. 创建刀具 4

Step1. 选择下拉菜单 插入(S) ➡ 刀具(T)... 命令，系统弹出"创建刀具"对话框。

Step2. 在"创建刀具"对话框的 类型 下拉列表中选择 turning 选项，在 刀具子类型 区域中单击 OD_THREAD_L 按钮 █ ，单击 确定 按钮，系统弹出"螺纹刀-标准"对话框。

Step3. 在"螺纹刀-标准"对话框中单击 刀具 选项卡，然后在 (IW) 刀片宽度 文本框中输入数值 6，在 (TO) 刀尖偏置 文本框中输入数值 3，其他参数采用系统默认设置。

Step4. 单击"螺纹刀-标准"对话框中的 确定 按钮，完成刀具的创建。

Task11．创建车削螺纹工序

Stage1．创建工序

Step1. 选择下拉菜单 插入(S) ➡ 🔧 工序(E)... 命令，系统弹出"创建工序"对话框。

Step2. 在"创建工序"对话框的 类型 下拉列表中选择 turning 选项，在 工序子类型 区域中单击"外径螺纹加工"按钮 ▤ ，在 程序 下拉列表中选择 PROGRAM 选项，在 刀具 下拉列表中选择 OD_THREAD_L (螺纹刀-标准) 选项，在 几何体 下拉列表中选择 AVOIDANCE 选项，在 方法 下拉列表中选择 LATHE_THREAD 选项。

Step3. 单击"创建工序"对话框中的 确定 按钮，系统弹出"外径螺纹加工"对话框。

Stage2．定义螺纹几何体

Step1. 选取螺纹起始线。激活"外径螺纹加工"对话框的 ✳ 选择顶线 (0) 区域，在模型上选取图 8.28 所示的边线。

图 8.27　3D 仿真结果　　　　图 8.28　定义起始线

说明：在选取边线时需要在靠近坐标系的一端选取。

Step2. 选取螺纹终止线。激活"外径螺纹加工"对话框的 ✳ 选择终止线 (0) 区域，在模型上选取图 8.29 所示的边线。

图 8.29　定义终止线

Step3. 选取根线。在 深度选项 下拉列表中选择 根线 选项，激活 ✳ 选择根线 (0) 区域，然后选取图 8.30 所示的边线。

说明：此处选取的根线与顶线相同，后面通过偏置 1.083 得到其实际位置。

Stage3．设置螺纹参数

Step1．单击 偏置 区域使其显示出来，然后按图 8.31 所示设置参数。

图 8.30　定义根线

图 8.31　设置偏置参数

Step2．设置刀轨参数。在 切削深度 下拉列表中选择 % 剩余 选项，在 最小距离 文本框中输入值 0.1。

Step3．设置切削参数。单击"外径螺纹加工"对话框中的"切削参数"按钮 ，系统弹出"切削参数"对话框，单击 螺距 选项卡，然后在 距离 文本框中输入值 2，单击 附加刀路 选项卡，在 刀路数 文本框中输入值 1，单击 确定 按钮。

Step4．设置非切削参数。单击"外径螺纹加工"对话框中的"非切削参数"按钮 ，系统弹出"非切削移动"对话框；单击 离开 选项卡，在 刀轨选项 下拉列表中选择 点 选项，在 运动到离开点 下拉列表中选择 径向->轴向 选项，然后单击"点对话框"按钮 ，系统弹出"点"对话框，按图 8.32 所示设置参数，单击 确定 按钮。

Stage4．设置进给率和速度

Step1．单击"外径螺纹加工"对话框中的"进给率和速度"按钮 ，系统弹出"进给率和速度"对话框。

Step2．在"进给率和速度"对话框 主轴速度 区域的 输出模式 下拉列表中选择 RPM 选项，选中 主轴速度 复选框，然后在 主轴速度 文本框中输入值 350，在 进给率 区域的 切削 文本框中输入值 2。

Step3．单击"进给率和速度"对话框中的 确定 按钮，系统返回"外径螺纹加工"对话框。

Stage5．生成刀路轨迹并 3D 仿真

Step1．单击"外径螺纹加工"对话框中的"生成"按钮 ，生成的刀路轨迹如图 8.33 所示。

Step2．单击"外径螺纹加工"对话框中的"确认"按钮 ，系统弹出"刀轨可视化"对话框。

Step3. 在"刀轨可视化"对话框中单击 选项卡，采用系统默认参数设置，调整动画速度后单击"播放"按钮 ▶ ，即可观察到 3D 动态仿真加工，加工后的结果如图 8.34 所示。

图 8.32　"点"对话框

图 8.33　刀路轨迹

Step4. 分别在"刀轨可视化"对话框和"外径螺纹加工"对话框中单击 确定 按钮，完成螺纹加工。

Task12. 创建几何体

Stage1. 创建几何体

Step1. 选择下拉菜单 插入(S) ➡ 几何体(G)... 命令，系统弹出"创建几何体"对话框。

Step2. 在 几何体子类型 区域中选择 MCS_SPINDLE_1 选项 ，在 几何体 下拉列表中选择 GEOMETRY 选项，采用系统默认的名称 MCS_SPINDLE_1，单击 确定 按钮，系统弹出"MCS 主轴"对话框。

Step3. 在"MCS 主轴"对话框中单击"CSYS 对话框"按钮 ，系统弹出 CSYS 对话框，然后单击"点对话框"按钮 ，系统弹出"点"对话框，在 X 文本框中输入值-165，单击 确定 按钮；在图形区域旋转坐标系至图 8.35 所示的方位。

Step4. 单击两次 确定 按钮，完成几何体的创建。

图 8.34　3D 仿真结果　　　　　　　图 8.35　创建坐标系

Stage2. 创建部件几何体

Step1. 在工序导航器中双击 MCS_SPINDLE_1 节点下的 WORKPIECE_1，系统弹出"工件"对话框。

Step2. 单击"工件"对话框中的 按钮，系统弹出"部件几何体"对话框，选取整个零件为部件几何体。

Step3. 依次单击"部件几何体"对话框和"工件"对话框中的 确定 按钮，完成部件几何体的创建。

Stage3. 创建毛坯几何体

说明：本 Stage 的详细操作过程请参见随书光盘中 video\ch08\reference 文件下的语音视频讲解文件"螺纹轴车削加工-r00.avi"。

Task13. 创建外径粗车工序 2

Stage1. 创建工序

Step1. 选择下拉菜单 插入(S) ➡ 工序(E)... 命令，系统弹出"创建工序"对话框。

Step2. 在"创建工序"对话框的 类型 下拉列表中选择 turning 选项，在 工序子类型 区域中单击"外径粗车"按钮 ，在 程序 下拉列表中选择 PROGRAM 选项，在 刀具 下拉列表中选择 OD_80_L (车刀-标准) 选项，在 几何体 下拉列表中选择 TURNING_WORKPIECE_1 选项，在 方法 下拉列表中选择 LATHE_ROUGH 选项，采用系统默认的名称。

Step3. 单击"创建工序"对话框中的 确定 按钮，系统弹出"外径粗车"对话框。

Stage2. 设置刀轨参数

Step1. 在"外径粗车"对话框的 刀具方位 区域中选中 ☑ 绕夹持器翻转刀具 复选框。

Step2. 单击 切削区域 右侧的 按钮，显示切削区域。

Step3. 在"外径粗车"对话框 步进 区域的 切削深度 下拉列表中选择 恒定 选项，在 深度 文本框中输入值 2，其他参数接受系统默认设置。

Step4. 在 更多 区域中选中 ☑ 附加轮廓加工 复选框。

Stage3. 设置切削参数

Step1. 在 更多 区域中单击"切削参数"按钮 ，系统弹出"切削参数"对话框。

Step2. 在"切削参数"对话框中单击 余量 选项卡，在 轮廓加工余量 区域的 面 文本框中输入值 0.3，在 径向 文本框中输入值 0.5。

Step3. 在"切削参数"对话框中单击 轮廓加工 选项卡，选中 附加轮廓加工 区域中的

☑附加轮廓加工复选框，单击 确定 按钮，系统返回到"外径粗车"对话框。

Stage4. 设置非切削移动参数

所有参数接受系统默认设置。

Stage5. 设置进给率和速度

Step1. 单击"外径粗车"对话框中的"进给率和速度"按钮，系统弹出"进给率和速度"对话框。

Step2. 在"进给率和速度"对话框 主轴速度 区域的 输出模式 下拉列表中选择 SMM 选项，在 表面速度（smm）文本框中输入值 120，在 进给率 区域的 切削 文本框中输入值 0.5，其他参数采用系统默认设置。

Step3. 单击"进给率和速度"对话框中的 确定 按钮，系统返回"外径粗车"对话框。

Stage6. 生成刀路轨迹并 3D 仿真

Step1. 单击"外径粗车"对话框中的"生成"按钮，生成的刀路轨迹如图 8.36 所示。

Step2. 单击"外径粗车"对话框中的"确认"按钮，系统弹出"刀轨可视化"对话框。

Step3. 在"刀轨可视化"对话框中单击 3D 动态 选项卡，采用系统默认参数设置，调整动画速度后单击"播放"按钮，即可观察到 3D 动态仿真加工，加工后的结果如图 8.37 所示。

Step4. 分别在"刀轨可视化"对话框和"外径粗车"对话框中单击 确定 按钮，完成粗车加工。

图 8.36 刀路轨迹　　　　　　　　图 8.37 3D 仿真结果

Task14. 创建外径精车工序 2

Stage1. 创建工序

Step1. 选择下拉菜单 插入(S) → 工序(E)... 命令，系统弹出"创建工序"对话框。

Step2. 在"创建工序"对话框的 类型 下拉列表中选择 turning 选项，在 工序子类型 区域中单击"外径精车"按钮，在 程序 下拉列表中选择 PROGRAM 选项，在 刀具 下拉列表中选择 OD_55_L（车刀-标准）选项，在 几何体 下拉列表中选择 TURNING_WORKPIECE_1 选项，在 方法 下拉列表中

选择 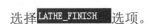 选项。

Step3. 单击"创建工序"对话框中的 确定 按钮，系统弹出"外径精车"对话框。

Stage2. 设置切削区域

Step1. 单击"外径精车"对话框 切削区域 右侧的"编辑"按钮🔧，系统弹出"切削区域"对话框。

Step2. 在"切削区域"对话框 区域选择 区域的 区域加工 下拉列表中选择 多个 选项。

Step3. 单击 确定 按钮，系统返回到"外径精车"对话框。

Stage3. 设置刀轨参数

Step1. 在"外径精车"对话框的 刀具方位 区域中选中 ☑ 绕夹持器翻转刀具 复选框，其他参数接受系统默认设置。

Step2. 单击 切削区域 右侧的 🗔 按钮，显示切削区域。

Step3. 在 刀轨设置 区域的 切削圆角 下拉列表中选择 无 选项。

Step4. 选中"外径精车"对话框中的 ☑ 省略变换区 复选框，其他参数接受系统默认设置。

Stage4. 设置切削参数

Step1. 单击"外径精车"对话框中的"切削参数"按钮 ➡，系统弹出"切削参数"对话框，在其中选择 策略 选项卡，取消选中 ☐ 允许底切 复选框，其他参数采用默认设置。

Step2. 单击 确定 按钮，完成切削参数的设置。

Stage5. 设置非切削移动参数

采用系统默认的非切削移动参数。

Stage6. 设置进给率和速度

Step1. 单击"外径精车"对话框中的"进给率和速度"按钮 ❇，系统弹出"进给率和速度"对话框。

Step2. 在"进给率和速度"对话框 主轴速度 区域的 输出模式 下拉列表中选择 SFM 选项，在 表面速度（smm） 文本框中输入值 200，在 进给率 区域的 切削 文本框中输入值 0.2。

Step3. 单击"进给率和速度"对话框中的 确定 按钮，系统返回"外径精车"对话框。

Stage7. 生成刀路轨迹并 3D 仿真

Step1. 单击"外径精车"对话框中的"生成"按钮 ⬆，生成的刀路轨迹如图 8.38 所示。

Step2. 单击"外径精车"对话框中的"确认"按钮 ⬜，系统弹出"刀轨可视化"对话框。

Step3. 在"刀轨可视化"对话框中单击 3D 动态 选项卡，采用系统默认参数设置，调整动画速度后单击"播放"按钮 ▶ ，即可观察到 3D 动态仿真加工，加工后的结果如图 8.39 所示。

Step4. 分别在"刀轨可视化"对话框和"外径精车"对话框中单击 确定 按钮，完成精车加工。

图 8.38   刀路轨迹   图 8.39   3D 仿真结果

Task15. 后面的详细操作过程请参见随书光盘中 video\ch08\reference 文件下的语音视频讲解文件"螺纹轴车削加工-r01.avi"。

实例 **9** 烟灰缸凸模加工

粗精加工要设置好每次切削的余量,并且要注意刀轨参数设置是否正确,以免影响零件的精度。下面以烟灰缸凸模加工为例来介绍铣削的一般加工操作。该零件的加工工艺路线如图 9.1 和图 9.2 所示。

图 9.1 加工工艺路线(一)

Task1. 打开模型文件并进入加工模块

Step1. 打开模型文件 D:\ug90.11\work\ch09\ ashtray_upper_mold.prt。

Step2. 进入加工环境。选择下拉菜单 🔵 启动 ▾ ━━▶ 加工(R)... 命令,系统弹出"加工环境"对话框;在"加工环境"对话框的 CAM 会话配置 列表框中选择 cam_general 选项,在 要创建的 CAM 设置 列表框中选择 mill contour 选项,单击 确定 按钮,进入加工环境。

Task2. 创建几何体

Stage1. 创建机床坐标系

Step1. 将工序导航器调整到几何视图,双击节点 田 🎗 MCS_MILL,系统弹出"MCS 铣削"对话框,在"MCS 铣削"对话框的 机床坐标系 区域中单击"CSYS 对话框"按钮 🗽,系统弹出 CSYS 对话框。

Step2. 单击 CSYS 对话框 操控器 区域中的"操控器"按钮 ⊕ ，系统弹出"点"对话框，在"点"对话框的 Z 文本框中输入值 30，单击 确定 按钮，此时系统返回至 CSYS 对话框，在该对话框中单击 确定 按钮，完成图 9.3 所示机床坐标系的创建。

a）型腔铣削　　　　　　b）剩余铣　　　　　　c）深度加工轮廓铣

f）轮廓区域铣（二）　　　e）底壁加工　　　　　d）轮廓区域铣（一）

g）清根铣

图 9.2　加工工艺路线（二）

Stage2. 创建安全平面

Step1. 在"MCS 铣削"对话框 安全设置 区域的 安全设置选项 下拉列表中选择 自动平面 选项，然后在 安全距离 文本框中输入值 20。

Step2. 单击"MCS 铣削"对话框中的 确定 按钮，完成安全平面的创建。

Stage3. 创建部件几何体

Step1. 在工序导航器中双击 ⊞ MCS_MILL 节点下的 WORKPIECE，系统弹出"工件"对话框。

Step2. 选取部件几何体。在"铣削几何体"对话框中单击 按钮，系统弹出"工件"对话框。

Step3. 在图形区选择整个零件为部件几何体，如图 9.4 所示。在"部件几何体"对话框中单击 确定 按钮，完成部件几何体的创建，同时系统返回到"工件"对话框。

Stage4. 创建毛坯几何体

Step1. 在"工件"对话框中单击 按钮，系统弹出"毛坯几何体"对话框。

Step2. 在"毛坯几何体"对话框的 类型 下拉列表中选择 包容块 选项，在 极限 区域的 ZM+ 文本框中输入值 5。

Step3. 单击"毛坯几何体"对话框中的 确定 按钮，系统返回到"工件"对话框，完成图 9.5 所示毛坯几何体的创建。

Step4. 单击"工件"对话框中的 确定 按钮。

图 9.3　创建机床坐标系

图 9.4　部件几何体

图 9.5　毛坯几何体

Task3．创建刀具

Stage1．创建刀具 1

Step1. 将工序导航器调整到机床视图。

Step2. 选择下拉菜单 插入(S) ➡ 刀具(T)... 命令，系统弹出"创建刀具"对话框。

Step3. 在"创建刀具"对话框的 类型 下拉列表中选择 mill contour 选项，在 刀具子类型 区域中单击 MILL 按钮 ，在 位置 区域的 刀具 下拉列表中选择 GENERIC_MACHINE 选项，在 名称 文本框中输入 D20R2，然后单击 确定 按钮，系统弹出"铣刀-5 参数"对话框。

Step4. 在"铣刀-5 参数"对话框的 (D) 直径 文本框中输入值 20，在 (R1) 下半径 文本框中输入值 2，在 编号 区域的 刀具号 、 补偿寄存器 、 刀具补偿寄存器 文本框中均输入值 1，其他参数采用系统默认设置，单击 确定 按钮，完成刀具的创建。

Stage2．创建刀具 2

设置刀具类型为 mill contour ， 刀具子类型 为 BALL_MILL 类型（单击 按钮），刀具名称为 B10，刀具 (D) 球直径 为 10，在 编号 区域的 刀具号 、 补偿寄存器 、 刀具补偿寄存器 文本框中均输入值 2，具体操作方法参照 Stage1。

Stage3．创建刀具 3

设置刀具类型为 mill contour ， 刀具子类型 为 BALL_MILL 类型（单击 按钮），刀具名称为 B4，刀具 (D) 球直径 为 4，在 编号 区域的 刀具号 、 补偿寄存器 、 刀具补偿寄存器 文本框中均输入值 3，具体操作方法参照 Stage1。

Stage4．创建刀具 4

设置刀具类型为 mill contour ， 刀具子类型 为 BALL_MILL 类型（单击 按钮），刀具名称为 B3，刀具 ⑴ 球直径 为 3，在 编号 区域的 刀具号 、 补偿寄存器 、 刀具补偿寄存器 文本框中均输入值 4，具体操作方法参照 Stage1。

Task4．创建型腔铣操作

Stage1．创建工序

Step1．将工序导航器调整到程序顺序视图。

Step2．选择下拉菜单 插入(S) ➡ 工序(E)... 命令，在"创建工序"对话框的 类型 下拉列表中选择 mill_contour 选项，在 工序子类型 区域中单击"型腔铣"按钮，在 程序 下拉列表中选择 PROGRAM 选项，在 刀具 下拉列表中选择前面设置的刀具 D20R2 (铣刀-5 参数) 选项，在 几何体 下拉列表中选择 WORKPIECE 选项，在 方法 下拉列表中选择 MILL ROUGH 选项，使用系统默认的名称。

Step3．单击"创建工序"对话框中的 确定 按钮，系统弹出"型腔铣"对话框。

Stage2．设置一般参数

在"型腔铣"对话框的 切削模式 下拉列表中选择 跟随部件 选项；在 步距 下拉列表中选择 刀具平直百分比 选项，在 平面直径百分比 文本框中输入值 50；在 公共每刀切削深度 下拉列表中选择 恒定 选项，在 最大距离 文本框中输入值 2。

Stage3．设置切削参数

Step1．在 刀轨设置 区域中单击"切削参数"按钮，系统弹出"切削参数"对话框。

Step2．在"切削参数"对话框中单击 连接 选项卡，在 开放刀路 下拉列表中选择 变换切削方向 选项，其他参数采用系统默认设置。

Step3．单击"切削参数"对话框中的 确定 按钮，系统返回到"型腔铣"对话框。

Stage4．设置非切削移动参数

Step1．在"型腔铣"对话框中单击"非切削移动"按钮，系统弹出"非切削移动"对话框。

Step2．单击"非切削移动"对话框中的 进刀 选项卡，在 封闭区域 区域的 斜坡角 文本框中输入值 3，其他参数采用系统默认设置，单击 确定 按钮，完成非切削移动参数的设置。

Stage5．设置进给率和速度

Step1．在"型腔铣"对话框中单击"进给率和速度"按钮，系统弹出"进给率和速度"对话框。

Step2．选中"进给率和速度"对话框 主轴速度 区域中的 ☑ 主轴速度 (rpm) 复选框，在其后的文本框中输入值 800，按 Enter 键，然后单击 按钮，在 进给率 区域的 切削 文本框中输入

值 200，按 Enter 键，然后单击 ▣ 按钮，其他参数采用系统默认设置。

Step3. 单击 确定 按钮，完成进给率和速度的设置，系统返回"型腔铣"对话框。

Stage6. 生成刀路轨迹并仿真

生成的刀路轨迹如图 9.6 所示，2D 动态仿真加工后的模型如图 9.7 所示。

图 9.6　刀路轨迹

图 9.7　2D 仿真结果

Task5. 创建剩余铣操作

Stage1. 创建工序

Step1. 选择下拉菜单 插入(S) ➡ ⊨ 工序(E)... 命令，在"创建工序"对话框的 类型 下拉列表中选择 mill_contour 选项，在 工序子类型 区域中单击"剩余铣"按钮 ⬚ ，在 程序 下拉列表中选择 PROGRAM 选项，在 刀具 下拉列表中选择 B10 (铣刀-球头铣) 选项，在 几何体 下拉列表中选择 WORKPIECE 选项，在 方法 下拉列表中选择 MILL_SEMI_FINISH 选项，使用系统默认的名称 REST_MILLING。

Step2. 单击"创建工序"对话框中的 确定 按钮，系统弹出"剩余铣"对话框。

Stage2. 设置一般参数

在"剩余铣"对话框的 切削模式 下拉列表中选择 ⬚ 跟随周边 选项，在 步距 下拉列表中选择 刀具平直百分比 选项，在 平面直径百分比 文本框中输入值 20；在 公共每刀切削深度 下拉列表中选择 恒定 选项，在 最大距离 文本框中输入值 1。

Stage3. 设置切削参数

Step1. 在 刀轨设置 区域中单击"切削参数"按钮 ⬚ ，系统弹出"切削参数"对话框。

Step2. 在"切削参数"对话框中单击 策略 选项卡，在 延伸刀轨 区域的 在边上延伸 文本框中输入值 2，其他参数采用系统默认设置。

Step3. 在"切削参数"对话框中单击 连接 选项卡，在 开放刀路 下拉列表中选择 变换切削方向 选项，其他参数采用系统默认设置。

Step4. 在"切削参数"对话框中单击 空间范围 选项卡，在 毛坯 区域的 最小材料移除 文本框中输入值 1。

Step5. 单击"切削参数"对话框中的 **确定** 按钮，系统返回到"剩余铣"对话框。

Stage4. 设置非切削移动参数

采用系统默认的非切削移动参数。

Stage5. 设置进给率和速度

Step1. 在"剩余铣"对话框中单击"进给率和速度"按钮 ，系统弹出"进给率和速度"对话框。

Step2. 选中"进给率和速度"对话框 **主轴速度** 区域中的 **☑ 主轴速度 (rpm)** 复选框，在其后的文本框中输入值 1200，按 Enter 键，然后单击 按钮，在 **进给率** 区域的 **切削** 文本框中输入值 300，按 Enter 键，然后单击 按钮，其他参数采用系统默认设置。

Step3. 单击 **确定** 按钮，完成进给率和速度的设置，系统返回"剩余铣"对话框。

Stage6. 生成刀路轨迹并仿真

生成的刀路轨迹如图 9.8 所示，2D 动态仿真加工后的模型如图 9.9 所示。

图 9.8 刀路轨迹

Task6. 创建深度加工轮廓铣操作

Stage1. 创建工序

Step1. 选择下拉菜单 **插入(S)** ➡ **工序(E)...** 命令，在"创建工序"对话框的 **类型** 下拉列表中选择 **mill_contour** 选项，在 **工序子类型** 区域中单击"深度加工轮廓"按钮 ，在 **程序** 下拉列表中选择 **PROGRAM** 选项，在 **刀具** 下拉列表中选择 **B4 (铣刀-球头铣)** 选项，在 **几何体** 下拉列表中选择 **WORKPIECE** 选项，在 **方法** 下拉列表中选择 **MILL_FINISH** 选项，使用系统默认的名称。

Step2. 单击"创建工序"对话框中的 **确定** 按钮，系统弹出"深度加工轮廓"对话框。

Stage2. 指定切削区域

Step1. 在"深度加工轮廓"对话框的 **几何体** 区域中单击 **指定切削区域** 右侧的 按钮，系统弹出"切削区域"对话框。

Step2. 在图形区中选取图 9.10 所示的面（共 12 个）为切削区域，然后单击"切削区域"对话框中的 确定 按钮，系统返回到"深度加工轮廓"对话框。

图 9.9　2D 仿真结果

选取这些面

图 9.10　指定切削区域

Stage3. 设置一般参数

在"深度加工轮廓"对话框的 合并距离 文本框中输入值 3，在 最小切削长度 文本框中输入值 1，在 公共每刀切削深度 下拉列表中选择 恒定 选项，在 最大距离 文本框中输入值 0.2。

Stage4. 设置切削层

Step1. 单击"深度加工轮廓"对话框中的"切削层"按钮 ，系统弹出"切削层"对话框。

Step2. 在 范围 1 的顶部 区域的 ZC 文本框中输入值 28，在 范围定义 区域的 范围深度 文本框中输入值 12，然后单击 确定 按钮，系统返回到"深度加工轮廓"对话框。

Stage5. 设置切削参数

Step1. 单击"深度加工轮廓"对话框中的"切削参数"按钮 ，系统弹出"切削参数"对话框。

Step2. 在"切削参数"对话框中单击 策略 选项卡，在 切削 区域的 切削方向 下拉列表中选择 混合 选项，在 切削顺序 下拉列表中选择 始终深度优先 选项，在 延伸刀轨 区域中选中 ☑ 在边上延伸 和 ☑ 在刀具接触点下继续切削 复选框。

Step3. 单击 余量 选项卡，在 公差 区域的 内公差 和 外公差 文本框中均输入值 0.01，其他参数采用系统默认设置。

Step4. 在"切削参数"对话框中单击 连接 选项卡，在 层之间 区域的 层到层 下拉列表框中选择 直接对部件进刀 选项。

Step5. 单击"切削参数"对话框中的 确定 按钮，完成切削参数的设置，系统返回到"深度加工轮廓"对话框。

Stage6. 设置非切削移动参数

参数采用系统默认设置。

Stage7. 设置进给率和速度

Step1. 在"深度加工轮廓"对话框中单击"进给率和速度"按钮 ，系统弹出"进给率和速度"对话框。

Step2. 选中"进给率和速度"对话框 主轴速度 区域中的 ☑ 主轴速度 (rpm) 复选框，在其后的文本框中输入值 3500，按 Enter 键，然后单击 按钮，在 进给率 区域的 切削 文本框中输入值 600，按 Enter 键，然后单击 按钮，其他参数采用系统默认设置。

Step3. 单击 确定 按钮，完成进给率和速度的设置，系统返回"深度加工轮廓"对话框。

Stage8. 生成刀路轨迹并仿真

生成的刀路轨迹如图 9.11 所示，2D 动态仿真加工后的模型如图 9.12 所示。

图 9.11　刀路轨迹

图 9.12　2D 仿真结果

Task7. 创建轮廓区域铣 1

Stage1. 创建工序

Step1. 选择下拉菜单 插入(S) ➡ 工序(E)... 命令，在"创建工序"对话框的 类型 下拉列表中选择 mill_contour 选项，在 工序子类型 区域中单击"轮廓区域"按钮 ，在 程序 下拉列表中选择 PROGRAM 选项，在 刀具 下拉列表中选择 B4 (铣刀-球头铣) 选项，在 几何体 下拉列表中选择 WORKPIECE 选项，在 方法 下拉列表中选择 MILL_FINISH 选项，使用系统默认的名称 CONTOUR_AREA。

Step2. 单击"创建工序"对话框中的 确定 按钮，系统弹出"轮廓区域"对话框。

Stage2. 指定切削区域

Step1. 在 几何体 区域中单击"选择或编辑切削区域几何体"按钮 ，系统弹出"切削区域"对话框。

Step2. 选取图 9.13 所示的面（共 9 个）为切削区域，在"切削区域"对话框中单击 确定按钮，完成切削区域的创建，系统返回到"轮廓区域"对话框。

Stage3．设置驱动方式

Step1. 在"轮廓区域"对话框 驱动方法 区域的 方法 下列表中选择 区域铣削 选项，单击"编辑"按钮 🔧，系统弹出"区域铣削驱动方法"对话框。

Step2. 在"区域铣削驱动方法"对话框中按图 9.14 所示设置参数，然后单击 确定 按钮，系统返回到"轮廓区域"对话框。

图 9.13　指定切削区域

图 9.14　"区域铣削驱动方法"对话框

Stage4．设置切削参数

Step1. 单击"轮廓区域"对话框中的"切削参数"按钮 🔁，系统弹出"切削参数"对话框。

Step2. 单击 余量 选项卡，在 公差 区域的 内公差 和 外公差 文本框中均输入值 0.01，其他采用系统默认参数设置。

Step3. 单击"切削参数"对话框中的 确定 按钮，完成切削参数的设置，系统返回到"轮廓区域"对话框。

Stage5．设置非切削移动参数

采用系统默认的非切削移动参数设置。

Stage6．设置进给率和速度

Step1. 在"轮廓区域"对话框中单击"进给率和速度"按钮 ⬆，系统弹出"进给率和速度"对话框。

Step2. 选中"进给率和速度"对话框 主轴速度 区域中的 ☑ 主轴速度 (rpm) 复选框，在其后文本框中输入值 5000，按 Enter 键，然后单击 按钮，在 进给率 区域的 切削 文本框中输入值 600，按 Enter 键，然后单击 按钮，其他参数采用系统默认设置。

Step3. 单击 确定 按钮，完成进给率和速度的设置，系统返回"轮廓区域"对话框。

Stage7. 生成刀路轨迹并仿真

生成的刀路轨迹如图 9.15 所示，2D 动态仿真加工后的模型如图 9.16 所示。

图 9.15　刀路轨迹　　　　　　　　　　　图 9.16　2D 仿真结果

Task8. 创建底壁加工操作

Stage1. 创建工序

Step1. 选择下拉菜单 插入(S) ➡ 工序(E)... 命令，系统弹出"创建工序"对话框。

Step2. 在"创建工序"对话框的 类型 下拉列表中选择 mill_planar 选项，在 工序子类型 区域中单击"底壁加工"按钮 ，在 程序 下拉列表中选择 PROGRAM 选项，在 刀具 下拉列表中选择 D20R2 (铣刀-5 参数) 选项，在 几何体 下拉列表中选择 WORKPIECE 选项，在 方法 下拉列表中选择 MILL_FINISH 选项，使用系统默认的名称。

Step3. 单击"创建工序"对话框中的 确定 按钮，系统弹出"底壁加工"对话框。

Stage2. 指定切削区域

Step1. 单击"底壁加工"对话框中的"选择或编辑切削区域几何体"按钮 ，系统弹出"切削区域"对话框。

Step2. 在图形区选取图 9.17 所示的切削区域，单击"切削区域"对话框中的 确定 按钮，系统返回到"底壁加工"对话框。

Stage3. 设置一般参数

在"底壁加工"对话框的 几何体 区域中选中 ☑ 自动壁 复选框，在 刀轨设置 区域的 切削模式 下拉列表中选择 跟随周边 选项，在 步距 下拉列表中选择 刀具平直百分比 选项，在 平面直径百分比 文本框中输入值 50，在 底面毛坯厚度 文本框中输入值 1，在 每刀切削深度 文本框中输入值 0。

Stage4. 设置切削参数

Step1. 单击"底壁加工"对话框中的"切削参数"按钮，系统弹出"切削参数"对话框。

Step2. 单击"切削参数"对话框中的 策略 选项卡，在 切削 区域的 刀路方向 下拉列表中选择 向内 选项，然后选中 精加工刀路 区域中的 ☑ 添加精加工刀路 复选框；单击 余量 选项卡，在 壁余量 文本框中输入值 0.5。

Step3. 单击"切削参数"对话框中的 确定 按钮，完成切削参数的设置，系统返回到"底壁加工"对话框。

Stage5. 设置非切削移动参数

采用系统默认的非切削移动参数设置。

Stage6. 设置进给率和速度

Step1. 单击"底壁加工"对话框中的"进给率和速度"按钮，系统弹出"进给率和速度"对话框。

Step2. 选中"进给率和速度"对话框 主轴速度 区域中的 ☑ 主轴速度 (rpm) 复选框，在其后的文本框中输入值 1200，按 Enter 键，然后单击 按钮，在 进给率 区域的 切削 文本框中输入值 500，按 Enter 键，然后单击 按钮，单击 确定 按钮，返回"底壁加工"对话框。

Stage7. 生成刀路轨迹并仿真

生成的刀路轨迹如图 9.18 所示，2D 动态仿真加工后的模型如图 9.19 所示。

图 9.17 指定切削区域

图 9.18 刀路轨迹

Task9. 创建轮廓区域铣 2

Stage1. 创建工序

Step1. 选择下拉菜单 插入(S) ➡ 工序(E)... 命令，在"创建工序"对话框的 类型 下拉列表中选择 mill_contour 选项，在 工序子类型 区域中单击"轮廓区域"按钮，在 程序 下拉列表中选择 PROGRAM 选项，在 刀具 下拉列表中选择 B3 (铣刀-球头铣) 选项，在 几何体 下拉列表中选择 WORKPIECE 选项，在 方法 下拉列表中选择 MILL_FINISH 选项，使用系统默认的名称

CONTOUR_AREA_1。

Step2. 单击"创建工序"对话框中的 确定 按钮，系统弹出"轮廓区域"对话框。

Stage2. 指定切削区域

Step1. 在 几何体 区域中单击"选择或编辑切削区域几何体"按钮 ，系统弹出"切削区域"对话框。

Step2. 选取图 9.20 所示的面（共 6 个）为切削区域，单击 确定 按钮，完成切削区域的创建，系统返回到"轮廓区域"对话框。

图 9.19　2D 仿真结果

选取这些面为切削区域

图 9.20　指定切削区域

Stage3. 设置驱动方式

说明：本 Stage 的详细操作过程请参见随书光盘中 video\ch09\reference 文件下的语音视频讲解文件"烟灰缸凸模加工-r01.avi"。

Stage4. 设置切削参数

Step1. 单击"轮廓区域"对话框中的"切削参数"按钮 ，系统弹出"切削参数"对话框。

Step2. 在"切削参数"对话框中单击 策略 选项卡，在 延伸刀轨 区域中选中 ☑ 在边上延伸 复选框，然后在 距离 文本框中输入值 2，并在其后面的下拉列表中选择 mm 选项。

Step3. 单击"切削参数"对话框中的 确定 按钮，完成切削参数的设置，系统返回到"轮廓区域"对话框。

Stage5. 设置非切削移动参数

采用系统默认的非切削移动参数设置。

Stage6. 设置进给率和速度

Step1. 在"轮廓区域"对话框中单击"进给率和速度"按钮 ，系统弹出"进给率和速度"对话框。

Step2. 选中"进给率和速度"对话框 主轴速度 区域中的 ☑ 主轴速度 (rpm) 复选框，在其后

的文本框中输入值 5000，按 Enter 键，然后单击 ![]按钮，在 进给率 区域的 切削 文本框中输入值 600，按 Enter 键，然后单击 ![]按钮，其他参数采用系统默认设置。

Step3. 单击 确定 按钮，完成进给率和速度的设置，系统返回"轮廓区域"对话框。

Stage7. 生成刀路轨迹并仿真

生成的刀路轨迹如图 9.21 所示，2D 动态仿真加工后的模型如图 9.22 所示。

图 9.21　刀路轨迹　　　　　　　　图 9.22　2D 仿真结果

Task10. 创建清根铣操作

Stage1. 创建工序

Step1. 选择下拉菜单 插入(S) ➡ 工序(E)... 命令，系统弹出"创建工序"对话框。

Step2. 确定加工方法。在"创建工序"对话框的 类型 下拉列表中选择 mill_contour 选项，在 工序子类型 区域中单击"清根参考刀具"按钮 ![]，在 程序 下拉列表中选择 PROGRAM 选项，在 刀具 下拉列表中选择 B3 (铣刀-球头铣) 选项，在 几何体 下拉列表中选择 WORKPIECE 选项，在 方法 下拉列表中选择 MILL_FINISH 选项，单击 确定 按钮，系统弹出"清根参考刀具"对话框。

Stage2. 指定切削区域

在"清根参考刀具"对话框中单击 ![]按钮，系统弹出"切削区域"对话框，采用系统默认的选项，选取图 9.23 所示的切削区域(共 36 个面)，单击 确定 按钮，系统返回到"清根参考刀具"对话框。

图 9.23　指定切削区域

Stage3. 设置驱动设置

Step1. 单击"清根参考刀具"对话框 驱动方法 区域中的"编辑"按钮，然后在系统弹出的"清根驱动方法"对话框中按图 9.24 所示设置参数。

Step2. 单击 确定 按钮，系统返回到"清根参考刀具"对话框。

图 9.24 清根驱动设置

Stage4. 后面的详细操作过程请参见随书光盘中 video\ch09\reference 文件下的语音视频讲解文件"烟灰缸凸模加工-r02.avi"。

实例 **10** 烟灰缸凹模加工

下面以烟灰缸凹模加工为例介绍在多工序加工中粗精加工工序的安排,以免影响零件的精度。该零件的加工工艺路线如图 10.1 和图 10.2 所示。

图 10.1 加工工艺路线(一)

Task1. 打开模型文件并进入加工模块

Step1. 打开模型文件 D:\ug90.11\work\ch10\ ashtray_lower.prt。

Step2. 进入加工环境。选择下拉菜单 🐤 启动 ➡ ♭ 加工® ... 命令,系统弹出"加工环境"对话框;在"加工环境"对话框的 CAM 会话配置 列表框中选择 cam_general 选项,在 要创建的 CAM 设置 列表框中选择 mill contour 选项,单击 确定 按钮,进入加工环境。

Task2. 创建几何体

Stage1. 创建机床坐标系

Step1. 将工序导航器调整到几何视图,双击节点 ⊞ 🖳 MCS_MILL,系统弹出"MCS 铣削"

对话框，在"MCS 铣削"对话框的 机床坐标系 区域中单击"CSYS对话框"按钮 ，系统弹出 CSYS 对话框。

a）型腔铣削   b）剩余铣   c）深度加工轮廓铣（一）

f）深度加工轮廓铣（二）   e）区域轮廓铣   d）区域轮廓非陡峭铣

g）底壁加工铣（一）   h）底壁加工铣（二）

图 10.2 加工工艺路线（二）

Step2. 单击 CSYS 对话框 操控器 区域中的"操控器"按钮 ，系统弹出"点"对话框，在"点"对话框的 Z 文本框中输入值 0，单击 确定 按钮，系统返回至 CSYS 对话框，在该对话框中单击 确定 按钮，完成图 10.3 所示机床坐标系的创建。

Stage2. 创建安全平面

Step1. 在"MCS 铣削"对话框 安全设置 区域的 安全设置选项 下拉列表中选择 自动平面 选项，然后在 安全距离 文本框中输入值 10。

Step2. 单击"MCS 铣削"对话框中的 确定 按钮，完成安全平面的创建。

Stage3. 创建部件几何体

Step1. 在工序导航器中双击 ⊞ MCS_MILL 节点下的 WORKPIECE，系统弹出"工件"对话框。

Step2. 选取部件几何体。在"工件"对话框中单击 按钮，系统弹出"部件几何体"对话框。

Step3. 在图形区选择整个零件为部件几何体，如图 10.4 所示；在"部件几何体"对话框中单击 确定 按钮，完成部件几何体的创建，系统返回到"工件"对话框。

Stage4. 创建毛坯几何体

Step1. 在"工件"对话框中单击 按钮，系统弹出"毛坯几何体"对话框。

Step2. 在"毛坯几何体"对话框的 类型 下拉列表中选择 [包容块] 选项,在 极限 区域的 ZM+ 文本框中输入值 5。

Step3. 单击"毛坯几何体"对话框中的 [确定] 按钮,系统返回到"工件"对话框。

Step4. 单击"工件"对话框中的 [确定] 按钮,完成毛坯几何体的创建,如图 10.5 所示。

机床坐标系

图 10.3 创建机床坐标系

图 10.4 部件几何体

图 10.5 毛坯几何体

Task3. 创建刀具

Stage1. 创建刀具 1

Step1. 将工序导航器调整到机床视图。

Step2. 选择下拉菜单 插入(S) ➡ [刀具(T)...] 命令,系统弹出"创建刀具"对话框。

Step3. 在"创建刀具"对话框的 类型 下拉列表中选择 [mill contour] 选项,在 刀具子类型 区域中单击 MILL 按钮 [ ],在 位置 区域的 刀具 下拉列表中选择 [GENERIC_MACHINE] 选项,在 名称 文本框中输入 D10,然后单击 [确定] 按钮,系统弹出"铣刀-5 参数"对话框。

Step4. 在"铣刀-5 参数"对话框的 (D) 直径 文本框中输入值 10,在 编号 区域的 刀具号 、补偿寄存器 、刀具补偿寄存器 文本框中均输入值 1,其他参数采用系统默认设置,单击 [确定] 按钮,完成刀具的创建。

Stage2. 创建刀具 2

设置刀具类型为 [mill contour], 刀具子类型 为 BALL_MILL 类型(单击 [ ] 按钮),刀具名称为 B6,刀具 (D) 球直径 为 6,在 编号 区域的 刀具号 、补偿寄存器 、刀具补偿寄存器 文本框中均输入值 2,具体操作方法参照 Stage1。

Stage3. 创建刀具 3

设置刀具类型为 [mill contour], 刀具子类型 为 BALL_MILL 类型(单击 [ ] 按钮),刀具名称为 B3,刀具 (D) 球直径 为 3,在 编号 区域的 刀具号 、补偿寄存器 、刀具补偿寄存器 文本框中均输入值 3,具体操作方法参照 Stage1。

Stage4. 创建刀具 4

设置刀具类型为 [mill contour], 刀具子类型 为 MILL 类型(单击 [ ] 按钮),刀具名称为 D4R1,

刀具 (D) 直径 为 4，刀具 (R1) 下半径 为 1，在 编号 区域的 刀具号 、补偿寄存器 、刀具补偿寄存器 文本框中均输入值 4，具体操作方法参照 Stage1。

Task4. 创建型腔铣操作

Stage1. 创建工序

Step1. 将工序导航器调整到程序顺序视图。

Step2. 选择下拉菜单 插入(S) ➡ 工序(E)... 命令，在"创建工序"对话框的 类型 下拉列表中选择 mill_contour 选项，在 工序子类型 区域中单击"型腔铣"按钮，在 程序 下拉列表中选择 PROGRAM 选项，在 刀具 下拉列表中选择前面设置的刀具 D10 (铣刀-5 参数) 选项，在 几何体 下拉列表中选择 WORKPIECE 选项，在 方法 下拉列表中选择 MILL ROUGH 选项，使用系统默认的名称。

Step3. 单击"创建工序"对话框中的 确定 按钮，系统弹出"型腔铣"对话框。

Stage2. 设置一般参数

在"型腔铣"对话框的 切削模式 下拉列表中选择 跟随部件 选项；在 步距 下拉列表中选择 刀具平直百分比 选项，在 平面直径百分比 文本框中输入值 50；在 公共每刀切削深度 下拉列表中选择 恒定 选项，在 最大距离 文本框中输入值 1。

Stage3. 设置切削参数

参数采用系统默认设置。

Stage4. 设置非切削移动参数。

Step1. 在"型腔铣"对话框中单击"非切削移动"按钮，系统弹出"非切削移动"对话框。

Step2. 单击"非切削移动"对话框中的 进刀 选项卡，在 封闭区域 区域的 进刀类型 下拉列表中选择 沿形状斜进刀 选项，在 封闭区域 区域的 斜坡角 文本框中输入值 3，其他参数采用系统默认设置，单击 确定 按钮，完成非切削移动参数的设置。

Stage5. 设置进给率和速度

Step1. 在"型腔铣"对话框中单击"进给率和速度"按钮，系统弹出"进给率和速度"对话框。

Step2. 选中"进给率和速度"对话框 主轴速度 区域中的 ☑ 主轴速度 (rpm) 复选框，在其后的文本框中输入值 1200，按 Enter 键，然后单击 按钮，在 进给率 区域的 切削 文本框中输入值 250，按 Enter 键，然后单击 按钮，其他参数采用系统默认设置。

Step3. 单击 确定 按钮，完成进给率和速度的设置，系统返回"型腔铣"操作对话框。

Stage6. 生成刀路轨迹并仿真

生成的刀路轨迹如图 10.6 所示，2D 动态仿真加工后的模型如图 10.7 所示。

图 10.6　刀路轨迹

图 10.7　2D 仿真结果

Task5. 创建剩余铣操作

Stage1. 创建工序

Step1. 选择下拉菜单 插入(S) ➡ 工序(E)... 命令，在"创建工序"对话框的 类型 下拉列表中选择 mill_contour 选项，在 工序子类型 区域中单击"剩余铣"按钮，在 程序 下拉列表中选择 PROGRAM 选项，在 刀具 下拉列表中选择 B6 (铣刀-球头铣) 选项，在 几何体 下拉列表中选择 WORKPIECE 选项，在 方法 下拉列表中选择 MILL_SEMI_FINISH 选项，使用系统默认的名称 REST_MILLING。

Step2. 单击"创建工序"对话框中的 确定 按钮，系统弹出"剩余铣"对话框。

Stage2. 指定切削区域

Step1. 在"剩余铣"对话框的 几何体 区域中单击 指定切削区域 右侧的 按钮，系统弹出"切削区域"对话框。

Step2. 在图形区选取图 10.8 所示的面（共 6 个）为切削区域，然后单击"切削区域"对话框中的 确定 按钮，系统返回到"剩余铣"对话框。

Stage3. 设置一般参数

在"剩余铣"对话框的 切削模式 下拉列表中选择 跟随周边 选项，在 步距 下拉列表中选择 刀具平直百分比 选项，在 平面直径百分比 文本框中输入值 20；在 公共每刀切削深度 下拉列表中选择 恒定 选项，在 最大距离 文本框中输入值 1。

Stage4. 设置切削参数

Step1. 在 刀轨设置 区域中单击"切削参数"按钮，系统弹出"切削参数"对话框。

Step2. 在"切削参数"对话框中单击 策略 选项卡，在 切削 区域的 切削顺序 下拉列表中选

择 深度优先 选项，在 刀路方向 下拉列表中选择 向内 选项，其他参数采用系统默认设置。

Step3. 单击"切削参数"对话框中的 确定 按钮，系统返回到"剩余铣"对话框。

Stage5. 设置非切削移动参数

Step1. 在"剩余铣"对话框中单击"非切削移动"按钮 ，系统弹出"非切削移动"对话框。

Step2. 单击"非切削移动"对话框中的 进刀 选项卡，在 封闭区域 区域的 进刀类型 下拉列表中选择 沿形状斜进刀 选项，在 斜坡角 文本框中输入值 3，在 高度起点 下拉列表中选择 当前层 选项；在 开放区域 区域的 进刀类型 下拉列表中选择 与封闭区域相同 选项，其他参数采用系统默认设置，单击 确定 按钮，完成非切削移动参数的设置。

Stage6. 设置进给率和速度

Step1. 在"剩余铣"对话框中单击"进给率和速度"按钮 ，系统弹出"进给率和速度"对话框。

Step2. 选中"进给率和速度"对话框 主轴速度 区域中的 ☑ 主轴速度 (rpm) 复选框，在其后的文本框中输入值 1500，按 Enter 键，然后单击 按钮，在 进给率 区域的 切削 文本框中输入值 250，按 Enter 键，然后单击 按钮，其他参数采用系统默认设置。

Step3. 单击 确定 按钮，完成进给率和速度的设置，系统返回"剩余铣"操作对话框。

Stage7. 生成刀路轨迹并仿真

生成的刀路轨迹如图 10.9 所示，2D 动态仿真加工后的模型如图 10.10 所示。

图 10.8 指定切削区域

图 10.9 刀路轨迹

Task6. 创建深度加工轮廓铣操作 1

Stage1. 创建工序

Step1. 选择下拉菜单 插入(S) ➡ 工序(E)... 命令，在"创建工序"对话框的 类型 下拉列表中选择 mill_contour 选项，在 工序子类型 区域中单击"深度加工轮廓"按钮 ，在 程序 下拉列表中选择 PROGRAM 选项，在 刀具 下拉列表中选择 B6 (铣刀-球头铣) 选项，在 几何体 下拉列表中选择 WORKPIECE 选项，在 方法 下拉列表中选择 MILL_SEMI_FINISH 选项，使用系统默认的名称。

Step2. 单击"创建工序"对话框中的 确定 按钮，系统弹出"深度加工轮廓"对话框。

Stage2. 指定切削区域

Step1. 在"深度加工轮廓"对话框的 几何体 区域中单击 指定切削区域 右侧的 按钮，系统弹出"切削区域"对话框。

Step2. 在图形区选取图 10.11 所示的面（共 17 个）为切削区域，然后单击"切削区域"对话框中的 确定 按钮，系统返回到"深度加工轮廓"对话框。

图 10.10　2D 仿真结果

图 10.11　指定切削区域

Stage3. 设置一般参数

在"深度加工轮廓"对话框的 合并距离 文本框中输入值 3，在 最小切削长度 文本框中输入值 1，在 公共每刀切削深度 下拉列表中选择 恒定 选项，在 最大距离 文本框中输入值 1。

Stage4. 设置切削参数

Step1. 单击"深度加工轮廓"对话框中的"切削参数"按钮，系统弹出"切削参数"对话框。

Step2. 在"切削参数"对话框中单击 策略 选项卡，在 切削 区域的 切削方向 下拉列表中选择 混合 选项，在 延伸刀轨 区域中选中 ☑ 在边上延伸 复选框，在 距离 文本框中输入值 2，并在其后面的下拉列表中选择 mm 选项，然后选中 ☑ 在刀具接触点下继续切削 复选框。

Step3. 在"切削参数"对话框中单击 连接 选项卡，在 层之间 区域的 层到层 下拉列表中选择 直接对部件进刀 选项。

Step4. 单击"切削参数"对话框中的 确定 按钮，完成切削参数的设置，系统返回到"深度加工轮廓"对话框。

Stage5. 设置非切削移动参数

参数采用系统默认设置。

Stage6. 设置进给率和速度

Step1. 在"深度加工轮廓"对话框中单击"进给率和速度"按钮，系统弹出"进给率和速度"对话框。

Step2. 选中"进给率和速度"对话框主轴速度区域中的 ☑ 主轴速度 (rpm) 复选框,在其后的文本框中输入值 1500,按 Enter 键,然后单击 🔲 按钮,在进给率区域的切削文本框中输入值 250,按 Enter 键,然后单击 🔲 按钮,其他参数采用系统默认设置。

Step3. 单击 确定 按钮,完成进给率和速度的设置,系统返回"深度加工轮廓"对话框。

Stage7. 生成刀路轨迹并仿真

生成的刀路轨迹如图 10.12 所示,2D 动态仿真加工后的模型如图 10.13 所示。

图 10.12 刀路轨迹

图 10.13 2D 仿真结果

Task7. 创建非陡峭区域轮廓铣操作

Stage1. 创建工序

Step1. 选择下拉菜单 插入(S) ➡ 🖬 工序(E)... 命令,在"创建工序"对话框的 类型 下拉列表中选择 mill_contour 选项,在工序子类型区域中单击"非陡峭区域轮廓铣"按钮 🗐,在 程序 下拉列表中选择 PROGRAM 选项,在刀具下拉列表中选择 B6 (铣刀-球头铣) 选项,在几何体下拉列表中选择 WORKPIECE 选项,在方法下拉列表中选择 MILL_SEMI_FINISH 选项,使用系统默认的名称。

Step2. 单击"创建工序"对话框中的 确定 按钮,系统弹出"非陡峭区域轮廓铣"对话框。

Stage2. 指定切削区域

Step1. 在几何体区域中单击"选择或编辑切削区域几何体"按钮 🖄,系统弹出"切削区域"对话框。

Step2. 选取图 10.14 所示的面(共 19 个)为切削区域,在"切削区域"对话框中单击 确定 按钮,完成切削区域的创建,系统返回到"非陡峭区域轮廓铣"对话框。

Stage3. 设置驱动方式

Step1. 在"非陡峭区域轮廓铣"对话框驱动方法区域的方法下拉列表中选择区域铣削选项,单击"编辑"按钮 🖏,系统弹出"区域铣削驱动方法"对话框。

Step2. 在"区域铣削驱动方法"对话框中按图 10.15 所示设置参数，然后单击 确定 按钮，系统返回到"非陡峭区域轮廓铣"对话框。

图 10.14 指定切削区域

图 10.15 "区域铣削驱动方法"对话框

Stage4. 设置切削参数

Step1. 单击"非陡峭区域轮廓铣"对话框中的"切削参数"按钮 ，系统弹出"切削参数"对话框。

Step2. 在"切削参数"对话框中单击 策略 选项卡，在 延伸刀轨 区域中选中 ☑ 在边上延伸 复选框，然后在 距离 文本框中输入值 1，并在其后面的下拉列表中选择 mm 选项。

Step3. 单击"切削参数"对话框中的 确定 按钮，完成切削参数的设置，系统返回到"非陡峭区域轮廓铣"对话框。

Stage5. 设置非切削移动参数

采用系统默认的非切削移动参数。

Stage6. 设置进给率和速度

Step1. 在"非陡峭区域轮廓铣"对话框中单击"进给率和速度"按钮 ，系统弹出"进给率和速度"对话框。

Step2. 选中"进给率和速度"对话框 主轴速度 区域中的 ☑ 主轴速度 (rpm) 复选框，在其后文本框中输入值 1600，按 Enter 键，然后单击 按钮，在 进给率 区域的 切削 文本框中输入值 300，按 Enter 键，然后单击 ▣ 按钮，其他参数采用系统默认设置。

Step3. 单击 确定 按钮，完成进给率和速度的设置，系统返回"非陡峭区域轮廓铣"对话框。

Stage7. 生成刀路轨迹并仿真

生成的刀路轨迹如图 10.16 所示，2D 动态仿真加工后的模型如图 10.17 所示。

图 10.16　刀路轨迹

图 10.17　2D 仿真结果

Task8. 创建区域轮廓铣操作

Stage1. 创建工序

Step1. 选择下拉菜单 插入(S) ➡️ ⬆️ 工序(E)... 命令，在"创建工序"对话框的 类型 下拉列表中选择 mill_contour 选项，在 工序子类型 区域中单击"区域轮廓铣"按钮 ⬇️，在 程序 下拉列表中选择 PROGRAM 选项，在 刀具 下拉列表中选择 B3 (铣刀-球头铣) 选项，在 几何体 下拉列表中选择 WORKPIECE 选项，在 方法 下拉列表中选择 MILL_FINISH 选项，使用系统默认的名称 CONTOUR_AREA。

Step2. 单击"创建工序"对话框中的 确定 按钮，系统弹出"区域轮廓铣"对话框。

Stage2. 指定切削区域

Step1. 在 几何体 区域中单击"选择或编辑切削区域几何体"按钮 📖，系统弹出"切削区域"对话框。

Step2. 选取图 10.18 所示的面（共 6 个）为切削区域，在"切削区域"对话框中单击 确定 按钮，完成切削区域的创建，系统返回到"区域轮廓铣"对话框。

Stage3. 设置驱动方式

Step1. 在"区域轮廓铣"对话框 驱动方法 区域的 方法 下拉列表中选择 区域铣削 选项，单击 "编辑"按钮 🔧，系统弹出"区域铣削驱动方法"对话框。

Step2. 在"区域铣削驱动方法"对话框中按图 10.19 所示设置参数，然后单击 确定 按钮，系统返回到"区域轮廓铣"对话框。

Stage4．设置切削参数

Step1．单击"区域轮廓铣"对话框中的"切削参数"按钮 ，系统弹出"切削参数"对话框。

Step2．在"切削参数"对话框中单击 策略 选项卡，在 延伸刀轨 区域中选中 ☑ 在边上延伸 复选框，然后在 距离 文本框中输入值 1，并在其后面的下拉列表中选择 mm 选项。

图 10.18　指定切削区域

图 10.19　"区域铣削驱动方法"对话框

Step3．单击"切削参数"对话框中的 确定 按钮，完成切削参数的设置，系统返回到"区域轮廓铣"对话框。

Stage5．设置非切削移动参数

采用系统默认的非切削移动参数。

Stage6．设置进给率和速度

Step1．在"区域轮廓铣"对话框中单击"进给率和速度"按钮 ，系统弹出"进给率和速度"对话框。

Step2．选中"进给率和速度"对话框 主轴速度 区域中的 ☑ 主轴速度 (rpm) 复选框，在其后的文本框中输入值 2200，按 Enter 键，然后单击 按钮，在 进给率 区域的 切削 文本框中输入值 600，按 Enter 键，然后单击 按钮，其他参数采用系统默认设置。

Step3．单击 确定 按钮，完成进给率和速度的设置，系统返回"区域轮廓铣"对话框。

Stage7．生成刀路轨迹并仿真

生成的刀路轨迹如图 10.20 所示，2D 动态仿真加工后的模型如图 10.21 所示。

图 10.20 刀路轨迹

图 10.21 2D 仿真结果

Task9. 创建深度加工轮廓铣操作 2

Stage1. 创建工序

Step1. 选择下拉菜单 插入(S) ➡ ⬈ 工序(E)... 命令，在"创建工序"对话框的 类型 下拉列表中选择 mill_contour 选项，在 工序子类型 区域中单击"深度加工轮廓"按钮 ，在 程序 下拉列表中选择 PROGRAM 选项，在 刀具 下拉列表中选择 D4R1 (铣刀-5 参数) 选项，在 几何体 下拉列表中选择 WORKPIECE 选项，在 方法 下拉列表中选择 MILL_FINISH 选项，使用系统默认的名称。

Step2. 单击"创建工序"对话框中的 确定 按钮，系统弹出"深度加工轮廓"对话框。

Stage2. 指定切削区域

Step1. 在"深度加工轮廓"对话框的 几何体 区域中单击 指定切削区域 右侧的 按钮，系统弹出"切削区域"对话框。

Step2. 在图形区选取图 10.22 所示的面（共 17 个）为切削区域，然后单击"切削区域"对话框中的 确定 按钮，系统返回到"深度加工轮廓"对话框。

Stage3. 设置一般参数

在"深度加工轮廓"对话框的 合并距离 文本框中输入值 3，在 最小切削长度 文本框中输入值 1，在 公共每刀切削深度 下拉列表中选择 恒定 选项，在 最大距离 文本框中输入值 0.2。

Stage4. 设置切削参数

Step1. 单击"深度加工轮廓"对话框中的"切削参数"按钮 ，系统弹出"切削参数"对话框。

Step2. 在"切削参数"对话框中单击 策略 选项卡，在 延伸刀轨 区域中选中 ☑ 在边上延伸 和 ☑ 在刀具接触点下继续切削 复选框。

Step3. 在"切削参数"对话框中单击 连接 选项卡，在 层之间 区域的 层到层 下拉列表中选择 沿部件斜进刀 选项，在 斜坡角 文本框中输入值 10。

Step4. 单击"切削参数"对话框中的 确定 按钮，完成切削参数的设置，系统返回到"深度加工轮廓"对话框。

Stage5. 设置非切削移动参数

参数采用系统默认设置。

Stage6. 设置进给率和速度

Step1. 在"深度加工轮廓"对话框中单击"进给率和速度"按钮，系统弹出"进给率和速度"对话框。

Step2. 选中"进给率和速度"对话框主轴速度区域中的 ☑ 主轴速度 (rpm) 复选框，在其后的文本框中输入值 2000，按 Enter 键，然后单击 按钮，在进给率区域的切削文本框中输入值 250，按 Enter 键，然后单击 按钮，其他参数采用系统默认设置。

Step3. 单击 确定 按钮，完成进给率和速度的设置，系统返回"深度加工轮廓"对话框。

Stage7. 生成刀路轨迹并仿真

生成的刀路轨迹如图 10.23 所示，2D 动态仿真加工后的模型如图 10.24 所示。

图 10.22 指定切削区域

图 10.23 刀路轨迹

Task10. 创建底壁加工操作 1

Stage1. 创建工序

Step1. 选择下拉菜单 插入(S) → 工序(E)... 命令，系统弹出"创建工序"对话框。

Step2. 在"创建工序"对话框的类型下拉列表中选择mill_planar选项，在工序子类型区域中单击"底面壁"按钮，在程序下拉列表中选择PROGRAM选项，在刀具下拉列表中选择D10 (铣刀-5 参数)选项，在几何体下拉列表中选择WORKPIECE选项，在方法下拉列表中选择MILL FINISH选项，使用系统默认的名称。

Step3. 单击"创建工序"对话框中的 确定 按钮，系统弹出"底壁加工"对话框。

Stage2. 指定切削区域

Step1. 单击"底壁加工"对话框中的"选择或编辑切削区域几何体"按钮，系统弹出"切削区域"对话框。

Step2. 在图形区选取图 10.25 所示的切削区域，单击"切削区域"对话框中的 确定 按钮，系统返回到"底壁加工"对话框。

图 10.24 2D 仿真结果

图 10.25 指定切削区域

Stage3. 设置一般参数

在"底壁加工"对话框 刀轨设置 区域的 切削模式 下拉列表中选择 单向 选项，在 步距 下拉列表中选择 刀具平直百分比 选项，在 平面直径百分比 文本框中输入值 75，在 底面毛坯厚度 文本框中输入值 1，在 每刀切削深度 文本框中输入值 0。

Stage4. 设置切削参数和非切削移动参数

采用系统默认的切削参数和非切削移动参数设置。

Stage5. 设置进给率和速度

Step1. 单击"底壁加工"对话框中的"进给率和速度"按钮，系统弹出"进给率和速度"对话框。

Step2. 选中"进给率和速度"对话框 主轴速度 区域中的 ☑ 主轴速度 (rpm) 复选框，在其后的文本框中输入值 1000，按 Enter 键，然后单击 按钮，在 进给率 区域的 切削 文本框中输入值 250，按 Enter 键，然后单击 按钮，单击 确定 按钮，返回"底壁加工"对话框。

Stage6. 生成刀路轨迹并仿真

生成的刀路轨迹如图 10.26 所示，2D 动态仿真加工后的模型如图 10.27 所示。

图 10.26 刀路轨迹

图 10.27 2D 仿真结果

Task11. 后面的详细操作过程请参见随书光盘中 video\ch10\reference 文件下的语音视频讲解文件"烟灰缸凹模加工-r01.avi"。

实例 **11**　电话机凹模加工

　　在模具加工中，从毛坯零件到目标零件的加工一般都要经过多道工序。工序安排得是否合理对加工后零件的质量有较大的影响，因此在加工之前需要根据目标零件的特征制定好加工的工艺。下面以电话机凹模为例介绍多工序车削的加工方法，其加工工艺路线如图11.1 和图 11.2 所示。

型腔铣 ── 在模具加工中，一般用型腔铣或平面铣进行开粗。

剩余铣 ── 如果有区域剩余材料过多，则需要进行二次开粗。

固定轮廓铣 ── 用于半精加工由轮廓曲面所形成的区域。

深度加工轮廓铣 ── 对零件的侧壁部分进行精加工铣削。

非陡峭区域轮廓铣 ── 用于精加工由轮廓曲面所形成的区域。

底壁加工 ── 用于精加工零件中心平面部分。

图 11.1　加工工艺路线（一）

a）型腔铣　　　　　b）剩余铣　　　　　c）固定轮廓铣

f）底壁加工　　　　e）非陡峭区域轮廓铣　　　　d）深度加工轮廓铣

图 11.2　加工工艺路线（二）

Task1. 打开模型文件并进入加工模块

Step1. 打开模型文件 D:\ug90.11\work\ch11\phone_upper.prt。

Step2. 进入加工环境。选择下拉菜单 <kbd>自动 ▾</kbd> ➡ <kbd>加工(R)...</kbd> 命令，系统弹出"加工环境"对话框；在"加工环境"对话框的 <kbd>CAM 会话配置</kbd> 列表框中选择 <kbd>cam_general</kbd> 选项，在 <kbd>要创建的 CAM 设置</kbd> 列表框中选择 <kbd>mill_contour</kbd> 选项，单击 <kbd>确定</kbd> 按钮，进入加工环境。

Task2. 创建几何体

Stage1. 创建安全平面

Step1. 将工序导航器调整到几何视图，双击节点 <kbd>⊞ ᵗᵢMCS_MILL</kbd>，系统弹出"MCS 铣削"对话框，采用默认的坐标系设置；在"MCS 铣削"对话框 <kbd>安全设置</kbd> 区域的 <kbd>安全设置选项</kbd> 下拉列表中选择 <kbd>自动平面</kbd> 选项，然后在 <kbd>安全距离</kbd> 文本框中输入值 20。

Step2. 单击"MCS 铣削"对话框中的 <kbd>确定</kbd> 按钮，完成安全平面的创建。

Stage2. 创建部件几何体

Step1. 在工序导航器中双击 <kbd>⊞ ᵗᵢMCS_MILL</kbd> 节点下的 <kbd>WORKPIECE</kbd>，系统弹出"工件"对话框。

Step2. 选取部件几何体。在"工件"对话框中单击 <kbd>⬕</kbd> 按钮，系统弹出"部件几何体"对话框。

Step3. 在图形区框选整个零件为部件几何体。在"部件几何体"对话框中单击 <kbd>确定</kbd> 按钮，完成部件几何体的创建，系统返回到"工件"对话框。

Stage3. 创建毛坯几何体

Step1. 在"工件"对话框中单击 <kbd>⬡</kbd> 按钮，系统弹出"毛坯几何体"对话框。

Step2. 在"毛坯几何体"对话框的 <kbd>类型</kbd> 下拉列表中选择 <kbd>包容块</kbd> 选项，在 <kbd>极限</kbd> 区域的 <kbd>ZM+</kbd> 文本框中输入值 5。

Step3. 单击"毛坯几何体"对话框中的 <kbd>确定</kbd> 按钮，系统返回到"工件"对话框，完成图 11.3 所示毛坯几何体的创建。

Step4. 单击"工件"对话框中的 <kbd>确定</kbd> 按钮。

图 11.3 毛坯几何体

Task3．创建刀具

Stage1．创建刀具 1

Step1. 将工序导航器调整到机床视图。

Step2. 选择下拉菜单 插入(S) ➡ 刀具(T)... 命令，系统弹出"创建刀具"对话框。

Step3. 在"创建刀具"对话框的 类型 下拉列表中选择 mill contour 选项，在 刀具子类型 区域中单击 MILL 按钮 ，在 位置 区域的 刀具 下拉列表中选择 GENERIC_MACHINE 选项，在 名称 文本框中输入 T1D20R2，然后单击 确定 按钮，系统弹出"铣刀-5 参数"对话框。

Step4. 在"铣刀-5 参数"对话框的 (D) 直径 文本框中输入值 20，在 (R1) 下半径 文本框中输入值 2，在 编号 区域的 刀具号 、 补偿寄存器 、 刀具补偿寄存器 文本框中均输入值 1，其他参数采用系统默认设置，单击 确定 按钮，完成刀具的创建。

Stage2．创建刀具 2

设置刀具类型为 mill contour ， 刀具子类型 为 BALL_MILL 类型（单击 按钮），刀具名称为 T2B6，刀具 (D) 直径 为 6，在 编号 区域的 刀具号 、 补偿寄存器 、 刀具补偿寄存器 文本框中均输入值 2，具体操作方法参照 Stage1。

Stage3．创建刀具 3

设置刀具类型为 mill contour ， 刀具子类型 为 BALL_MILL 类型（单击 按钮），刀具名称为 T3B4，刀具 (D) 直径 为 4，在 编号 区域的 刀具号 、 补偿寄存器 、 刀具补偿寄存器 文本框中均输入值 3，具体操作方法参照 Stage1。

Task4．创建型腔铣工序

Stage1．插入工序

Step1. 选择下拉菜单 插入(S) ➡ 工序(E)... 命令，在"创建工序"对话框的 类型 下拉列表中选择 mill_contour 选项，在 工序子类型 区域中单击"型腔铣"按钮 ，在 程序 下拉列表中选择 PROGRAM 选项，在 刀具 下拉列表中选择前面设置的刀具 T1D20R2 (铣刀-5 参数) 选项，在 几何体 下拉列表中选择 WORKPIECE 选项，在 方法 下拉列表中选择 MILL ROUGH 选项，使用系统默认的名称。

Step2. 单击"创建工序"对话框中的 确定 按钮，系统弹出"型腔铣"对话框。

Stage2．设置一般参数

在"型腔铣"对话框的 切削模式 下拉列表中选择 跟随部件 选项；在 步距 下拉列表中选择 刀具平直百分比 选项，在 平面直径百分比 文本框中输入值 50；在 公共每刀切削深度 下拉列表中选择恒定选项，在 最大距离 文本框中输入值 0.5。

Stage3．设置切削与非切削移动参数

采用系统默认的切削参数与非切削移动参数设置。

Stage4．设置进给率和速度

Step1. 在"型腔铣"对话框中单击"进给率和速度"按钮 ，系统弹出"进给率和速度"对话框。

Step2. 选中"进给率和速度"对话框 主轴速度 区域中的 ☑ 主轴速度 (rpm) 复选框，在其后的文本框中输入值 800，按 Enter 键，然后单击 按钮，在 进给率 区域的 切削 文本框中输入值 300，按 Enter 键，然后单击 按钮，其他参数采用系统默认设置。

Step3. 单击 确定 按钮，完成进给率和速度的设置，系统返回"型腔铣"对话框。

Stage5．生成刀路轨迹并仿真

生成的刀路轨迹如图 11.4 所示，2D 动态仿真加工后的模型如图 11.5 所示。

图 11.4　刀路轨迹

图 11.5　2D 仿真结果

Task5．创建剩余铣工序

Stage1．插入工序

Step1. 选择下拉菜单 插入(S) ➡ 工序(E)... 命令，在"创建工序"对话框的 类型 下拉列表中选择 mill_contour 选项，在 工序子类型 区域中单击"剩余铣"按钮 ，在 程序 下拉列表中选择 PROGRAM 选项，在 刀具 下拉列表中选择 T2B6 (铣刀-球头铣) 选项，在 几何体 下拉列表中选择 WORKPIECE 选项，在 方法 下拉列表中选择 MILL ROUGH 选项，使用系统默认的名称 REST_MILLING。

Step2. 单击"创建工序"对话框中的 确定 按钮，系统弹出"剩余铣"对话框。

Stage2．指定修剪边界

Step1. 在 几何体 区域中单击"选择或编辑修剪边界"按钮 ，系统弹出"修剪边界"对话框。

Step2. 在 主要 选项卡的 过滤器类型 区域中确认 ∫ 按钮被按下，在 修剪侧 区域中选中 ⊙ 外部 单选项，在"曲线规则"下拉列表中选择 相切曲线 选项，然后在图形区选取图 11.6 所示的边线，在"修剪边界"对话框中单击 确定 按钮，完成修剪边界的创建，系统返回到"剩余铣"对话框。

图 11.6 选取修剪边界

Stage3. 设置一般参数

在 最大距离 文本框中输入值 0.5，其他参数采用系统默认设置。

Stage4. 设置切削参数

Step1. 在 刀轨设置 区域中单击"切削参数"按钮 ⇉，系统弹出"切削参数"对话框。

Step2. 单击"切削参数"对话框中的 策略 选项卡，在 切削顺序 下拉列表中选择 深度优先 选项。

Step3. 在"切削参数"对话框中单击 余量 选项卡，在 余量 区域中取消选中 □ 使底面余量与侧面余量一致 复选框，然后在 部件底面余量 文本框中输入值 1.2，其他参数采用系统默认设置。

Step4. 在"切削参数"对话框中单击 拐角 选项卡，在 光顺 下拉列表中选择 所有刀路，其他参数采用系统默认设置。

Step5. 在"切削参数"对话框中单击 连接 选项卡，在 开放刀路 下拉列表中选择 变换切削方向，其他参数采用系统默认设置。

Step6. 在"切削参数"对话框中单击 空间范围 选项卡，在 最小材料移除 文本框中输入值 1，其他参数采用系统默认设置。

Step7. 单击"切削参数"对话框中的 确定 按钮，系统返回到"剩余铣"对话框。

Stage5. 设置非切削移动参数。

Step1. 单击"面铣削区域"对话框 刀轨设置 区域中的"非切削移动"按钮 ⎐，系统弹出"非切削移动"对话框。

Step2. 单击"非切削移动"对话框中的 转移/快速 选项卡，在 区域内 区域的 转移类型 下拉列表中选择 毛坯平面 选项，其他参数采用系统默认设置。

Step3. 在"切削参数"对话框中单击 转移/快速 选项卡，在 转移类型 下拉列表中选择选项，其他参数采用系统默认设置。

Stage6．设置进给率和速度

Step1．在"剩余铣"对话框中单击"进给率和速度"按钮，系统弹出"进给率和速度"对话框。

Step2．选中"进给率和速度"对话框主轴速度区域中的 ☑ 主轴速度 (rpm) 复选框，在其后的文本框中输入值 1800，按 Enter 键，然后单击按钮，在切削文本框中输入值 300，按 Enter 键，然后单击按钮，其他参数采用系统默认设置。

Step3．单击 确定 按钮，完成进给率和速度的设置，系统返回"剩余铣"对话框。

Stage7．生成刀路轨迹并仿真

生成的刀路轨迹如图 11.7 所示，2D 动态仿真加工后的模型如图 11.8 所示。

图 11.7 刀路轨迹

图 11.8 2D 仿真结果

Task6．创建固定轮廓铣工序

Stage1．插入工序

Step1．选择下拉菜单 插入(S) ➡ 工序(E)... 命令，系统弹出"创建工序"对话框。

Step2．确定加工方法。在"创建工序"对话框的类型下拉列表中选择mill_contour选项，在工序子类型区域中单击"固定轮廓铣"按钮，在刀具下拉列表中选择T2B6 (铣刀-球头铣)选项，在几何体下拉列表中选择WORKPIECE选项，在方法下拉列表中选择MILL_SEMI_FINISH选项，单击 确定 按钮，系统弹出"固定轮廓铣"对话框。

Stage2．设置驱动方式

Step1．单击"固定轮廓铣"对话框驱动方法区域中的"编辑"按钮，系统弹出"边界驱动方法"对话框。

Step2．在"边界驱动方法"对话框中单击"选择或编辑驱动几何体"按钮，系统弹出"边界几何体"对话框，在模式下拉列表中选择曲线/边...选项，在刀具位置下拉列表中选择对中选项，然后在图形区选取图 11.9 所示的边线，单击 创建下一个边界 按钮，再单击"创建边界"对话框和"边界几何体"对话框中的 确定 按钮，系统返回到"边界驱动方法"对话框。

Step3. 在"边界驱动方法"对话框的 <u>步距</u> 下拉列表中选择 <u>刀具平直百分比</u> 选项，在 <u>平面直径百分比</u> 文本框中输入值 30，单击"边界驱动方法"对话框中的 <u>确定</u> 按钮，系统返回到"固定轮廓铣"对话框。

选取此边线

图 11.9　选取边界

Stage3. 设置切削参数

Step1. 单击"固定轮廓铣"对话框中的"切削参数"按钮 📐，系统弹出"切削参数"对话框。

Step2. 在"切削参数"对话框中单击 <u>余量</u> 选项卡，在 <u>部件余量</u> 文本框中输入值 0.25，其他参数接受系统默认设置，单击 <u>确定</u> 按钮。

Stage4. 设置非切削移动参数

采用系统默认的非切削移动参数。

Stage5. 设置进给率和速度

Step1. 在"固定轮廓铣"对话框中单击"进给率和速度"按钮 🎛，系统弹出"进给率和速度"对话框。

Step2. 选中"进给率和速度"对话框 <u>主轴速度</u> 区域中的 <u>☑ 主轴速度 (rpm)</u> 复选框，在其后的文本框中输入值 2000，按 Enter 键，然后单击 🔲 按钮，在 <u>进给率</u> 区域的 <u>切削</u> 文本框中输入值 500，按 Enter 键，然后单击 🔲 按钮，其他参数采用系统默认设置。

Step3. 单击 <u>确定</u> 按钮，完成进给率和速度的设置，系统返回"固定轮廓铣"对话框。

Stage6. 生成刀路轨迹并仿真

生成的刀路轨迹如图 11.10 所示，2D 动态仿真加工后的模型如图 11.11 所示。

放大图

图 11.10　刀路轨迹　　　　　　　　　图 11.11　2D 仿真结果

Task7. 创建深度加工轮廓铣工序

Stage1. 插入工序

Step1. 选择下拉菜单 插入(S) ➡ 工序(E)... 命令，系统弹出"创建工序"对话框。

Step2. 在"创建工序"对话框的 类型 下拉列表中选择 mill_contour 选项，在 工序子类型 区域中选择"深度加工轮廓"按钮 ，在 程序 下拉列表中选择 PROGRAM 选项，在 刀具 下拉列表中选择 T3B4 (铣刀-球头铣) 选项，在 几何体 下拉列表中选择 WORKPIECE 选项，在 方法 下拉列表中选择 MILL_FINISH 选项，单击 确定 按钮，系统弹出"深度加工轮廓"对话框。

Stage2. 指定切削区域

Step1. 单击"深度加工轮廓"对话框 指定切削区域 右侧的 按钮，系统弹出"切削区域"对话框。

Step2. 在绘图区选取图 11.12 所示的切削区域（共 68 个面），单击 确定 按钮，系统返回到"深度加工轮廓"对话框。

Stage3. 设置刀具路径参数和切削层

Step1. 设置刀具路径参数。参数设置如图 11.13 所示。

Step2. 设置切削层。采用系统的默认设置。

图 11.12 指定切削区域

图 11.13 设置刀具路径参数

Stage4. 设置切削参数

Step1. 单击"深度加工轮廓"对话框中的"切削参数"按钮 ，系统弹出"切削参数"对话框。

Step2. 单击"切削参数"对话框中的 策略 选项卡，在 切削顺序 下拉列表中选择 始终深度优先 选项。

Step3. 单击"切削参数"对话框中的 余量 选项卡，在 部件侧面余量 文本框中输入值 0，其他参数采用系统默认设置。

Step4. 单击"切削参数"对话框中的 连接 选项卡，参数设置如图 11.14 所示，单击 确定 按钮，系统返回到"深度加工轮廓"对话框。

图 11.14 "连接"选项卡

Stage5. 设置非切削移动参数

采用系统默认的非切削移动参数。

Stage6. 设置进给率和速度

Step1. 在"深度加工轮廓"对话框中单击"进给率和速度"按钮，系统弹出"进给率和速度"对话框。

Step2. 在"进给率和速度"对话框中选中 ☑ 主轴速度 (rpm) 复选框，然后在其文本框中输入值 4500，在 切削 文本框中输入值 600，按 Enter 键，然后单击 按钮。

Step3. 单击 确定 按钮，完成进给率和速度的设置，系统返回"深度加工轮廓"对话框。

Stage7. 生成刀路轨迹并仿真

生成的刀路轨迹如图 11.15 所示，2D 动态仿真加工后的模型如图 11.16 所示。

放大图

图 11.15 刀路轨迹

图 11.16 2D 仿真结果

Task8. 创建非陡峭区域轮廓铣工序

Stage1. 插入工序

Step1. 选择下拉菜单 插入(S) ➡ 工序(E)... 命令，在"创建工序"对话框的 类型 下拉列表中选择 mill_contour 选项,在 工序子类型 区域中单击"非陡峭区域轮廓铣铣"按钮 ![], 在 程序 下拉列表中选择 PROGRAM 选项,在 刀具 下拉列表中选择 T3B4 (铣刀-球头铣) 选项,在 几何体 下拉列表中选择 WORKPIECE 选项,在 方法 下拉列表中选择 MILL_FINISH 选项,使用系统默认的名称 CONTOUR_AREA_NON_STEEP。

Step2. 单击"创建工序"对话框中的 确定 按钮,系统弹出"非陡峭区域轮廓铣"对话框。

Stage2. 指定切削区域

Step1. 单击"非陡峭区域轮廓铣"对话框 指定切削区域 右侧的 ![] 按钮,系统弹出"切削区域"对话框。

Step2. 在绘图区选取图 11.17 所示的切削区域(共 68 个面),单击 确定 按钮,系统返回到"非陡峭区域轮廓铣"对话框。

Stage3. 设置驱动方式

Step1. 单击"非陡峭区域轮廓铣"对话框 驱动方法 区域中的"编辑"按钮 ![], 系统弹出"区域铣削驱动方法"对话框。

Step2. "区域铣削驱动方法"对话框中参数设置如图 11.18 所示,单击 确定 按钮,系统返回到"区域铣削驱动方法"对话框中。

图 11.17 指定切削区域

图 11.18 "区域铣削驱动方法"对话框

Stage4. 设置切削参数和非切削移动参数

采用系统默认的切削参数和非切削移动参数。

Stage5. 设置进给率和速度

Step1. 在"非陡峭区域轮廓铣"对话框中单击"进给率和速度"按钮 ![], 系统弹出"进给率和速度"对话框。

Step2. 选中"进给率和速度"对话框 主轴速度 区域中的 ☑ 主轴速度 (rpm) 复选框, 在其后的文本框中输入值 4500, 按 Enter 键, 然后单击 ![] 按钮, 在 进给率 区域的 切削 文本框中输入值 600, 按 Enter 键, 然后单击 ![] 按钮, 其他参数采用系统默认设置。

Step3. 单击 确定 按钮, 完成进给率和速度的设置, 系统返回"非陡峭区域轮廓铣"对话框。

Stage6. 生成刀路轨迹并仿真

生成的刀路轨迹如图 11.19 所示, 2D 动态仿真加工后的模型如图 11.20 所示。

图 11.19 刀路轨迹   图 11.20 2D 仿真结果

Task9. 创建底壁加工工序

Stage1. 插入工序

Step1. 选择下拉菜单 插入(S) ➡ 工序(E)... 命令, 系统弹出"创建工序"对话框。

Step2. 在"创建工序"对话框的 类型 下拉列表中选择 mill_planar 选项, 在 工序子类型 区域中单击"底壁加工"按钮 ![], 在 程序 下拉列表中选择 PROGRAM 选项, 在 刀具 下拉列表中选择 T1D20R2 (铣刀-5 参数) 选项, 在 几何体 下拉列表中选择 WORKPIECE 选项, 在 方法 下拉列表中选择 MILL FINISH 选项, 使用系统默认的名称。

Step3. 单击"创建工序"对话框中的 确定 按钮, 系统弹出"底壁加工"对话框。

Stage2. 指定切削区域

Step1. 单击"底壁加工"对话框中的"选择或编辑切削区域几何体"按钮 ![], 系统弹出"切削区域"对话框。

Step2. 在图形区选取图 11.21 所示的切削区域, 单击"切削区域"对话框中的 确定 按钮, 系统返回到"底壁加工"对话框。

图 11.21 指定切削区域

Stage3. 设置一般参数

采用系统默认参数设置。

Stage4. 设置切削参数和非切削移动参数

采用系统默认的切削参数和非切削移动参数。

Stage5. 设置进给率和速度

Step1. 单击"底壁加工"对话框中的"进给率和速度"按钮，系统弹出"进给率和速度"对话框。

Step2. 选中"进给率和速度"对话框主轴速度区域中的 ☑ 主轴速度 (rpm) 复选框，在其后的文本框中输入值 1200，按 Enter 键，然后单击 按钮，在进给率区域的切削文本框中输入值 300，按 Enter 键，然后单击 按钮，单击 确定 按钮，返回"底壁加工"对话框。

Stage6. 生成刀路轨迹并仿真

生成的刀路轨迹如图 11.22 所示，2D 动态仿真加工后的模型如图 11.23 所示。

图 11.22 刀路轨迹

图 11.23 2D 仿真结果

Task10. 保存文件

选择下拉菜单 文件(F) ➡ 保存(S) 命令，保存文件。

实例 **12** 电话机凸模加工

下面以电话机凸模加工为例来介绍在多工序加工中如何合理安排粗精加工工序，以免影响零件的精度。该零件的加工工艺路线如图 12.1 和图 12.2 所示。

| 型腔铣削 | —— 在模具加工中，一般用型腔铣或平面铣进行开粗。 |

| 剩余铣 | —— 用于半精加工零件中平坦的轮廓曲面区域。 |

| 非陡峭区域轮廓铣 | —— 用于半精加工由轮廓曲面所形成的区域。 |

| 区域轮廓铣（一） | —— 用于精加工模具凹陷的曲面部分。 |

| 区域轮廓铣（二） | —— 对零件凸出的表面部分进行铣削。 |

| 区域轮廓铣（三） | —— 用于对曲面区域的精加工铣削。 |

| 底壁加工 | —— 对零件的平面进行铣削加工。 |

| 深度加工轮廓铣 | —— 对零件侧面进行铣削加工。 |

| 清根铣 | —— 使用清根铣清理模具中的小的凹部。 |

图 12.1　加工工艺路线（一）

Task1. 打开模型文件并进入加工模块

Step1. 打开模型文件 D:\ug90.11\work\ch12\ phone_lower.prt。

Step2. 进入加工环境。选择下拉菜单 启动 ➞ 加工(R)... 命令，系统弹出"加工环境"对话框；在"加工环境"对话框的 CAM 会话配置 列表框中选择 cam_general 选项，在要创建的 CAM 设置 列表框中选择 mill contour 选项，单击 确定 按钮，进入加工环境。

a）型腔铣削　　　　　　b）剩余铣　　　　　　c）非陡峭区域轮廓铣

f）区域轮廓铣（三）　　　e）区域轮廓铣（二）　　　d）区域轮廓铣（一）

g）底壁加工　　　　　　h）深度加工轮廓铣　　　　i）清根铣

图 12.2　加工工艺路线（二）

Task2．创建几何体

Stage1．创建机床坐标系

Step1．将工序导航器调整到几何视图，双击节点⊞ MCS_MILL，系统弹出"MCS 铣削"对话框，在"MCS 铣削"对话框的 机床坐标系 区域中单击"CSYS 对话框"按钮，系统弹出 CSYS 对话框。

Step2．单击 CSYS 对话框 操控器 区域中的"操控器"按钮，系统弹出"点"对话框，在"点"对话框的 Z 文本框中输入值 30，单击 确定 按钮，系统返回至 CSYS 对话框，在该对话框中单击 确定 按钮，完成图 12.3 所示机床坐标系的创建。

Stage2．创建安全平面

Step1．在"MCS 铣削"对话框 安全设置 区域的 安全设置选项 下拉列表中选择 自动平面 选项，然后在 安全距离 文本框中输入值 10。

Step2．单击"MCS 铣削"对话框中的 确定 按钮，完成安全平面的创建。

Stage3．创建部件几何体

Step1．在工序导航器中双击⊞ MCS_MILL 节点下的 WORKPIECE，系统弹出"工件"对话框。

Step2．选取部件几何体。在"工件"对话框中单击 按钮，系统弹出"部件几何体"对话框。

Step3. 在图形区选择整个零件为部件几何体，如图 12.4 所示。在"部件几何体"对话框中单击 确定 按钮，完成部件几何体的创建，系统返回到"工件"对话框。

Stage4. 创建毛坯几何体

Step1. 在"工件"对话框中单击 按钮，系统弹出"毛坯几何体"对话框。

Step2. 在"毛坯几何体"对话框的 类型 下拉列表中选择 包容块 选项，在 极限 区域的 ZM+ 文本框中输入值 7。

Step3. 单击"毛坯几何体"对话框中的 确定 按钮，系统返回到"工件"对话框，完成图 12.5 所示毛坯几何体的创建。

Step4. 单击"工件"对话框中的 确定 按钮。

图 12.3 创建机床坐标系

图 12.4 部件几何体

图 12.5 毛坯几何体

Task3. 创建刀具

Stage1. 创建刀具 1

Step1. 将工序导航器调整到机床视图。

Step2. 选择下拉菜单 插入(S) ➡ 刀具(T)... 命令，系统弹出"创建刀具"对话框。

Step3. 在"创建刀具"对话框的 类型 下拉列表中选择 mill contour 选项，在 刀具子类型 区域中单击 MILL 按钮 ，在 位置 区域的 刀具 下拉列表中选择 GENERIC_MACHINE 选项，在 名称 文本框中输入 D10，然后单击 确定 按钮，系统弹出"铣刀-5 参数"对话框。

Step4. 在"铣刀-5 参数"对话框的 (D) 直径 文本框中输入值 10，在 编号 区域的 刀具号 、 补偿寄存器 、 刀具补偿寄存器 文本框中均输入值 1，其他参数采用系统默认设置，单击 确定 按钮，完成刀具的创建。

Stage2. 创建刀具 2

设置刀具类型为 mill contour ， 刀具子类型 为 BALL_MILL 类型（单击 按钮），刀具名称为 B6，刀具 (D) 球直径 为 6，在 编号 区域的 刀具号 、 补偿寄存器 、 刀具补偿寄存器 文本框中均输入值 2，具体操作方法参照 Stage1。

Stage3. 创建刀具 3

设置刀具类型为 <kbd>mill contour</kbd>，<kbd>刀具子类型</kbd> 为 BALL_MILL 类型（单击<kbd>⬚</kbd>按钮），刀具名称为 B5，刀具 <kbd>(D) 球直径</kbd> 为 5，在 <kbd>编号</kbd> 区域的 <kbd>刀具号</kbd>、<kbd>补偿寄存器</kbd>、<kbd>刀具补偿寄存器</kbd> 文本框中均输入值 3。

Stage4. 创建刀具 4

设置刀具类型为 <kbd>mill contour</kbd>，<kbd>刀具子类型</kbd> 为 BALL_MILL 类型（单击<kbd>⬚</kbd>按钮），刀具名称为 D1，刀具 <kbd>(D) 直径</kbd> 为 1，在 <kbd>编号</kbd> 区域的 <kbd>刀具号</kbd>、<kbd>补偿寄存器</kbd>、<kbd>刀具补偿寄存器</kbd> 文本框中均输入值 4。

Task4. 创建型腔铣操作

Stage1. 创建工序

Step1. 将工序导航器调整到程序顺序视图。

Step2. 选择下拉菜单 <kbd>插入(S)</kbd> ➡ <kbd>⬚ 工序(E)...</kbd> 命令，在"创建工序"对话框 <kbd>类型</kbd> 下拉列表中选择<kbd>mill_contour</kbd>选项，在<kbd>工序子类型</kbd>区域中单击"型腔铣"按钮<kbd>⬚</kbd>，在 <kbd>程序</kbd> 下拉列表中选择<kbd>PROGRAM</kbd>选项，在 <kbd>刀具</kbd> 下拉列表中选择前面设置的刀具 <kbd>D10 (铣刀-5 参数)</kbd>选项，在 <kbd>几何体</kbd> 下拉列表中选择<kbd>WORKPIECE</kbd>选项，在 <kbd>方法</kbd> 下拉列表中选择<kbd>MILL ROUGH</kbd>选项，使用系统默认的名称。

Step3. 单击"创建工序"对话框中的 <kbd>确定</kbd> 按钮，系统弹出"型腔铣"对话框。

Stage2. 设置一般参数

在"型腔铣"对话框的 <kbd>切削模式</kbd> 下拉列表中选择<kbd>⬚跟随部件</kbd>选项；在<kbd>步距</kbd>下拉列表中选择<kbd>刀具平直百分比</kbd>选项，在 <kbd>平面直径百分比</kbd> 文本框中输入值 50；在 <kbd>公共每刀切削深度</kbd> 下拉列表中选择<kbd>恒定</kbd>选项，在 <kbd>最大距离</kbd> 文本框中输入值 1。

Stage3. 设置切削参数

Step1. 在 <kbd>刀轨设置</kbd> 区域中单击"切削参数"按钮<kbd>⬚</kbd>，系统弹出"切削参数"对话框。

Step2. 在"切削参数"对话框中单击 <kbd>策略</kbd> 选项卡，在<kbd>切削</kbd>区域的 <kbd>切削顺序</kbd> 下拉列表中选择<kbd>深度优先</kbd>选项；单击 <kbd>连接</kbd> 选项卡，在 <kbd>开放刀路</kbd> 下拉列表框中选择<kbd>变换切削方向</kbd>选项，其他参数采用系统默认设置。

Step3. 单击"切削参数"对话框中的 <kbd>确定</kbd> 按钮，系统返回到"型腔铣"对话框。

Stage4. 设置非切削移动参数

Step1. 在"型腔铣"对话框中单击"非切削移动"按钮<kbd>⬚</kbd>，系统弹出"非切削移动"对话框。

Step2. 单击"非切削移动"对话框中的 进刀 选项卡，在 进刀类型 下拉列表中选择 沿形状斜进刀 选项，在 封闭区域 的 斜坡角 文本框中输入值 3，在 高度起点 下拉列表中选择 当前层 选项，其他参数采用系统默认设置，单击 确定 按钮，完成非切削移动参数的设置。

Stage5. 设置进给率和速度

Step1. 在"型腔铣"对话框中单击"进给率和速度"按钮 🔧，系统弹出"进给率和速度"对话框。

Step2. 选中"进给率和速度"对话框 主轴速度 区域中的 ☑ 主轴速度 (rpm) 复选框，在其后的文本框中输入值 800，按 Enter 键，然后单击 🔲 按钮，在 进给率 区域的 切削 文本框中输入值 250，按 Enter 键，然后单击 🔲 按钮，其他参数采用系统默认设置。

Step3. 单击 确定 按钮，完成进给率和速度的设置，系统返回"型腔铣"对话框。

Stage6. 生成刀路轨迹并仿真

生成的刀路轨迹如图 12.6 所示，2D 动态仿真加工后的模型如图 12.7 所示。

图 12.6　刀路轨迹　　　　　　　　　　图 12.7　2D 仿真结果

Task5. 创建剩余铣操作

Stage1. 创建工序

Step1. 选择下拉菜单 插入(S) ➡ 🔧 工序(E)... 命令，在"创建工序"对话框的 类型 下拉列表中选择 mill_contour 选项，在 工序子类型 区域中单击"剩余铣"按钮 🔧，在 程序 下拉列表中选择 PROGRAM 选项，在 刀具 下拉列表中选择 B6 (铣刀-球头铣) 选项，在 几何体 下拉列表中选择 WORKPIECE 选项，在 方法 下拉列表中选择 MILL ROUGH 选项，使用系统默认的名称 REST_MILLING。

Step2. 单击"创建工序"对话框中的 确定 按钮，系统弹出"剩余铣"对话框。

Stage2. 设置一般参数

在"剩余铣"对话框的 切削模式 下拉列表中选择 🔧 跟随部件 选项，在 步距 下拉列表中选择 刀具平直百分比 选项，在 平面直径百分比 文本框中输入值 20；在 公共每刀切削深度 下拉列表中选择 恒定 选项，在 最大距离 文本框中输入值 0.5。

Stage3. 设置切削参数

Step1. 在 刀轨设置 区域中单击"切削参数"按钮 ，系统弹出"切削参数"对话框。

Step2. 在"切削参数"对话框中单击 策略 选项卡，在 切削 区域的 切削顺序 下拉列表中选择 深度优先 选项；单击 连接 选项卡，在 开放刀路 下拉列表中选择 变换切削方向 选项，其他参数采用系统默认设置。

Step3. 单击"切削参数"对话框中的 确定 按钮，系统返回到"剩余铣"对话框。

Stage4. 设置非切削移动参数

采用系统默认的非切削移动参数。

Stage5. 设置进给率和速度

Step1. 在"剩余铣"对话框中单击"进给率和速度"按钮 ，系统弹出"进给率和速度"对话框。

Step2. 选中"进给率和速度"对话框 主轴速度 区域中的 ☑ 主轴速度 (rpm) 复选框，在其后的文本框中输入值 1200，按 Enter 键，然后单击 按钮，在 进给率 区域的 切削 文本框中输入值 250，按 Enter 键，然后单击 按钮，其他参数采用系统默认设置。

Step3. 单击 确定 按钮，完成进给率和速度的设置，系统返回"剩余铣"对话框。

Stage6. 生成刀路轨迹并仿真

生成的刀路轨迹如图 12.8 所示，2D 动态仿真加工后的模型如图 12.9 所示。

Task6. 创建非陡峭区域轮廓铣操作

Stage1. 创建工序

Step1. 选择下拉菜单 插入(S) ➡ 工序(E)... 命令，在"创建工序"对话框的 类型 下拉列表中选择 mill_contour 选项，在 工序子类型 区域中单击"非陡峭区域轮廓铣"按钮 ，在 程序 下拉列表中选择 PROGRAM 选项，在 刀具 下拉列表中选择 B6 (铣刀-球头铣) 选项，在 几何体 下拉列表中选择 WORKPIECE 选项，在 方法 下拉列表中选择 MILL_SEMI_FINISH 选项，使用系统默认的名称。

Step2. 单击"创建工序"对话框中的 确定 按钮，系统弹出"非陡峭区域轮廓铣"对话框。

Stage2. 设置驱动方式

Step1. 在"非陡峭区域轮廓铣"对话框 驱动方法 区域的 方法 下拉列表中选择 区域铣削 选项，单击"编辑"按钮 ，系统弹出"区域铣削驱动方法"对话框。

Step2. 在"区域铣削驱动方法"对话框中按图 12.10 所示设置参数，然后单击 确定 按钮，系统返回到"非陡峭区域轮廓铣"对话框。

图 12.8 刀路轨迹

图 12.9 2D 仿真结果

图 12.10 "区域铣削驱动方法"对话框

Stage3．设置切削参数

Step1．单击"非陡峭区域轮廓铣"对话框中的"切削参数"按钮，系统弹出"切削参数"对话框。

Step2．在"切削参数"对话框中单击 策略 选项卡，在 延伸刀轨 区域中选中 ☑ 在边上延伸 复选框，然后在 距离 文本框中输入值 1，并在其后面的下拉列表中选择 mm 选项。

Step3．单击"切削参数"对话框中的 确定 按钮，完成切削参数的设置，系统返回到"非陡峭区域轮廓铣"对话框。

Stage4．设置非切削移动参数

采用系统默认的非切削移动参数。

Stage5．设置进给率和速度

Step1．在"非陡峭区域轮廓铣"对话框中单击"进给率和速度"按钮，系统弹出"进给率和速度"对话框。

Step2．选中"进给率和速度"对话框 主轴速度 区域中的 ☑ 主轴速度 (rpm) 复选框，在其后文本框中输入值 1200，按 Enter 键，然后单击 按钮，在 进给率 区域的 切削 文本框中输入值 300，按 Enter 键，然后单击 按钮，其他参数采用系统默认设置。

Step3．单击 确定 按钮，完成进给率和速度的设置，系统返回"非陡峭区域轮廓铣"对话框。

Stage6. 生成刀路轨迹并仿真

生成的刀路轨迹如图 12.11 所示，2D 动态仿真加工后的模型如图 12.12 所示。

图 12.11　刀路轨迹

图 12.12　2D 仿真结果

Task7. 创建区域轮廓铣操作 1

Stage1. 创建工序

Step1. 选择下拉菜单 插入(S) ➡ 工序(E)... 命令，在"创建工序"对话框的 类型 下拉列表中选择 mill_contour 选项，在 工序子类型 区域中单击"区域轮廓铣"按钮，在 程序 下拉列表中选择 PROGRAM 选项，在 刀具 下拉列表中选择 B5 (铣刀-球头铣) 选项，在 几何体 下拉列表中选择 WORKPIECE 选项，在 方法 下拉列表中选择 MILL_FINISH 选项，使用系统默认的名称。

Step2. 单击"创建工序"对话框中的 确定 按钮，系统弹出"区域轮廓铣"对话框。

Stage2. 指定切削区域

Step1. 在 几何体 区域中单击"选择或编辑切削区域几何体"按钮，系统弹出"切削区域"对话框。

Step2. 选取图 12.13 所示的面（共 51 个）为切削区域，单击 确定 按钮，完成切削区域的创建，系统返回到"区域轮廓铣"对话框。

Stage3. 设置驱动方式

Step1. 在"区域轮廓铣"对话框 驱动方法 区域的 方法 下拉列表中选择 区域铣削 选项，单击"编辑"按钮，系统弹出"区域铣削驱动方法"对话框。

Step2. 在"区域铣削驱动方法"对话框 驱动设置 区域的 切削模式 下拉列表中选择 跟随周边 选项，在 步距 下拉列表中选择 恒定 选项，在 最大距离 文本框中输入值 0.25，在 步距已应用 下拉列表中选择 在部件上 选项，然后单击 确定 按钮，系统返回到"区域轮廓铣"对话框。

Stage4. 设置切削参数

Step1. 单击"区域轮廓铣"对话框中的"切削参数"按钮，系统弹出"切削参数"对话框。

Step2. 在"切削参数"对话框中单击 策略 选项卡，在 延伸刀轨 区域选中 ☑ 在边上延伸 复选框，然后在 距离 文本框中输入值 1，并在其后面的下拉列表中选择 mm 选项。

Step3. 单击"切削参数"对话框中的 确定 按钮，完成切削参数的设置，系统返回到"区域轮廓铣"对话框。

Stage5. 设置非切削移动参数

采用系统默认的非切削移动参数。

Stage6. 设置进给率和速度

Step1. 在"区域轮廓铣"对话框中单击"进给率和速度"按钮 ，系统弹出"进给率和速度"对话框。

Step2. 选中"进给率和速度"对话框 主轴速度 区域中的 ☑ 主轴速度 (rpm) 复选框，在其后文本框中输入值 2200，按 Enter 键，然后单击 按钮，在 进给率 区域的 切削 文本框中输入值 600，按 Enter 键，然后单击 按钮，其他参数采用系统默认设置。

Step3. 单击 确定 按钮，完成进给率和速度的设置，系统返回"区域轮廓铣"对话框。

Stage7. 生成刀路轨迹并仿真

生成的刀路轨迹如图 12.14 所示，2D 动态仿真加工后的模型如图 12.15 所示。

图 12.13　指定切削区域　　　　图 12.14　刀路轨迹

Task8. 创建区域轮廓铣操作 2

Stage1. 创建工序

Step1. 选择下拉菜单 插入(S) ➡ 工序(E)... 命令，在"创建工序"对话框的 类型 下拉列表中选择 mill_contour 选项，在 工序子类型 区域中单击"区域轮廓铣"按钮 ，在 程序 下拉列表中选择 PROGRAM 选项，在 刀具 下拉列表中选择 B5 (铣刀-球头铣) 选项，在 几何体 下拉列表中选择 WORKPIECE 选项，在 方法 下拉列表中选择 MILL_FINISH 选项，使用系统默认的名称。

Step2. 单击"创建工序"对话框中的 确定 按钮，系统弹出"区域轮廓铣"对话框。

Stage2．指定切削区域

Step1. 在几何体区域中单击"选择或编辑切削区域几何体"按钮，系统弹出"切削区域"对话框。

Step2. 选取图 12.16 所示的面(共 13 个)为切削区域,在"切削区域"对话框中单击 确定 按钮,完成切削区域的创建,系统返回到"区域轮廓铣"对话框。

图 12.15　2D 仿真结果

选取这些面为切削区域

图 12.16　指定切削区域

Stage3．设置驱动方式

Step1. 在"区域轮廓铣"对话框驱动方法区域的方法下拉列表中选择区域铣削选项，单击"编辑"按钮，系统弹出"区域铣削驱动方法"对话框。

Step2. 在"区域铣削驱动方法"对话框驱动设置区域的切削模式下拉列表中选择 往复 选项,在步距下拉列表中选择恒定选项,在最大距离文本框中输入值 0.25,在步距已应用下拉列表中选择在部件上选项,然后单击 确定 按钮,系统返回到"区域轮廓铣"对话框。

Stage4．设置切削参数

Step1. 单击"区域轮廓铣"对话框中的"切削参数"按钮，系统弹出"切削参数"对话框。

Step2. 在"切削参数"对话框中单击策略选项卡,在延伸刀轨区域中选中 ☑ 在边上延伸复选框,然后在距离文本框中输入值 1,并在其后的下拉列表中选择mm选项。

Step3. 单击余量选项卡,在公差区域的内公差和外公差文本框中均输入值 0.01,其他参数采用系统默认设置。

Step4. 单击"切削参数"对话框中的 确定 按钮,完成切削参数的设置,系统返回到"区域轮廓铣"对话框。

Stage5．设置非切削移动参数

采用系统默认的非切削移动参数。

Stage6．设置进给率和速度

Step1. 在"区域轮廓铣"对话框中单击"进给率和速度"按钮，系统弹出"进给率和速度"对话框。

Step2. 选中"进给率和速度"对话框 主轴速度 区域中的 ☑ 主轴速度 (rpm) 复选框，在其后文本框中输入值 2500，按 Enter 键，然后单击 按钮，在 进给率 区域的 切削 文本框中输入值 300，按 Enter 键，然后单击 按钮，其他参数采用系统默认设置。

Step3. 单击 确定 按钮，完成进给率和速度的设置，系统返回"区域轮廓铣"对话框。

Stage7. 生成刀路轨迹并仿真

生成的刀路轨迹如图 12.17 所示，2D 动态仿真加工后的模型如图 12.18 所示。

图 12.17　刀路轨迹

图 12.18　2D 仿真结果

Task9. 创建区域轮廓铣操作 3

Stage1. 创建工序

Step1. 选择下拉菜单 插入(S) ➡ 工序(E)... 命令，在"创建工序"对话框的 类型 下拉列表中选择 mill_contour 选项，在 工序子类型 区域中单击"区域轮廓铣"按钮 , 在 程序 下拉列表中选择 PROGRAM 选项，在 刀具 下拉列表中选择 B5 (铣刀-球头铣) 选项，在 几何体 下拉列表中选择 WORKPIECE 选项，在 方法 下拉列表中选择 MILL_FINISH 选项，使用系统默认的名称。

Step2. 单击"创建工序"对话框中的 确定 按钮，系统弹出"区域轮廓铣"对话框。

Stage2. 指定切削区域

Step1. 在 几何体 区域中单击"选择或编辑切削区域几何体"按钮 , 系统弹出"切削区域"对话框。

Step2. 选取图 12.19 所示的面为切削区域，单击 确定 按钮，完成切削区域的创建，系统返回到"区域轮廓铣"对话框。

Stage3. 设置驱动方式

Step1. 在"区域轮廓铣"对话框 驱动方法 区域的 方法 下拉列表中选择 区域铣削 选项，单击 "编辑"按钮 , 系统弹出"区域铣削驱动方法"对话框。

Step2. 在"区域铣削驱动方法"对话框 驱动设置 区域的 切削模式 下拉列表中选择 跟随周边 选项，在 步距 下拉列表中选择 恒定 选项，在 最大距离 文本框中输入值 0.2，在 步距已应用 下拉列

表中选择 在部件上 选项，然后单击 确定 按钮，系统返回到"区域轮廓铣"对话框。

Stage4．设置切削参数

说明：本 Stage 的详细操作过程请参见随书光盘中 video\ch12\reference 文件下的语音视频讲解文件"电话机凸模加工-r01.avi"。

Stage5．设置非切削移动参数

采用系统默认的非切削移动参数。

Stage6．设置进给率和速度

Step1．在"区域轮廓铣"对话框中单击"进给率和速度"按钮 ，系统弹出"进给率和速度"对话框。

Step2．选中"进给率和速度"对话框 主轴速度 区域中的 ☑ 主轴速度 (rpm) 复选框，在其后文本框中输入值 1600，按 Enter 键，然后单击 按钮，在 进给率 区域的 切削 文本框中输入值 300，按 Enter 键，然后单击 按钮，其他参数采用系统默认设置。

Step3．单击 确定 按钮，完成进给率和速度的设置，系统返回"区域轮廓铣"对话框。

Stage7．生成刀路轨迹并仿真

生成的刀路轨迹如图 12.20 所示，2D 动态仿真加工后的模型如图 12.21 所示。

图 12.19　指定切削区域　　　　　图 12.20　刀路轨迹

Task10．创建底壁加工操作

Stage1．创建工序

Step1．选择下拉菜单 插入(S) ➞ 工序(E)... 命令，系统弹出"创建工序"对话框。

Step2．在"创建工序"对话框的 类型 下拉列表中选择 mill_planar 选项，在 工序子类型 区域中单击"底壁加工"按钮 ，在 程序 下拉列表中选择 PROGRAM 选项，在 刀具 下拉列表中选择 D10 (铣刀-5 参数) 选项，在 几何体 下拉列表中选择 WORKPIECE 选项，在 方法 下拉列表中选择 MILL FINISH 选项，使用系统默认的名称。

Step3．单击"创建工序"对话框中的 确定 按钮，系统弹出"底壁加工"对话框。

Stage2．指定切削区域

Step1．单击"底壁加工"对话框中的"选择或编辑切削区域几何体"按钮，系统弹出"切削区域"对话框。

Step2．在图形区选取图 12.22 所示的切削区域，单击"切削区域"对话框中的 确定 按钮，系统返回到"底壁加工"对话框。

图 12.21　2D 仿真结果

图 12.22　指定切削区域

Stage3．设置一般参数

在"底壁加工"对话框的 几何体 区域中选中 ☑ 自动壁 复选框，在 刀轨设置 区域的 切削模式 下拉列表中选择 跟随周边 选项，在 步距 下拉列表中选择 刀具平直百分比 选项，在 平面直径百分比 文本框中输入值 75，在 底面毛坯厚度 文本框中输入值 1，在 每刀切削深度 文本框中输入值 0。

Stage4．设置切削参数

Step1．单击"底壁加工"对话框中的"切削参数"按钮，系统弹出"切削参数"对话框。

Step2．单击"切削参数"对话框中的 策略 选项卡，在 切削 区域的 刀路方向 下拉列表中选择 向内 选项，在 壁 区域中选中 ☑ 岛清根 复选框。

Step3．单击"切削参数"对话框中的 确定 按钮，完成切削参数的设置，系统返回到"底壁加工"对话框。

Stage5．设置非切削移动参数

采用系统默认的非切削移动参数值。

Stage6．设置进给率和速度

Step1．单击"底壁加工"对话框中的"进给率和速度"按钮，系统弹出"进给率和速度"对话框。

Step2．选中"进给率和速度"对话框 主轴速度 区域中的 ☑ 主轴速度 (rpm) 复选框，在其后的文本框中输入值 1200，按 Enter 键，然后单击 按钮，在 进给率 区域的 切削 文本框中输入值 250，按 Enter 键，然后单击 按钮，单击 确定 按钮，返回"底壁加工"对话框。

Stage7. 生成刀路轨迹并仿真

生成的刀路轨迹如图 12.23 所示，2D 动态仿真加工后的模型如图 12.24 所示。

图 12.23　刀路轨迹　　　　　　　　　图 12.24　2D 仿真结果

Task11. 创建深度加工轮廓铣操作

Stage1. 创建工序

Step1. 选择下拉菜单 插入(S) ➡️ 工序(E)... 命令，在"创建工序"对话框的 类型 下拉列表中选择 mill_contour 选项，在 工序子类型 区域中单击"深度加工轮廓"按钮 📞，在 程序 下拉列表中选择 PROGRAM 选项，在 刀具 下拉列表中选择 D10（铣刀-5 参数）选项，在 几何体 下拉列表中选择 WORKPIECE 选项，在 方法 下拉列表中选择 MILL FINISH 选项，使用系统默认的名称。

Step2. 单击"创建工序"对话框中的 确定 按钮，系统弹出"深度加工轮廓"对话框。

Stage2. 指定切削区域

Step1. 在"深度加工轮廓"对话框的 几何体 区域中单击 指定切削区域 右侧的 🗂 按钮，系统弹出"切削区域"对话框。

Step2. 在图形区选取图 12.25 所示的面（共 8 个）为切削区域，然后单击"切削区域"对话框中的 确定 按钮，系统返回到"深度加工轮廓"对话框。

图 12.25　指定切削区域

Stage3. 设置一般参数

在"深度加工轮廓"对话框的 合并距离 文本框中输入值 3，在 最小切削长度 文本框中输入值 1，在 公共每刀切削深度 下拉列表中选择 恒定 选项，在 最大距离 文本框中输入值 0.25。

Stage4．设置切削参数

Step1. 单击"深度加工轮廓"对话框中的"切削参数"按钮 ，系统弹出"切削参数"对话框。

Step2. 在"切削参数"对话框中单击 策略 选项卡，在 切削 区域的 切削顺序 下拉列表中选择 层优先 选项，然后选中 ☑ 在刀具接触点下继续切削 复选框。

Step3. 单击 余量 选项卡，在 公差 区域的 内公差 和 外公差 文本框中均输入值 0.01，其他参数采用系统默认设置。

Step4. 在"切削参数"对话框中单击 连接 选项卡，在 层之间 区域的 层到层 下拉列表中选择 直接对部件进刀 选项。

Step5. 单击"切削参数"对话框中的 确定 按钮，完成切削参数的设置，系统返回到"深度加工轮廓"对话框。

Stage5．设置非切削移动参数

参数采用系统默认设置。

Stage6．设置进给率和速度

Step1. 在"深度加工轮廓"对话框中单击"进给率和速度"按钮 ，系统弹出"进给率和速度"对话框。

Step2. 选中"进给率和速度"对话框 主轴速度 区域中的 ☑ 主轴速度 (rpm) 复选框，在其后的文本框中输入值 1200，按 Enter 键，然后单击 按钮，在 进给率 区域的 切削 文本框中输入值 250，按 Enter 键，然后单击 按钮，其他参数采用系统默认设置。

Step3. 单击 确定 按钮，完成进给率和速度的设置，系统返回到"深度加工轮廓"对话框。

Stage7．生成刀路轨迹并仿真

生成的刀路轨迹如图 12.26 所示，2D 动态仿真加工后的模型如图 12.27 所示。

图 12.26　刀路轨迹

图 12.27　2D 仿真结果

Task12．创建清根铣操作

Stage1．创建工序

Step1．选择下拉菜单 插入(S) ➡ 工序(E)... 命令，系统弹出"创建工序"对话框。

Step2．确定加工方法。在"创建工序"对话框的 类型 下拉列表中选择 mill_contour 选项，在 工序子类型 区域中单击"清根参考刀具"按钮 ，在 程序 下拉列表中选择 PROGRAM 选项，在 刀具 下拉列表中选择 D1 (铣刀-5 参数) 选项，在 几何体 下拉列表中选择 WORKPIECE 选项，在 方法 下拉列表中选择 MILL_FINISH 选项，单击 确定 按钮，系统弹出"清根参考刀具"对话框。

Stage2．指定切削区域

在"清根参考刀具"对话框中单击 按钮，系统弹出"切削区域"对话框，采用系统默认设置，选取图12.28所示的切削区域（共46个面），单击 确定 按钮，系统返回到"清根参考刀具"对话框。

Stage3．设置驱动设置

Step1．单击"清根参考刀具"对话框 驱动方法 区域中的"编辑"按钮 ，然后在系统弹出的"清根驱动方法"对话框中按图12.29所示设置参数。

选取这些面为切削区域

图12.28　指定切削区域

图12.29　设置驱动设置

Step2．单击 确定 按钮，系统返回到"清根参考刀具"对话框。

Stage4．设置切削参数

Step1．单击"清根参考刀具"对话框中的"切削参数"按钮 ，系统弹出"切削参数"对话框。

Step2．在"切削参数"对话框中单击 余量 选项卡，在 公差 区域的 内公差 和 外公差 文本框中均输入值0.01，其他参数采用系统默认设置。

Step3. 单击"切削参数"对话框中的 确定 按钮，完成切削参数的设置，系统返回到"清根参考刀具"对话框。

Stage5. 设置进给率和速度

Step1. 单击"清根参考刀具"对话框中的"进给率和速度"按钮，系统弹出"进给率和速度"对话框。

Step2. 在"进给率和速度"对话框中选中 ☑ 主轴速度 (rpm) 复选框，然后在其文本框中输入值 8000，按 Enter 键，然后单击 按钮，在 切削 文本框中输入值 600，按 Enter 键，然后单击 按钮，其他参数均采用系统默认设置。

Step3. 单击"进给率和速度"对话框中的 确定 按钮，完成进给率和速度的设置，系统返回到"清根参考刀具"对话框。

Stage6. 生成刀路轨迹并仿真

生成的刀路轨迹如图 12.30 所示，2D 动态仿真加工后的模型如图 12.31 所示。

图 12.30　刀路轨迹

图 12.31　2D 仿真结果

Task13. 保存文件

选择下拉菜单 文件(F) ➡ 保存(S) 命令，保存文件。

实例 **13** 微波炉旋钮凸模加工

下面以微波炉旋钮凸模加工为例来介绍模具的一般加工操作。粗加工，大量地去除毛坯材料；半精加工，留有一定余量的加工，同时为精加工做好准备；精加工，把毛坯件加工成目标件的最后步骤，也是关键的一步，其加工结果直接影响模具的加工质量和加工精度，所以在本例中我们对精加工的要求很高。该微波炉旋钮凸模的加工工艺路线如图 13.1 和图 13.2 所示。

| 型腔铣 | —— 在模具加工中，一般用型腔铣或平面铣进行开粗。 |

| 剩余铣削 | —— 如果有区域剩余材料过多，则需要进行二次开粗。 |

| 深度加工轮廓铣（一） | —— 用于半精加工模具的陡峭曲面部分。 |

| 轮廓区域铣 | —— 用于精加工轮廓中的非陡峭曲面部分。 |

| 深度加工轮廓铣（二） | —— 用于精加工模具的陡峭曲面部分。 |

| 底壁加工铣 | —— 对零件平面部分进行铣削。 |

图 13.1　加工工艺路线（一）

a）型腔铣　　　　　　b）剩余铣削　　　　　　c）深度加工轮廓铣（一）

f）底壁加工铣　　　　e）深度加工轮廓铣（二）　　　　d）轮廓区域铣

图 13.2　加工工艺路线（二）

Task1. 打开模型文件并进入加工模块

Step1. 打开模型文件 D:\ug90.11\work\ch13\ micro-oven_switch_lower.prt。

Step2. 进入加工环境。选择下拉菜单 自动▾ ➡ 加工(R)... 命令，系统弹出"加工环境"对话框；在"加工环境"对话框的 CAM 会话配置 列表框中选择 cam_general 选项，在 要创建的 CAM 设置 列表框中选择 mill contour 选项，单击 确定 按钮，进入加工环境。

Task2. 创建几何体

Stage1. 创建机床坐标系

Step1. 将工序导航器调整到几何视图，双击⊞ MCS_MILL 节点，系统弹出"MCS 铣削"对话框，在"MCS 铣削"对话框的 机床坐标系 区域中单击"CSYS 对话框"按钮 ，系统弹出 CSYS 对话框。

Step2. 单击 CSYS 对话框 操控器 区域中的"操控器"按钮 ，系统弹出"点"对话框；在"点"对话框的 X 文本框中输入值 0，在 Y 文本框中输入值 0，在 Z 文本框中输入值 30；单击 确定 按钮，系统返回至 CSYS 对话框，在该对话框中单击 确定 按钮，完成图 13.3 所示机床坐标系的创建。

Stage2. 创建安全平面

Step1. 在"MCS 铣削"对话框 安全设置 区域的 安全设置选项 下拉列表中选择 自动平面 选项，然后在 安全距离 文本框中输入值 20。

Step2. 单击"MCS 铣削"对话框中的 确定 按钮，完成安全平面的创建。

Stage3. 创建部件几何体

Step1. 在工序导航器中双击⊞ MCS_MILL 节点下的 WORKPIECE，系统弹出"工件"对话框。

Step2. 选取部件几何体。在"工件"对话框中单击 按钮，系统弹出"部件几何体"对话框。

Step3. 在图形区中选择整个零件为部件几何体，如图 13.4 所示。在"部件几何体"对话框中单击 确定 按钮，完成部件几何体的创建，同时系统返回到"工件"对话框。

Stage4. 创建毛坯几何体

Step1. 在"工件"对话框中单击 按钮，系统弹出"毛坯几何体"对话框。

Step2. 在"毛坯几何体"对话框的 类型 下拉列表中选择 包容块 选项，在 极限 区域的 ZM+ 文本框中输入值 5。

Step3. 单击"毛坯几何体"对话框中的 确定 按钮，系统返回到"工件"对话框，完成图 13.5 所示毛坯几何体的创建。

Step4. 单击"工件"对话框中的 确定 按钮。

图 13.3　创建机床坐标系　　　　图 13.4　部件几何体　　　　图 13.5　毛坯几何体

Task3. 创建刀具

Stage1. 创建刀具 1

Step1. 将工序导航器调整到机床视图。

Step2. 选择下拉菜单 插入(S) ➡ 刀具(T)... 命令，系统弹出"创建刀具"对话框。

Step3. 在"创建刀具"对话框的 类型 下拉列表中选择 mill contour 选项，在 刀具子类型 区域中单击 MILL 按钮 ，在 位置 区域的 刀具 下拉列表中选择 GENERIC_MACHINE 选项，在 名称 文本框中输入 T1D20R2，然后单击 确定 按钮，系统弹出"铣刀-5 参数"对话框。

Step4. 在"铣刀-5 参数"对话框的 (D) 直径 文本框中输入值 20，在 (R1) 下半径 文本框中输入值 2，在 编号 区域的 刀具号 、 补偿寄存器 、 刀具补偿寄存器 文本框中均输入值 1，其他参数采用系统默认设置；单击 确定 按钮，完成刀具的创建。

Stage2. 创建刀具 2

设置刀具类型为 mill contour ， 刀具子类型 为 BALL_MILL 类型（单击 按钮），刀具名称为 T2B12，刀具 (D) 球直径 为 12，在 编号 区域的 刀具号 、 补偿寄存器 、 刀具补偿寄存器 文本框中均输入值 2，具体操作方法参照 Stage1。

Stage3. 创建刀具 3

设置刀具类型为 mill contour ， 刀具子类型 为 BALL_MILL 类型（单击 按钮），刀具名称为 T3B6，刀具 (D) 球直径 为 6，在 编号 区域的 刀具号 、 补偿寄存器 、 刀具补偿寄存器 文本框中均输入值 3，具体操作方法参照 Stage1。

Stage4. 创建刀具 4

设置刀具类型为 mill contour ， 刀具子类型 为 MILL 类型（单击 按钮），刀具名称为 T4D12，刀具 (D) 直径 为 12，在 编号 区域的 刀具号 、 补偿寄存器 、 刀具补偿寄存器 文本框中均输入值 4，具体操作方法参照 Stage1。

Task4. 创建型腔铣工序

Stage1. 创建工序

Step1. 将工序导航器调整到程序顺序视图。

Step2. 选择下拉菜单 插入(S) ➡️ 🐄 工序(E).. 命令，在"创建工序"对话框的 类型 下拉列表中选择 mill_contour 选项，在 工序子类型 区域中单击"型腔铣"按钮 🐄，在 程序 下拉列表中选择 PROGRAM 选项，在 刀具 下拉列表中选择前面设置的刀具 T1D20R2 (铣刀-5 参数) 选项，在 几何体 下拉列表中选择 WORKPIECE 选项，在 方法 下拉列表中选择 MILL ROUGH 选项，使用系统默认的名称。

Step3. 单击"创建工序"对话框中的 确定 按钮，系统弹出"型腔铣"对话框。

Stage2. 设置一般参数

在"型腔铣"对话框的 切削模式 下拉列表中选择 🔲 跟随部件 选项；在 步距 下拉列表中选择 刀具平直百分比 选项，在 平面直径百分比 文本框中输入值 50；在 公共每刀切削深度 下拉列表中选择 恒定 选项，在 最大距离 文本框中输入值 1。

Stage3. 设置切削参数

Step1. 在 刀轨设置 区域中单击"切削参数"按钮 ➡️，系统弹出"切削参数"对话框。

Step2. 在"切削参数"对话框中单击 连接 选项卡，在 开放刀路 下拉列表中选择 变换切削方向 选项，其他参数采用系统默认设置。

Step3. 单击"切削参数"对话框中的 确定 按钮，系统返回到"型腔铣"对话框。

Stage4. 设置非切削移动参数

Step1. 在"型腔铣"对话框中单击"非切削移动"按钮 🔲，系统弹出"非切削移动"对话框。

Step2. 单击"非切削移动"对话框中的 进刀 选项卡，按图 13.6 所示设置参数。

Step3. 单击"非切削移动"对话框中的 确定 按钮，完成非切削移动参数的设置，系统返回到"型腔铣"对话框。

Stage5. 设置进给率和速度

Step1. 在"型腔铣"对话框中单击"进给率和速度"按钮 🐄，系统弹出"进给率和速度"对话框。

Step2. 选中"进给率和速度"对话框 主轴速度 区域中的 ☑ 主轴速度 (rpm) 复选框，在其后的文本框中输入值 600，按 Enter 键，然后单击 🔲 按钮；在 进给率 区域的 切削 文本框中输入值 250，按 Enter 键，然后单击![]按钮，其他参数采用系统默认设置。

Step3. 单击 确定 按钮，完成进给率和速度的设置，系统返回到"型腔铣"对话框。

Stage6. 生成刀路轨迹并仿真

生成的刀路轨迹如图 13.7 所示，2D 动态仿真加工后的模型如图 13.8 所示。

图 13.6 "进刀"选项卡

图 13.7 刀路轨迹

图 13.8 2D 仿真结果

Task5. 创建剩余铣工序

说明：本步骤是继承 Task4 操作的 IPW 对毛坯进行二次开粗。创建工序时应选用直径较小的端铣刀，并设置较小的每刀切削深度值，以保证更多区域能被加工到。

Stage1. 创建工序

Step1. 选择下拉菜单 插入(S) ➡ 工序(E)... 命令，在"创建工序"对话框的 类型 下拉列表中选择 mill_contour 选项，在 工序子类型 区域中单击"剩余铣"按钮 ，在 程序 下拉列表中选择 PROGRAM 选项，在 刀具 下拉列表中选择 T2B12 (铣刀-球头铣) 选项，在 几何体 下拉列表中选择 WORKPIECE 选项，在 方法 下拉列表中选择 MILL_SEMI_FINISH 选项，使用系统默认的名称 REST_MILLING。

Step2. 单击"创建工序"对话框中的 确定 按钮，系统弹出"剩余铣"对话框。

Stage2. 设置一般参数

在"剩余铣"对话框的 切削模式 下拉列表中选择 跟随部件 选项，在 步距 下拉列表中选择 刀具平直百分比 选项，在 平面直径百分比 文本框中输入值 20；在 公共每刀切削深度 下拉列表中选择 恒定 选项，在 最大距离 文本框中输入值 1。

Stage3. 设置切削参数

说明：本 Stage 的详细操作过程请参见随书光盘中 video\ch13\reference 文件下的语音视频讲解文件"微波炉旋钮凸模加工-r01.avi"。

Stage4. 设置非切削移动参数

采用系统默认的非切削移动参数设置。

Stage5. 设置进给率和速度

Step1. 在"剩余铣"对话框中单击"进给率和速度"按钮，系统弹出"进给率和速度"对话框。

Step2. 选中"进给率和速度"对话框 主轴速度 区域中的 ☑ 主轴速度 (rpm) 复选框，在其后的文本框中输入值 1000，按 Enter 键，然后单击 按钮；在 进给率 区域的 切削 文本框中输入值 300，按 Enter 键，然后单击 按钮，其他参数采用系统默认设置。

Step3. 单击 确定 按钮，完成进给率和速度的设置，系统返回"剩余铣"对话框。

Stage6. 生成刀路轨迹并仿真

生成的刀路轨迹如图 13.9 所示，2D 动态仿真加工后的模型如图 13.10 所示。

图 13.9 刀路轨迹

图 13.10 2D 仿真结果

Task6. 创建深度加工轮廓铣 1

Stage1. 创建工序

Step1. 选择下拉菜单 插入(S) ➡ 工序(E)... 命令，在"创建工序"对话框的 类型 下拉列表中选择 mill_contour 选项，在 工序子类型 区域中单击"深度加工轮廓"按钮，在 程序 下拉列表中选择 PROGRAM 选项，在 刀具 下拉列表中选择 T3B6 (铣刀-球头铣) 选项，在 几何体 下拉列表中选择 WORKPIECE 选项，在 方法 下拉列表中选择 MILL_SEMI_FINISH 选项，使用系统默认的名称。

Step2. 单击"创建工序"对话框中的 确定 按钮，系统弹出"深度加工轮廓"对话框。

Stage2. 指定切削区域

Step1. 在"深度加工轮廓"对话框的 几何体 区域中单击 指定切削区域 右侧的 按钮，系统弹出"切削区域"对话框。

Step2. 在图形区中选取图 13.11 所示的面（共 28 个）为切削区域，然后单击"切削区域"对话框中的 确定 按钮，系统返回到"深度加工轮廓"对话框。

选取这些面

图 13.11 指定切削区域

Stage3. 设置一般参数

在"深度加工轮廓"对话框的 合并距离 文本框中输入值 3，在 最小切削长度 文本框中输入值 1，在 公共每刀切削深度 下拉列表中选择 恒定 选项，在 最大距离 文本框中输入值 0.5。

Stage4. 设置切削层

各参数采用系统默认设置。

Stage5. 设置切削参数

Step1. 单击"深度加工轮廓"对话框中的"切削参数"按钮 ，系统弹出"切削参数"对话框。

Step2. 在"切削参数"对话框中单击 策略 选项卡，在 切削顺序 下拉列表中选择 始终深度优先 选项。

Step3. 单击 连接 选项卡，在 层到层 下拉列表中选择 直接对部件进刀 选项。

Step4. 单击"切削参数"对话框中的 确定 按钮，完成切削参数的设置，系统返回到"深度加工轮廓"对话框。

Stage6. 设置非切削移动参数

采用系统默认的非切削移动参数设置。

Stage7. 设置进给率和速度

Step1. 在"深度加工轮廓"对话框中单击"进给率和速度"按钮 ，系统弹出"进给率和速度"对话框。

Step2. 选中"进给率和速度"对话框 主轴速度 区域中的 ☑ 主轴速度 (rpm) 复选框，在其后

的文本框中输入值 1600，按 Enter 键，然后单击 按钮；在 进给率 区域的 切削 文本框中输入值 250，按 Enter 键，然后单击 按钮，其他参数采用系统默认设置。

Step3. 单击 确定 按钮，完成进给率和速度的设置，系统返回到"深度加工轮廓"对话框。

Stage8. 生成刀路轨迹并仿真

生成的刀路轨迹如图 13.12 所示，2D 动态仿真加工后的模型如图 13.13 所示。

图 13.12　刀路轨迹

图 13.13　2D 仿真结果

Task7. 创建轮廓区域铣

Stage1. 创建工序

Step1. 选择下拉菜单 插入(S) ➡ 工序(E)... 命令，在"创建工序"对话框的 类型 下拉列表中选择 mill_contour 选项，在 工序子类型 区域中单击"轮廓区域"按钮 ，在 程序 下拉列表中选择 PROGRAM 选项，在 刀具 下拉列表中选择 T3B6 (铣刀-球头铣) 选项，在 几何体 下拉列表中选择 WORKPIECE 选项，在 方法 下拉列表中选择 MILL_FINISH 选项，使用系统默认的名称 CONTOUR_AREA。

Step2. 单击"创建工序"对话框中的 确定 按钮，系统弹出"轮廓区域"对话框。

Stage2. 指定切削区域

Step1. 在"轮廓区域"对话框的 几何体 区域中单击 指定切削区域 右侧的 按钮，系统弹出"切削区域"对话框。

Step2. 在图形区中选取图 13.14 所示的面（共 27 个）为切削区域，然后单击"切削区域"对话框中的 确定 按钮，系统返回到"轮廓区域"对话框。

Stage3. 设置驱动方式

Step1. 在"轮廓区域"对话框 驱动方法 区域的下拉列表中选择 区域铣削 选项，单击 驱动方法 区域中的"编辑"按钮 ，系统弹出"区域铣削驱动方法"对话框。

Step2. 在"区域铣削驱动方法"对话框中设置图 13.15 所示的参数，然后单击 确定 按钮，系统返回到"轮廓区域"对话框。

图 13.14 指定切削区域

图 13.15 "区域铣削驱动方法"对话框

Stage4. 设置刀轴

刀轴选择系统默认的 +ZM 轴 选项。

Stage5. 设置切削参数和非切削移动参数

采用系统默认的切削参数和非切削移动参数。

Stage6. 设置进给率和速度

Step1. 在"轮廓区域"对话框中单击"进给率和速度"按钮，系统弹出"进给率和速度"对话框。

Step2. 选中"进给率和速度"对话框 主轴速度 区域中的 ☑ 主轴速度 (rpm) 复选框，在其后的文本框中输入值 2000，按 Enter 键，然后单击 按钮；在 进给率 区域的 切削 文本框中输入值 250，按 Enter 键，然后单击 按钮，其他参数采用系统默认设置。

Step3. 单击 确定 按钮，完成进给率和速度的设置，系统返回到"轮廓区域"对话框。

Stage7. 生成刀路轨迹并仿真

生成的刀路轨迹如图 13.16 所示，2D 动态仿真加工后的模型如图 13.17 所示。

图 13.16 刀路轨迹

图 13.17 2D 仿真结果

Task8. 创建深度加工轮廓铣 2

Stage1. 创建工序

Step1. 选择下拉菜单 插入(S) ➡ 工序(E)... 命令，在"创建工序"对话框的 类型 下拉列表中选择 mill_contour 选项，在 工序子类型 区域中单击"深度加工轮廓"按钮 ，在 程序 下拉列表中选择 PROGRAM 选项，在 刀具 下拉列表中选择 T3B6 (铣刀-球头铣) 选项，在 几何体 下拉列表中选择 WORKPIECE 选项，在 方法 下拉列表中选择 MILL_FINISH 选项，使用系统默认的名称。

Step2. 单击"创建工序"对话框中的 确定 按钮，系统弹出"深度加工轮廓"对话框。

Stage2. 指定切削区域

Step1. 在"深度加工轮廓"对话框的 几何体 区域中单击 指定切削区域 右侧的 按钮，系统弹出"切削区域"对话框。

Step2. 在图形区选取图 13.18 所示的面（共 25 个）为切削区域，然后单击"切削区域"对话框中的 确定 按钮，系统返回到"深度加工轮廓"对话框。

Stage3. 设置一般参数

在"深度加工轮廓"对话框的 陡峭空间范围 下拉列表中选择 仅陡峭的 选项，在"角度"文本框中输入值 44，在 公共每刀切削深度 下拉列表中选择 恒定 选项，在 最大距离 文本框中输入值 0.25。

Stage4. 设置切削层

各参数采用系统默认设置。

Stage5. 设置切削参数

Step1. 单击"深度加工轮廓"对话框中的"切削参数"按钮 ，系统弹出"切削参数"对话框。

Step2. 在"切削参数"对话框中单击 策略 选项卡，在 延伸刀轨 区域中选中 ☑ 在边上延伸 复选框。

Step3. 单击"切削参数"对话框中的 确定 按钮，完成切削参数的设置，系统返回到"深度加工轮廓"对话框。

Stage6. 设置非切削移动参数

Step1. 单击"深度加工轮廓"对话框中的"非切削移动"按钮 ，系统弹出"非切削移动"对话框。

Step2. 单击"非切削移动"对话框中的 转移/快速 选项卡，其参数设置如图 13.19 所示，单击 确定 按钮，完成非切削移动参数的设置。

选取这些面 / 放大图

图 13.18 指定切削区域

图 13.19 "转移/快速"选项卡

Stage7. 设置进给率和速度

Step1. 在"深度加工轮廓"对话框中单击"进给率和速度"按钮 ，系统弹出"进给率和速度"对话框。

Step2. 选中"进给率和速度"对话框 主轴速度 区域中的 ☑ 主轴速度（rpm）复选框，在其后的文本框中输入值 1800，按 Enter 键，然后单击 按钮；在 进给率 区域的 切削 文本框中输入值 250，按 Enter 键，然后单击 按钮，其他参数采用系统默认设置。

Step3. 单击 确定 按钮，完成进给率和速度的设置，系统返回到"深度加工轮廓"对话框。

Stage8. 生成刀路轨迹并仿真

生成的刀路轨迹如图 13.20 所示，2D 动态仿真加工后的模型如图 13.21 所示。

放大图

图 13.20 刀路轨迹

图 13.21 2D 仿真结果

Task9. 创建底壁加工铣

Stage1. 创建工序

Step1. 选择下拉菜单 插入(S) ➡ 工序(E)... 命令，系统弹出"创建工序"对话框。

Step2. 确定加工方法。在"创建工序"对话框的 类型 下拉列表中选择 mill_planar 选项，在 工序子类型 区域中单击"底壁加工"按钮 📳，在 刀具 下拉列表中选择 T4D12（铣刀-5 参数） 选项，在 几何体 下拉列表中选择 WORKPIECE 选项，在 方法 下拉列表中选择 MILL_FINISH 选项，采用系统默认的名称。

Step3. 在"创建工序"对话框中单击 确定 按钮，系统弹出"底壁加工"对话框。

Stage2. 指定切削区域

Step1. 在"底壁加工"对话框的 几何体 区域中单击"选择或编辑切削区域几何体"按钮 📦，系统弹出"切削区域"对话框。

Step2. 选取图 13.22 所示的面为切削区域，在"切削区域"对话框中单击 确定 按钮，完成切削区域的创建，系统返回到"底壁加工"对话框。

图 13.22　指定切削区域

Step3. 在"底壁加工"对话框中选中 ☑ 自动壁 复选框，单击 指定壁几何体 区域中的 🔍 按钮查看壁几何体。

Stage3. 设置刀具路径参数

Step1. 设置切削模式。在 刀轨设置 区域的 切削模式 下拉列表中选择 跟随周边 选项。

Step2. 设置步进方式。在 步距 下拉列表中选择 刀具平直百分比 选项，在 平面直径百分比 文本框中输入值 75，在 底面毛坯厚度 文本框中输入值 1，在 每刀切削深度 文本框中输入值 0。

Stage4. 设置切削参数

Step1. 在 刀轨设置 区域中单击"切削参数"按钮 📇，系统弹出"切削参数"对话框。

Step2. 在"切削参数"对话框中单击 策略 选项卡，在 刀路方向 下拉列表中选择 向内 选项，在 壁 区域中选中 ☑ 岛清根 复选框；单击 空间范围 选项卡，在 刀具延展量 文本框中输入值 50。

Step3. 单击 确定 按钮，系统返回到"底壁加工"对话框。

Stage5. 设置非切削移动参数

各参数采用系统默认设置。

Stage6. 设置进给率和速度

Step1. 单击"底壁加工"对话框中的"进给率和速度"按钮，系统弹出"进给率和速度"对话框。

Step2. 选中"进给率和速度"对话框 主轴速度 区域中的 ☑ 主轴速度 (rpm) 复选框，在其后的文本框中输入值 1200，按 Enter 键，然后单击 按钮；在 进给率 区域的 切削 文本框中输入值 250，按 Enter 键，然后单击 按钮，其他参数采用系统默认设置。

Step3. 单击"进给率和速度"对话框中的 确定 按钮，系统返回"底壁加工"对话框。

Stage7. 生成刀路轨迹并仿真

生成的刀路轨迹如图 13.23 所示，2D 动态仿真加工后的模型如图 13.24 所示。

图 13.23 刀路轨迹

图 13.24 2D 仿真结果

Task10. 保存文件

选择下拉菜单 文件(F) ➡ 保存(S) 命令，保存文件。

实例 **14** 旋钮凹模加工

本例讲述的是旋钮凹模加工工艺，该零件的加工工艺路线如图 14.1 和图 14.2 所示。

型腔铣削 ——————— 在模具加工中，一般用型腔铣或平面铣进行开粗。

剩余铣削 ——————— 如果有区域剩余材料过多，则需要进行二次开粗。

固定轮廓铣 ——————— 用于半精加工由轮廓曲面所形成的区域。

底壁加工 ——————— 对零件平面部分进行铣削。

区域轮廓铣 ——————— 用于精加工轮廓中的非陡峭曲面部分。

图 14.1　加工工艺路线（一）

a）型腔铣削　　　　　　　　b）剩余铣削　　　　　　　　c）固定轮廓铣

e）区域轮廓铣　　　　　　　　　　d）底壁加工

图 14.2　加工工艺路线（二）

Task1. 打开模型文件并进入加工模块

Step1. 打开模型文件 D:\ug90.11\work\ch14\ micro-oven_switch_upper_mold.prt。

Step2. 进入加工环境。选择下拉菜单 启动▼ ➡ 加工(R)... 命令，系统弹出"加工环境"对话框；在"加工环境"对话框的 CAM 会话配置 列表框中选择 cam_general 选项，在 要创建的 CAM 设置 列表框中选择 mill_planar 选项，单击 确定 按钮，进入加工环境。

Task2. 创建几何体

Stage1. 创建安全平面

Step1. 将工序导航器调整到几何视图，双击节点 ⊞ MCS_MILL，系统弹出"MCS 铣削"对话框，在"MCS 铣削"对话框 安全设置 区域的 安全设置选项 下拉列表中选择 平面 选项，然后在图形区选取图 14.3 所示的模型表面，在 距离 文本框中输入值 20，按 Enter 键。

Step2. 单击"MCS 铣削"对话框中的 确定 按钮，完成安全平面的创建。

Stage2. 创建部件几何体

Step1. 在工序导航器中双击 ⊞ MCS_MILL 节点下的 WORKPIECE，系统弹出"工件"对话框。

Step2. 选取部件几何体。在"工件"对话框中单击 按钮，系统弹出"部件几何体"对话框。

Step3. 在图形区框选整个零件为部件几何体。在"部件几何体"对话框中单击 确定 按钮，完成部件几何体的创建，系统返回到"工件"对话框。

Stage3. 创建毛坯几何体

Step1. 在"工件"对话框中单击 按钮，系统弹出"毛坯几何体"对话框。

Step2. 在"毛坯几何体"对话框的 类型 下拉列表中选择 包容块 选项，在 极限 区域的 ZM+ 文本框中输入值 5。

Step3. 单击"毛坯几何体"对话框中的 确定 按钮，系统返回到"工件"对话框，完成图 14.4 所示毛坯几何体的创建。

Step4. 单击"工件"对话框中的 确定 按钮，完成工件的定义。

图 14.3　参考面

图 14.4　毛坯几何体

Task3. 创建刀具

Stage1. 创建刀具 1

Step1. 将工序导航器调整到机床视图。

Step2. 选择下拉菜单 插入(S) ➡ 刀具(T)... 命令，系统弹出"创建刀具"对话框。

Step3. 在"创建刀具"对话框的 类型 下拉列表中选择 mill contour 选项，在 刀具子类型 区域中单击 MILL 按钮 ，在 位置 区域的 刀具 下拉列表中选择 GENERIC_MACHINE 选项，在 名称 文本框中输入 D10，然后单击 确定 按钮，系统弹出"铣刀-5 参数"对话框。

Step4. 在 (D) 直径 文本框中输入值 10，在 编号 区域的 刀具号 、 补偿寄存器 、 刀具补偿寄存器 文本框中均输入值 1，其他参数采用系统默认设置，单击 确定 按钮，完成刀具的创建。

Stage2. 创建刀具 2

设置刀具类型为 mill contour ， 刀具子类型 为 MILL 类型（单击 MILL 按钮 ），刀具名称为 D5R1，刀具 (D) 直径 为 5，刀具 (R1) 下半径 为 1，在 编号 区域的 刀具号 、 补偿寄存器 、 刀具补偿寄存器 文本框中均输入值 2，具体操作方法参照 Stage1。

Stage3. 创建刀具 3

设置刀具类型为 mill contour ， 刀具子类型 为 BALL_MILL 类型（单击 BALL_MILL 按钮 ），刀具名称为 B6，刀具 (D) 直径 为 6，在 编号 区域的 刀具号 、 补偿寄存器 、 刀具补偿寄存器 文本框中均输入值 3，具体操作方法参照 Stage1。

Stage4. 创建刀具 4

设置刀具类型为 mill contour ， 刀具子类型 为 BALL_MILL 类型（单击 BALL_MILL 按钮 ），刀具名称为 B4，刀具 (D) 直径 为 4，在 编号 区域的 刀具号 、 补偿寄存器 、 刀具补偿寄存器 文本框中均输入值 4，具体操作方法参照 Stage1。

Task4. 创建型腔铣工序

Stage1. 插入工序

Step1. 选择下拉菜单 插入(S) ➡ 工序(E)... 命令，在"创建工序"对话框的 类型 下拉列表中选择 mill_contour 选项，在 工序子类型 区域中单击"型腔铣"按钮 ，在 程序 下拉列表中选择 PROGRAM 选项，在 刀具 下拉列表中选择前面设置的刀具 D10 (铣刀-5 参数) 选项，在 几何体 下拉列表中选择 WORKPIECE 选项，在 方法 下拉列表中选择 MILL_ROUGH 选项，使用系统默认的名称。

Step2. 单击"创建工序"对话框中的 确定 按钮，系统弹出"型腔铣"对话框。

Stage2. 设置一般参数

在"型腔铣"对话框的 切削模式 下拉列表中选择 跟随部件 选项；在 步距 下拉列表中选择 刀具平直百分比 选项，在 平面直径百分比 文本框中输入值 50；在 公共每刀切削深度 下拉列表中选择 恒定 选项，在 最大距离 文本框中输入值 1。

Stage3. 设置切削参数

Step1. 在 刀轨设置 区域中单击"切削参数"按钮 ，系统弹出"切削参数"对话框。

Step2. 在"切削参数"对话框中单击 策略 选项卡，在 切削顺序 下拉列表中选择 深度优先 选项，其他参数采用系统默认设置。

Step3. 单击"切削参数"对话框中的 确定 按钮，系统返回到"型腔铣"对话框。

Stage4. 设置非切削移动参数

Step1. 在"型腔铣"对话框中单击"非切削移动"按钮 ，系统弹出"非切削移动"对话框。

Step2. 单击"非切削移动"对话框中的 进刀 选项卡，在 封闭区域 区域的 进刀类型 下拉列表中选择 沿形状斜进刀 选项，在 斜坡角 文本框中输入数值 3，其他参数采用系统默认设置。

Step3. 单击"非切削移动"对话框中的 确定 按钮，系统返回到"型腔铣"对话框。

Stage5. 设置进给率和速度

Step1. 在"型腔铣"对话框中单击"进给率和速度"按钮 ，系统弹出"进给率和速度"对话框。

Step2. 选中"进给率和速度"对话框 主轴速度 区域中的 ☑ 主轴速度 (rpm) 复选框，在其后的文本框中输入值 1000，按 Enter 键，然后单击 按钮，在 进给率 区域的 切削 文本框中输入值 250，按 Enter 键，然后单击 按钮，其他参数采用系统默认设置。

Step3. 单击 确定 按钮，完成进给率和速度的设置，系统返回"型腔铣"对话框。

Stage6. 生成刀路轨迹并仿真

生成的刀路轨迹如图 14.5 所示，2D 动态仿真加工后的模型如图 14.6 所示。

图 14.5 刀路轨迹

图 14.6 2D 仿真结果

Task5. 创建剩余铣工序

Stage1. 插入工序

Step1. 选择下拉菜单 插入(S) ➡ 工序(E)... 命令，在"创建工序"对话框的 类型 下拉列表中选择 mill_contour 选项，在 工序子类型 区域中单击"剩余铣"按钮 ，在 程序 下拉列表中选择 PROGRAM 选项，在 刀具 下拉列表中选择 D5R1 (铣刀-5 参数) 选项，在 几何体 下拉列表中选择 WORKPIECE 选项，在 方法 下拉列表中选择 MILL ROUGH 选项，使用系统默认的名称 REST_MILLING。

Step2. 单击"创建工序"对话框中的 确定 按钮，系统弹出"剩余铣"对话框。

Stage2. 设置一般参数

在 最大距离 文本框中输入值 1，其他参数采用系统默认设置。

Stage3. 设置切削参数

Step1. 在 刀轨设置 区域中单击"切削参数"按钮 ，系统弹出"切削参数"对话框。

Step2. 在"切削参数"对话框中单击 策略 选项卡，在 切削顺序 下拉列表中选择 深度优先 选项，其他参数采用系统默认设置。

Step3. 在"切削参数"对话框中单击 空间范围 选项卡，在 毛坯 区域的 最小材料移除 文本框中输入值 2。

Step4. 单击"切削参数"对话框中的 确定 按钮，系统返回到"剩余铣"对话框。

Stage4. 设置非切削移动参数

Step1. 在"剩余铣"对话框中单击"非切削移动"按钮 ，系统弹出"非切削移动"对话框。

Step2. 单击"非切削移动"对话框中的 进刀 选项卡，然后在 封闭区域 区域的 进刀类型 下拉列表中选择 沿形状斜进刀 选项，在 斜坡角 文本框中输入值 3，在 高度 文本框中输入 1，在 开放区域 区域的 进刀类型 下拉列表中选择 与封闭区域相同 选项，其余参数接受系统默认设置。

Step3. 单击"非切削移动"对话框中的 确定 按钮，完成非切削移动参数的设置，系统返回到"剩余铣"对话框。

Stage5. 设置进给率和速度

Step1. 在"剩余铣"对话框中单击"进给率和速度"按钮 ，系统弹出"进给率和速度"对话框。

Step2. 选中"进给率和速度"对话框 主轴速度 区域中的 ☑ 主轴速度 (rpm) 复选框，在其后的文本框中输入值 1800，按 Enter 键，然后单击 按钮，其他参数采用系统默认设置。

Step3. 单击 确定 按钮，完成进给率和速度的设置，系统返回"剩余铣"对话框。

Stage6. 生成刀路轨迹并仿真

生成的刀路轨迹如图 14.7 所示，2D 动态仿真加工后的模型如图 14.8 所示。

图 14.7　刀路轨迹　　　　　　　　图 14.8　2D 仿真结果

Task6. 创建固定轮廓铣工序

Stage1. 插入工序

Step1. 选择下拉菜单 插入(S) ➡ 工序(E)... 命令，系统弹出"创建工序"对话框。

Step2. 确定加工方法。在"创建工序"对话框的 类型 下拉列表中选择 mill_contour 选项，在 工序子类型 区域中单击"固定轮廓铣"按钮 ，在 刀具 下拉列表中选择 B6 (铣刀-球头铣) 选项，在 几何体 下拉列表中选择 WORKPIECE 选项，在 方法 下拉列表中选择 MILL_SEMI_FINISH 选项，单击 确定 按钮，系统弹出"固定轮廓铣"对话框。

Stage2. 设置驱动方式

Step1. 单击"固定轮廓铣"对话框 驱动方法 区域中的"编辑"按钮 ，系统弹出"边界驱动方法"对话框。

Step2. 在"边界驱动方法"对话框中单击"选择或编辑驱动几何体"按钮 ，系统弹出"边界几何体"对话框，在 模式 下拉列表中选择 曲线/边... 选项，在图形区选取图 14.9 所示的边线，然后单击 创建下一个边界 按钮，再分别单击"创建边界"对话框和"边界几何体"对话框中的 确定 按钮，系统返回到"边界驱动方法"对话框。

Step3. 在"边界驱动方法"对话框的 步距 下拉列表中选择 恒定 选项，在 最大距离 文本框中输入值 1，单击"边界驱动方法"对话框中的 确定 按钮，系统返回到"固定轮廓铣"对话框。

Stage3. 设置切削参数

Step1. 单击"固定轮廓铣"对话框中的"切削参数"按钮 ，系统弹出"切削参数"对话框。

Step2. 在"切削参数"对话框中单击 策略 选项卡，其参数设置如图 14.10 所示，其他参数接受系统默认设置，单击 确定 按钮。

Stage4. 设置非切削移动参数

采用系统默认的非切削移动参数。

图 14.9 选取边界

图 14.10 "策略"选项卡

Stage5. 设置进给率和速度

Step1. 在"固定轮廓铣"对话框中单击"进给率和速度"按钮,系统弹出"进给率和速度"对话框。

Step2. 选中"进给率和速度"对话框主轴速度区域中的 ☑ 主轴速度 (rpm) 复选框，在其后的文本框中输入值 2200，按 Enter 键，然后单击按钮，其他参数采用系统默认设置。

Step3. 单击 确定 按钮，完成进给率和速度的设置，系统返回"固定轮廓铣"对话框。

Stage6. 生成刀路轨迹并仿真

生成的刀路轨迹如图 14.11 所示，2D 动态仿真加工后的模型如图 14.12 所示。

图 14.11 刀路轨迹

图 14.12 2D 仿真结果

Task7. 创建底壁加工工序

Stage1. 创建工序

Step1. 选择下拉菜单 插入(S) ➡ 工序(E)... 命令，系统弹出"创建工序"对话框。

Step2. 在"创建工序"对话框的 类型 下拉列表中选择 mill_planar 选项，在 工序子类型 区域中单击"底壁加工"按钮，在 程序 下拉列表中选择 PROGRAM 选项，在 刀具 下拉列表中选择 D10 (铣刀-5 参数) 选项，在 几何体 下拉列表中选择 WORKPIECE 选项，在 方法 下拉列表中选择

`MILL FINISH` 选项，使用系统默认的名称。

Step3. 单击"创建工序"对话框中的 `确定` 按钮，系统弹出"底壁加工"对话框。

Stage2. 指定切削区域

Step1. 单击"底壁加工"对话框中的"选择或编辑切削区域几何体"按钮 `🧊`，系统弹出"切削区域"对话框。

Step2. 在图形区选取图 14.13 所示的切削区域，单击"切削区域"对话框中的 `确定` 按钮，系统返回到"底壁加工"对话框。

Stage3. 设置一般参数

在"底壁加工"对话框的 `几何体` 区域中选中 `☑ 自动壁` 复选框，在 `刀轨设置` 区域的 `切削模式` 下拉列表中选择 `往复` 选项，在 `毛坯距离` 文本框中输入值 1，其余参数接受系统默认设置。

Stage4. 设置切削参数

Step1. 单击"底壁加工"对话框中的"切削参数"按钮 `⇄`，系统弹出"切削参数"对话框。

Step2. 单击"切削参数"对话框中的 `空间范围` 选项卡，在 `切削区域` 区域的 `刀具延展量` 文本框中输入值 50，其他参数采用系统默认设置。

Step3. 单击"切削参数"对话框中的 `确定` 按钮，完成切削参数的设置，系统返回到"底壁加工"对话框。

Stage5. 设置非切削移动参数

采用系统默认的非切削移动参数设置。

Stage6. 设置进给率和速度

Step1. 单击"底壁加工"对话框中的"进给率和速度"按钮 `🕂`，系统弹出"进给率和速度"对话框。

Step2. 选中"进给率和速度"对话框 `主轴速度` 区域中的 `☑ 主轴速度 (rpm)` 复选框，在其后的文本框中输入值 1500，按 Enter 键，然后单击 `▣` 按钮，再单击 `确定` 按钮，返回"底壁加工"对话框。

Stage7. 生成刀路轨迹并仿真

生成的刀路轨迹如图 14.14 所示，2D 动态仿真加工后的模型如图 14.15 所示。

图 14.13　指定切削区域

图 14.14　刀路轨迹

图 14.15　2D 仿真结果

Task8．创建区域轮廓铣

Stage1．插入工序

Step1. 选择下拉菜单 插入(S) ➞ 工序(E)... 命令，在"创建工序"对话框的 类型 下拉列表中选择 mill_contour 选项，在 工序子类型 区域中单击"区域轮廓"按钮 ⬇，在 程序 下拉列表中选择 PROGRAM 选项，在 刀具 下拉列表中选择 B4 (铣刀-球头铣) 选项，在 几何体 下拉列表中选择 WORKPIECE 选项，在 方法 下拉列表中选择 MILL_FINISH 选项，使用系统默认的名称 CONTOUR_AREA。

Step2. 单击"创建工序"对话框中的 确定 按钮，系统弹出"区域轮廓"对话框。

Stage2．指定切削区域

Step1. 在 几何体 区域中单击"选择或编辑切削区域几何体"按钮 🔖，系统弹出"切削区域"对话框。

Step2. 在图形区选取图 14.16 所示的面（共 36 个），单击 确定 按钮，系统返回到"区域轮廓"对话框。

选取这些面

图 14.16　选取切削区域

Stage3．设置驱动方式

Step1. 在"区域轮廓"对话框 驱动方法 区域的下拉列表中选择 区域铣削 选项，单击 驱动方法 区域的"编辑"按钮 🖉，系统弹出"区域铣削驱动方法"对话框。

Step2. 在"区域铣削驱动方法"对话框中按图 14.17 所示设置参数，然后单击 确定 按钮，系统返回到"区域轮廓"对话框。

图 14.17 "区域铣削驱动方法"对话框

Stage4. 设置刀轴

刀轴选择系统默认的 +ZM 轴 选项。

Stage5. 设置切削参数

Step1. 单击"区域轮廓"对话框中的"切削参数"按钮 ，系统弹出"切削参数"对话框。

Step2. 在"切削参数"对话框中单击 策略 选项卡，在 延伸刀轨 区域中选中 ☑ 在边上延伸 复选框，其他参数采用系统默认设置。

Step3. 单击 余量 选项卡，在 公差 区域的 内公差 和 外公差 文本框中均输入值 0.01，其他参数采用系统默认设置。

Step4. 单击"切削参数"对话框中的 确定 按钮，完成切削参数的设置，系统返回到"区域轮廓"对话框。

Stage6. 设置非切削移动参数

采用系统默认的非切削移动参数。

Stage7. 设置进给率和速度

Step1. 在"区域轮廓"对话框中单击"进给率和速度"按钮 ，系统弹出"进给率和速度"对话框。

Step2. 选中"进给率和速度"对话框 主轴速度 区域中的 ☑ 主轴速度（rpm）复选框，在其后的文本框中输入值 3000，按 Enter 键，然后单击![]按钮，其他参数采用系统默认设置。

Step3. 单击 确定 按钮，完成进给率和速度的设置，系统返回"区域轮廓"对话框。

Stage8. 生成刀路轨迹并仿真

生成的刀路轨迹如图 14.18 所示，2D 动态仿真加工后的模型如图 14.19 所示。

图 14.18　刀路轨迹

图 14.19　2D 仿真结果

Task9. 保存文件

选择下拉菜单 文件(F) ➡ 保存(S) 命令，保存文件。

实例 15 固定板加工

本例通过对固定板的加工来介绍平面铣削、钻孔、扩孔等加工操作。固定板的加工虽然较为简单，但其加工操作步骤较多，本例安排了合理的加工工序，以便提高固定板的加工精度，保证其加工质量。该固定板的加工工艺路线如图 15.1 和图 15.2 所示。

图 15.1　加工工艺路线（一）

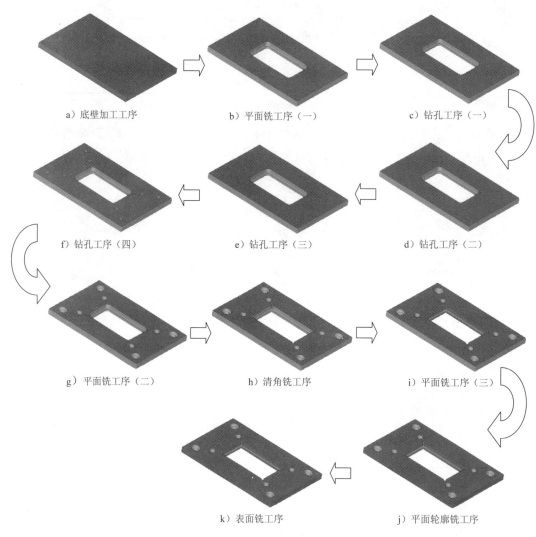

a）底壁加工工序　　　　b）平面铣工序（一）　　　　c）钻孔工序（一）

f）钻孔工序（四）　　　　e）钻孔工序（三）　　　　d）钻孔工序（二）

g）平面铣工序（二）　　　　h）清角铣工序　　　　i）平面铣工序（三）

k）表面铣工序　　　　j）平面轮廓铣工序

图 15.2　加工工艺路线（二）

Task1. 打开模型文件并进入加工模块

Step1. 打开模型文件 D:\ug90.11\work\ch15\B_Plate.prt。

Step2. 进入加工环境。选择下拉菜单 启动▾ ➡ 加工(R)... 命令，系统弹出"加工环境"对话框；在"加工环境"对话框的 CAM 会话配置 列表框中选择 cam_general 选项，在 要创建的 CAM 设置 列表框中选择 mill planar 选项，单击 确定 按钮，进入加工环境。

Task2. 创建几何体

Stage1. 创建加工坐标系

将工序导航器调整到几何视图，双击节点 ⊞ ㄥ MCS_MILL，系统弹出"MCS 铣削"对话框。采用系统默认的机床坐标系，单击 确定 按钮。

Stage2. 创建部件几何体

Step1. 在工序导航器中双击 ⊞ ⅂ᵡ MCS_MILL 节点下的 WORKPIECE ，系统弹出"工件"对话框。

Step2. 选取部件几何体。在"工件"对话框中单击 按钮，系统弹出"部件几何体"对话框。

Step3. 在图形区框选整个零件为部件几何体，如图 15.3 所示，在"部件几何体"对话框中单击 确定 按钮，完成部件几何体的创建，系统返回到"工件"对话框。

Stage3. 创建毛坯几何体

Step1. 在"工件"对话框中单击 按钮，系统弹出"毛坯几何体"对话框。

Step2. 在"毛坯几何体"对话框的 类型 下拉列表中选择 包容块 选项，按图 15.4 所示设置参数。

Step3. 单击"毛坯几何体"对话框中的 确定 按钮，系统返回到"工件"对话框，完成图 15.5 所示毛坯几何体的创建。

Step4. 单击"工件"对话框中的 确定 按钮。

图 15.4 "毛坯几何体"对话框

图 15.3 部件几何体

图 15.5 毛坯几何体

Task3. 创建刀具 1

Step1. 将工序导航器调整到机床视图。

Step2. 选择下拉菜单 插入(S) ➡ 刀具(T)... 命令，系统弹出"创建刀具"对话框。

Step3. 在"创建刀具"对话框的 类型 下拉列表中选择 mill_planar 选项，在 刀具子类型 区域中单击 MILL 按钮 ，在 位置 区域的 刀具 下拉列表中选择 GENERIC_MACHINE 选项，在 名称 文本框中输入 T1D20，然后单击 确定 按钮，系统弹出"铣刀-5 参数"对话框。

Step4. 在"铣刀-5 参数"对话框的 ⁽ᴰ⁾直径 文本框中输入值 20，在 编号 区域的 刀具号 、补偿寄存器 、刀具补偿寄存器 文本框中均输入值 1，其他参数采用系统默认设置值，单击 确定按钮，完成刀具 1 的创建。

Task4．创建底壁加工工序

Stage1．创建工序

Step1. 选择下拉菜单 插入(S) ➡ 工序(E)... 命令，系统弹出"创建工序"对话框。

Step2. 在"创建工序"对话框的 类型 下拉列表中选择 mill_planar 选项，在 工序子类型 区域中单击"底壁加工"按钮，在 程序 下拉列表中选择 PROGRAM 选项，在 刀具 下拉列表中选择 T1D20 (铣刀-5 参数) 选项，在 几何体 下拉列表中选择 WORKPIECE 选项，在 方法 下拉列表中选择 MILL_SEMI_FINISH 选项，使用系统默认的名称。

Step3. 单击"创建工序"对话框中的 确定 按钮，系统弹出"底壁加工"对话框。

Stage2．指定切削区域

Step1. 单击"底壁加工"对话框中的"选择或编辑切削区域几何体"按钮，系统弹出"切削区域"对话框。

Step2. 在图形区选取图 15.6 所示的切削区域，单击"切削区域"对话框中的 确定 按钮，系统返回到"底壁加工"对话框。

Stage3．设置一般参数

在 刀轨设置 区域的 切削模式 下拉列表中选择 往复 选项，在 步距 下拉列表中选择 刀具平直百分比 选项，在 平面直径百分比 文本框中输入值 75，在 底面毛坯厚度 文本框中输入值 5，在 每刀切削深度 文本框中输入值 1。

Stage4．设置切削参数

Step1. 单击"底壁加工"对话框中的"切削参数"按钮，系统弹出"切削参数"对话框；单击"切削参数"对话框中的 余量 选项卡，按图 15.7 所示设置参数。

图 15.6　指定切削区域

图 15.7　"余量"选项卡

Step2. 单击"切削参数"对话框中的 连接 选项卡，在 跨空区域 区域的 运动类型 下拉列表中选择 切削 选项。

Step3. 单击"切削参数"对话框中的 确定 按钮，完成切削参数的设置，系统返回到"底壁加工"对话框。

Stage5. 设置非切削移动参数

采用系统默认的非切削移动参数设置。

Stage6. 设置进给率和速度

Step1. 单击"底壁加工"对话框中的"进给率和速度"按钮 ，系统弹出"进给率和速度"对话框。

Step2. 选中"进给率和速度"对话框 主轴速度 区域中的 ☑ 主轴速度 (rpm) 复选框，在其后的文本框中输入值 800，按 Enter 键，然后单击 按钮，在 进给率 区域的 切削 文本框中输入值 200，按 Enter 键，然后单击 按钮，再单击 确定 按钮，返回"底壁加工"对话框。

Stage7. 生成刀路轨迹并仿真

生成的刀路轨迹如图 15.8 所示，2D 动态仿真加工后的模型如图 15.9 所示。

图 15.8　刀路轨迹

图 15.9　2D 仿真结果

Task5. 创建平面铣工序 1

Stage1. 创建工序

Step1. 选择下拉菜单 插入(S) ➡ 工序(E)... 命令，系统弹出"创建工序"对话框。

Step2. 确定加工方法。在"创建工序"对话框的 类型 下拉列表中选择 mill_planar 选项，在 工序子类型 区域中单击"平面铣"按钮 ，在 程序 下拉列表中选择 PROGRAM 选项，在 刀具 下拉列表中选择 T1D20 (铣刀-5 参数) 选项，在 几何体 下拉列表中选择 WORKPIECE 选项，在 方法 下拉列表中选择 MILL_SEMI_FINISH 选项，采用系统默认的名称。

Step3. 在"创建工序"对话框中单击 确定 按钮，系统弹出"平面铣"对话框。

Stage2. 指定部件边界

Step1. 在"平面铣"对话框中单击 指定部件边界 右侧的"选择或编辑部件边界"按钮 ▣，系统弹出"边界几何体"对话框。

Step2. 在 模式 下拉列表中选择 曲线/边… 选项，此时系统会弹出"创建边界"对话框。

Step3. 采用系统默认的参数设置，在图形区选取图 15.10 所示的边线，然后单击 创建下一个边界 按钮。

Step4. 在"创建边界"对话框的 材料侧 下拉列表中选择 外部 选项，然后在绘图区域选取图 15.11 所示的边线，单击 创建下一个边界 按钮。

图 15.10　定义参照边线 1　　　　图 15.11　定义参照边线 2

Step5. 保持对话框中的参数设置不变，在绘图区域选取图 15.12 所示的边线，然后单击 创建下一个边界 按钮；分别单击"创建边界"对话框和"边界几何体"对话框中的 确定 按钮，系统返回"平面铣"对话框。

Stage3. 指定毛坯边界

Step1. 在"平面铣"对话框中单击 指定毛坯边界 右侧的"选择或编辑毛坯边界"按钮 ▣，系统弹出"边界几何体"对话框。

Step2. 在 模式 下拉列表中选择 曲线/边… 选项，此时系统会弹出"创建边界"对话框。

Step3. 在图形区选择图 15.13 所示的边线，然后单击 创建下一个边界 按钮；分别单击"创建边界"对话框和"边界几何体"对话框中的 确定 按钮，系统返回"平面铣"对话框。

图 15.12　定义参照边线 3　　　　图 15.13　定义参照边线 4

Step4. 再次单击 指定毛坯边界 右侧的"选择或编辑毛坯边界"按钮 ▣，系统弹出"边界几何体"对话框，单击 定制边界数据 按钮，系统弹出"编辑边界"对话框,选中 ☑ 余量 复选框,然后在 ☑ 余量 后的文本框中输入值 5,单击 确定 按钮,系统返回"平面铣"对话框。

Stage4. 指定底面

Step1. 在"平面铣"对话框中单击 指定底面 右侧的"选择或编辑底平面几何体"按钮 🔩,系统弹出"平面"对话框。

Step2. 在图形区选择图 15.14 所示的面,单击 确定 按钮,系统返回"平面铣"对话框。

选取该平面

图 15.14 指定底面

Stage5. 设置刀具路径参数

Step1. 设置一般参数。在 切削模式 下拉列表中选择 跟随部件 选项,在 步距 下拉列表中选择 刀具平直百分比 选项,在 平面直径百分比 文本框中输入值 50,其他参数采用系统默认设置。

Step2. 设置切削层。

(1)在"平面铣"对话框中单击"切削层"按钮 ▤,系统弹出"切削层"对话框。

(2)在"切削层"对话框的 类型 下拉列表中选择 恒定 选项,在 公共 文本框中输入值 1,其余参数采用系统默认设置,单击 确定 按钮,系统返回到"平面铣"对话框。

Stage6. 设置切削参数

Step1. 在"平面铣"对话框中单击"切削参数"按钮 ⇉,系统弹出"切削参数"对话框。

Step2. 在"切削参数"对话框中单击 策略 选项卡,在 切削顺序 下拉列表中选择 深度优先 选项。

Step3. 在"切削参数"对话框中单击 确定 按钮,系统返回到"平面铣"对话框。

Stage7. 设置非切削移动参数

Step1. 在"平面铣"对话框的 刀轨设置 区域中单击"非切削移动"按钮 ⊡,系统弹出"非切削移动"对话框。

Step2. 单击"非切削移动"对话框中的 进刀 选项卡,在 进刀类型 下拉列表中选择 沿形状斜进刀 选项,在 斜坡角 文本框中输入值 3;其他选项卡中的参数采用系统默认设置,单击 确定 按钮,完成非切削移动参数的设置。

Stage8. 设置进给率和速度

Step1. 单击"平面铣"对话框中的"进给率和速度"按钮 ![], 系统弹出"进给率和速度"对话框。

Step2. 选中"进给率和速度"对话框 主轴速度 区域中的 ☑ 主轴速度 (rpm) 复选框, 在其后的文本框中输入值 800, 在 进给率 区域的 切削 文本框中输入值 200, 按 Enter 键, 然后单击 ![] 按钮, 其他参数采用系统默认设置。

Step3. 单击"进给率和速度"对话框中的 确定 按钮。

Stage9. 生成刀路轨迹并仿真

Step1. 在"平面铣"对话框中单击"生成"按钮 ![], 在图形区生成图 15.15 所示的刀路轨迹。

Step2. 使用 2D 动态仿真。完成仿真后的模型如图 15.16 所示。

放大图

图 15.15 刀路轨迹

Task6. 创建刀具 2

Step1. 将工序导航器调整到机床视图。

Step2. 选择下拉菜单 插入(S) ➡ 刀具(T)... 命令, 系统弹出"创建刀具"对话框。

Step3. 在"创建刀具"对话框的 类型 下拉列表中选择 drill 选项, 在 刀具子类型 区域中单击 SPOTDRILLING_TOOL 按钮 ![], 在 位置 区域的 刀具 下拉列表中选择 GENERIC_MACHINE 选项, 在 名称 文本框中输入 T2SP3, 然后单击 确定 按钮, 系统弹出"钻刀"对话框。

Step4. 在"钻刀"对话框的 (D) 直径 文本框中输入值 3, 在 编号 区域的 刀具号 、补偿寄存器 文本框中均输入值 2, 其他参数采用系统默认设置, 单击 确定 按钮, 完成刀具 2 的创建。

Task7. 创建钻孔工序 1

Stage1. 插入工序

Step1. 选择下拉菜单 插入(S) ➡ 工序(E)... 命令, 系统弹出"创建工序"对话框。

Step2. 在"创建工序"对话框的 类型 下拉列表中选择 drill 选项, 在 工序子类型 区域中单击"定心钻"按钮 ![], 在 刀具 下拉列表中选择前面设置的刀具 T2SP3 (钻刀) 选项, 在 几何体 下拉列表中选择 WORKPIECE 选项，其他参数采用系统默认设置。

Step3. 单击"创建工序"对话框中的 确定 按钮，系统弹出"定心钻"对话框。

Stage2. 指定钻孔点

Step1. 单击"定心钻"对话框 指定孔 右侧的 按钮，系统弹出"点到点几何体"对话框，单击 选择 按钮，系统弹出"点位选择"对话框，单击 面上所有孔 按钮，系统弹出"选择面"对话框。

Step2. 在图形区选取图 15.17 所示的面，单击"选择面"对话框中的 确定 按钮，系统返回到"点位选择"对话框，然后在绘图区域选取图 15.18 所示的 4 个孔，单击 确定 按钮，再依次单击"点到点几何体"对话框中的 优化 按钮、 最短刀轨 按钮、 优化 按钮、 接受 按钮，最后单击"点到点几何体"对话框中的 确定 按钮，返回"定心钻"对话框。

图 15.16　2D 仿真结果

图 15.17　选取面

Stage3. 指定顶面

Step1. 单击"定心钻"对话框 指定顶面 右侧的 按钮，系统弹出"顶部曲面"对话框。

Step2. 在"顶部曲面"对话框的 顶面选项 下拉列表中选择 面 选项，然后选取图 15.19 所示的面。

Step3. 单击"顶部曲面"对话框中的 确定 按钮，返回"定心钻"对话框。

图 15.18　指定钻孔点　　　　图 15.19　选取参考面

Stage4. 设置循环控制参数

Step1. 在"定心钻"对话框 循环类型 区域的 循环 下拉列表中选择 标准钻... 选项，单击"编辑参数"按钮 ![icon]，系统弹出"指定参数组"对话框。

Step2. 在"指定参数组"对话框中采用系统默认的参数组序号 1，单击 确定 按钮，系统弹出"Cycle 参数"对话框，单击 Depth (Tip) - 0.0000 按钮，系统弹出"Cycle 深度"对话框。

Step3. 单击 刀尖深度 按钮，系统弹出"深度"对话框，在 深度 文本框中输入值 4，单击 确定 按钮，系统返回到"Cycle 参数"对话框。

Step4. 单击 Dwell - 关 按钮，系统弹出 Cycle Dwell 对话框，单击 关 按钮，再单击"Cycle 参数"对话框中的 确定 按钮，返回"定心钻"对话框。

Stage5. 避让设置

Step1. 单击"定心钻"对话框中的"避让"按钮 ![icon]，系统弹出"避让几何体"对话框。

Step2. 单击"避让几何体"对话框中的 Clearance Plane -无 按钮，系统弹出"安全平面"对话框。

Step3. 单击"安全平面"对话框中的 指定 按钮，系统弹出"平面"对话框，选取图 15.20 所示的平面为参照，然后在 偏置 区域的 距离 文本框中输入值 10，单击 确定 按钮，系统返回"安全平面"对话框并创建一个安全平面，单击"安全平面"对话框中的 显示 按钮可以查看创建的安全平面，如图 15.21 所示。

Step4. 单击"安全平面"对话框中的 确定 按钮，返回"避让几何体"对话框，然后单击"避让几何体"对话框中的 确定 按钮，完成避让的设置，返回"定心钻"对话框。

图 15.20　选取参考面

图 15.21　安全平面

Stage6. 设置进给率和速度

Step1. 单击"定心钻"对话框中的"进给率和速度"按钮 ![icon]，系统弹出"进给率和速度"对话框。

Step2. 在"进给率和速度"对话框中选中 ☑ 主轴速度 (rpm) 复选框，然后在其文本框中输入值 3000，按 Enter 键，然后单击 ![icon] 按钮，在 切削 文本框中输入值 150，按 Enter 键，然后单击 ![icon] 按钮，其他参数采用系统默认设置，单击 确定 按钮，完成进给率和速度的设置。

Stage7. 生成刀路轨迹并仿真

生成的刀路轨迹如图 15.22 所示，2D 动态仿真加工后的模型如图 15.23 所示。

图 15.22 刀路轨迹 图 15.23 2D 仿真结果

Task8. 创建刀具 3

Step1. 选择下拉菜单 插入(S) ➞ 刀具(T) 命令，系统弹出"创建刀具"对话框。

Step2. 确定刀具类型。在"创建刀具"对话框的 类型 下拉列表中选择 drill 选项，在 刀具子类型 区域中单击 DRILLING_TOOL 按钮 ，在 名称 文本框中输入 T3DR6，然后单击 确定 按钮，系统弹出"钻刀"对话框。

Step3. 设置刀具参数。在"钻刀"对话框的 (D) 直径 文本框中输入值 6，在 刀具号 、补偿寄存器 文本框中均输入值 3，其他参数采用系统默认设置，单击 确定 按钮，完成刀具 3 的创建。

Task9. 创建钻孔工序 2

Stage1. 插入工序

Step1. 选择下拉菜单 插入(S) ➞ 工序(E)... 命令，系统弹出"创建工序"对话框。

Step2. 在"创建工序"对话框的 类型 下拉列表中选择 drill 选项，在 工序子类型 区域中单击"钻孔"按钮 ，在 程序 下拉列表中选择 PROGRAM 选项，在 刀具 下拉列表中选择 T3DR6（钻刀）选项，在 几何体 下拉列表中选择 WORKPIECE 选项，在 方法 下拉列表中选择 DRILL_METHOD 选项，其他参数采用系统默认设置。

Step3. 单击"创建工序"对话框中的 确定 按钮，系统弹出"钻孔"对话框。

Stage2. 指定钻孔点

Step1. 单击"钻孔"对话框 指定孔 右侧的 按钮，系统弹出"点到点几何体"对话框，单击 选择 按钮，系统弹出"点位选择"对话框，单击 面上所有孔 按钮，系统弹出"选择面"对话框。

Step2. 在图形区选取图 15.24 所示的面，单击"选择面"对话框的 确定 按钮，系统返回到"点位选择"对话框，然后在绘图区域选取图 15.25 所示的 4 个孔，单击 确定 按钮，再依次单击"点到点几何体"对话框中的 优化 按钮、

| 最短刀轨 | 按钮、 | 优化 | 按钮、 |

接受 按钮，最后单击"点到点几何体"对话框中的

确定 按钮，返回"钻孔"对话框。

图 15.24　选取面

图 15.25　指定钻孔点

Step3. 指定顶面。单击"钻孔"对话框 指定顶面 右侧的 ◆ 按钮，系统弹出"顶部曲面"对话框；在"顶部曲面"对话框的 顶面选项 下拉列表中选择 ⬡ 面 选项，然后选取图 15.26 所示的面；单击"顶部曲面"对话框的 确定 按钮，返回"钻孔"对话框。

Step4. 指定底面。单击"钻孔"对话框 指定底面 右侧的 ◆ 按钮，系统弹出"底面"对话框；在"底面"对话框的 底面选项 下拉列表中选择 ⬡ 面 选项，选取图 15.27 所示的面；单击"底面"对话框中的 确定 按钮，返回"钻孔"对话框。

图 15.26　指定顶面

图 15.27　指定底面

Stage3. 设置循环控制参数

接受系统默认的参数设置。

Stage4. 设置一般参数

接受系统默认的参数设置。

Stage5. 避让设置

Step1. 单击"钻孔"对话框中的"避让"按钮 🔲，系统弹出"避让几何体"对话框。

Step2. 单击"避让几何体"对话框中的 Clearance Plane -无 按钮，系统弹出"安全平面"对话框。

Step3. 单击"安全平面"对话框中的 指定 按钮，系统弹出"平面"对话框，选取图 15.28 所示的平面为参照，然后在 偏置 区域的 距离 文本框中输入值 10，单

击 确定 按钮，系统返回"安全平面"对话框并创建一个安全平面，单击"安全平面"对话框中的 显示 按钮可以查看创建的安全平面，如图 15.29 所示。

Step4. 单击"安全平面"对话框中的 确定 按钮，返回"避让几何体"对话框，然后单击"避让几何体"对话框中的 确定 按钮，完成避让的设置，返回"钻孔"对话框。

Stage6. 设置进给率和速度

Step1. 单击"钻孔"对话框中的"进给率和速度"按钮，系统弹出"进给率和速度"对话框。

Step2. 在"进给率和速度"对话框中选中 ☑ 主轴速度 (rpm) 复选框，然后在其文本框中输入值 1600，按 Enter 键，然后单击 按钮，在 切削 文本框中输入值 300，按 Enter 键，然后单击 按钮，其他参数采用系统默认设置，单击 确定 按钮，完成进给率和速度的设置。

Stage7. 生成刀路轨迹并仿真

生成的刀路轨迹如图 15.30 所示，2D 动态仿真加工后的模型如图 15.31 所示。

图 15.28　选取参考面　　　　图 15.29　安全平面　　　　图 15.30　刀路轨迹

Task10. 创建刀具 4

Step1. 选择下拉菜单 插入(S) ➡ 刀具(T) 命令，系统弹出"创建刀具"对话框。

Step2. 确定刀具类型。在"创建刀具"对话框的 类型 下拉列表中选择 drill 选项，在 刀具子类型 区域中单击 DRILLING_TOOL 按钮 ，在 名称 文本框中输入 T4DR6.7，然后单击 确定 按钮，系统弹出"钻刀"对话框。

Step3. 设置刀具参数。在"钻刀"对话框的 (D) 直径 文本框中输入值 6.7，在 刀具号 和 补偿寄存器 文本框中输入值 4，其他参数采用系统默认设置，单击 确定 按钮，完成刀具 4 的创建。

Task11. 创建钻孔工序 3

Stage1. 插入工序

Step1. 选择下拉菜单 插入(S) ➡ 工序(E)... 命令，系统弹出"创建工序"对话框。

Step2. 在"创建工序"对话框的 类型 下拉列表中选择 drill 选项，在 工序子类型 区域中单击

"钻孔"按钮 ⇩，在 程序 下拉列表中选择 PROGRAM 选项，在 刀具 下拉列表中选择 T4DR6.7（钻刀）选项，在 几何体 下拉列表中选择 WORKPIECE 选项，在 方法 下拉列表中选择 DRILL_METHOD 选项，其他参数采用系统默认设置。

Step3. 单击"创建工序"对话框中的 确定 按钮，系统弹出"钻孔"对话框。

Stage2. 指定钻孔点

Step1. 单击"钻孔"对话框 指定孔 右侧的 🎲 按钮，系统弹出"点到点几何体"对话框，单击 选择 按钮，系统弹出"点位选择"对话框。

Step2. 在绘图区域选取图 15.32 所示的 6 个孔，单击 确定 按钮，然后依次单击"点到点几何体"对话框中的 优化 按钮、 最短刀轨 按钮、 优化 按钮、 接受 按钮，再单击"点到点几何体"对话框中的 确定 按钮，返回"钻孔"对话框。

图 15.31　2D 仿真结果　　　　　　　　图 15.32　指定钻孔点

Step3. 指定顶面。单击"钻孔"对话框 指定顶面 右侧的 ◈ 按钮，系统弹出"顶部曲面"对话框；在"顶部曲面"对话框的 顶面选项 下拉列表中选择 ◐面 选项，然后选取图 15.33 所示的面；单击"顶部曲面"对话框中的 确定 按钮，返回"钻孔"对话框。

Step4. 指定底面。单击"钻孔"对话框 指定底面 右侧的 ◈ 按钮，系统弹出"底面"对话框；在"底面"对话框的 底面选项 下拉列表中选择 ◐面 选项，选取图 15.34 所示的面；单击"底面"对话框中的 确定 按钮，返回"钻孔"对话框。

选取该平面　　　　　　　　　　　　　选取该平面

图 15.33　指定顶面　　　　　　　　　图 15.34　指定底面

Stage3. 设置循环控制参数

接受系统默认的参数设置。

Stage4. 设置一般参数

接受系统默认的参数设置。

Stage5. 避让设置

接受系统默认的参数设置。

Stage6. 设置进给率和速度

Step1. 单击"钻孔"对话框中的"进给率和速度"按钮 ，系统弹出"进给率和速度"对话框。

Step2. 在"进给率和速度"对话框中选中 ☑ 主轴速度（rpm）复选框，然后在其文本框中输入值 1800，按 Enter 键，然后单击 按钮，在 切削 文本框中输入值 250，按 Enter 键，然后单击 按钮，其他参数采用系统默认设置，单击 确定 按钮，完成进给率和速度的设置。

Stage7. 生成刀路轨迹并仿真

生成的刀路轨迹如图 15.35 所示，2D 动态仿真加工后的模型如图 15.36 所示。

图 15.35 刀路轨迹

图 15.36 2D 仿真结果

Task12. 创建刀具 5

Step1. 选择下拉菜单 插入(S) ➡ 刀具(T) 命令，系统弹出"创建刀具"对话框。

Step2. 确定刀具类型。在"创建刀具"对话框的 类型 下拉列表中选择 drill 选项，在 刀具子类型 区域中单击 DRILLING_TOOL 按钮 ，在 名称 文本框中输入 T5DR12，然后单击 确定 按钮，系统弹出"钻刀"对话框。

Step3. 设置刀具参数。在"钻刀"对话框的 (D) 直径 文本框中输入值 12，在 刀具号 文本框中输入值 5，其他参数采用系统默认设置，单击 确定 按钮，完成刀具 5 的创建。

Task13. 创建钻孔工序 4

Stage1. 插入工序

Step1. 选择下拉菜单 插入(S) ➡ 工序(E)... 命令，系统弹出"创建工序"对话框。

Step2. 在"创建工序"对话框的 类型 下拉列表中选择 drill 选项，在 工序子类型 区域中单击

"钻孔"按钮 ，在 程序 下拉列表中选择 PROGRAM 选项，在 刀具 下拉列表中选择 T5DR12（钻刀）选项，在 几何体 下拉列表中选择 WORKPIECE 选项，在 方法 下拉列表中选择 DRILL_METHOD 选项，其他参数采用系统默认设置。

Step3. 单击"创建工序"对话框中的 确定 按钮，系统弹出"钻孔"对话框。

Stage2. 指定钻孔点

Step1. 指定钻孔点。

（1）单击"钻孔"对话框 指定孔 右侧的 按钮，系统弹出"点到点几何体"对话框；单击 选择 按钮，系统弹出"点位选择"对话框；单击 面上所有孔 按钮，系统弹出"选择面"对话框。

（2）单击 最小直径 -无 按钮，系统弹出"直径"对话框，在 直径 文本框中输入值 12，单击 确定 按钮，然后选取图 15.37 所示的面，分别单击"选择面"对话框和"点位选择"对话框中的 确定 按钮，返回"点到点几何体"对话框。

（3）依次单击"点到点几何体"对话框中的 优化 按钮、最短刀轨 按钮、优化 按钮、接受 按钮，再单击"点到点几何体"对话框中的 确定 按钮，返回"钻孔"对话框。

Step2. 指定顶面。单击"钻孔"对话框 指定顶面 右侧的 按钮，系统弹出"顶部曲面"对话框；在"顶部曲面"对话框的 顶面选项 下拉列表中选择 面 选项，然后选取图 15.37 所示的面；单击"顶部曲面"对话框中的 确定 按钮，返回"钻孔"对话框。

Stage3. 设置循环控制参数

接受系统默认的参数设置。

Stage4. 设置一般参数

接受系统默认的参数设置。

Stage5. 避让设置

接受系统默认的参数设置。

Stage6. 设置进给率和速度

Step1. 单击"钻孔"对话框中的"进给率和速度"按钮，系统弹出"进给率和速度"对话框。

Step2. 在"进给率和速度"对话框中选中 ☑ 主轴速度（rpm）复选框，然后在其文本框中输

入值 800，按 Enter 键，然后单击 按钮，在 切削 文本框中输入值 250，按 Enter 键，然后
单击 按钮，其他参数采用系统默认设置，单击 确定 按钮，完成进给率和速度的设置。

Stage7. 生成刀路轨迹并仿真

生成的刀路轨迹如图 15.38 所示，2D 动态仿真加工后的模型如图 15.39 所示。

图 15.37　选取参考面　　　　图 15.38　刀路轨迹　　　　图 15.39　2D 仿真结果

Task14. 创建刀具 6

Step1. 将工序导航器调整到机床视图。

Step2. 选择下拉菜单 插入(S) ➡ 刀具(T)... 命令，系统弹出"创建刀具"对话框。

Step3. 在"创建刀具"对话框的 类型 下拉列表中选择 mill planar 选项，在 刀具子类型 区域
中单击 MILL 按钮，在 位置 区域的 刀具 下拉列表中选择 GENERIC_MACHINE 选项，在 名称 文本
框中输入 T6D10，然后单击 确定 按钮，系统弹出"铣刀-5 参数"对话框。

Step4. 在"铣刀-5 参数"对话框的 (D) 直径 文本框中输入值 10，在 编号 区域的 刀具号 、
补偿寄存器 、刀具补偿寄存器 文本框中均输入值 6，其他参数采用系统默认设置，单击 确定 按
钮，完成刀具 6 的创建。

Task15. 创建平面铣工序 2

Stage1. 创建工序

Step1. 选择下拉菜单 插入(S) ➡ 工序(E)... 命令，系统弹出"创建工序"对话框。

Step2. 确定加工方法。在"创建工序"对话框的 类型 下拉列表中选择 mill_planar 选项，在
工序子类型 区域中单击"平面铣"按钮，在 程序 下拉列表中选择 PROGRAM 选项，在 刀具 下
拉列表中选择 T6D10 (铣刀-5 参数) 选项，在 几何体 下拉列表中选择 WORKPIECE 选项，在 方法 下拉
列表中选择 MILL_FINISH 选项，采用系统默认的名称。

Step3. 在"创建工序"对话框中单击 确定 按钮，系统弹出"平面铣"对话框。

Stage2. 指定部件边界

Step1. 在"平面铣"对话框中单击 指定部件边界 右侧的"选择或编辑部件边界"按钮，

系统弹出"边界几何体"对话框。

Step2. 在 模式 下拉列表中选择 曲线/边... 选项,系统弹出"创建边界"对话框,在"创建边界"对话框的 材料侧 下拉列表中选择 外部 选项。

Step3. 在图形区选取图 15.40 所示的边线,然后单击 创建下一个边界 按钮。

Step4. 在图形区选取图 15.41 所示的边线,然后单击 创建下一个边界 按钮。

图 15.40　定义参照边线 1

图 15.41　定义参照边线 2

Step5. 参照以上两步的操作方法,分别选取另外 6 个沉头孔的边线,并分别单击 创建下一个边界 按钮创建边界几何体,如图 15.42 所示。

Step6. 分别单击"创建边界"对话框和"边界几何体"对话框中的 确定 按钮,系统返回"平面铣"对话框。

Stage3. 指定底面

Step1. 在"平面铣"对话框中单击 指定底面 右侧的"选择或编辑底平面几何体"按钮 ,系统弹出"平面"对话框。

Step2. 在图形区选取图 15.43 所示的面,然后在 偏置 区域的 距离 文本框中输入值 1,单击 确定 按钮,系统返回"平面铣"对话框。

Stage4. 设置刀具路径参数

Step1. 设置一般参数。在 切削模式 下拉列表中选择 跟随部件 选项,在 步距 下拉列表中选择 恒定 选项,在 最大距离 文本框中输入值 2,其他参数采用系统默认设置。

Step2. 设置切削层。在"平面铣"对话框中单击"切削层"按钮 ,系统"切削层"对话框;在"切削层"对话框的 类型 下拉列表中选择 恒定 选项,在 公共 文本框中输入值 1,其余参数采用系统默认设置,单击 确定 按钮,系统返回到"平面铣"对话框。

Stage5. 设置切削参数

Step1. 在"平面铣"对话框中单击"切削参数"按钮 ,系统弹出"切削参数"对话框。

Step2. 在"切削参数"对话框中单击 策略 选项卡,按图 15.44 所示设置参数。

Step3. 在"切削参数"对话框中单击 余量 选项卡,在 内公差 与 外公差 文本框中均输入值

0.01，其余选项卡参数接受系统默认设置，单击 确定 按钮，系统返回到"平面铣"对话框。

图 15.42 定义其余边线

图 15.44 "策略"选项卡

图 15.43 指定底面

Stage6. 设置非切削移动参数

Step1. 在"平面铣"对话框的 刀轨设置 区域中单击"非切削移动"按钮，系统弹出"非切削移动"对话框。

Step2. 单击"非切削移动"对话框中的 进刀 选项卡，在 进刀类型 下拉列表中选择 插削 选项，在 高度起点 下拉列表中选择 当前层 选项，单击 确定 按钮，完成非切削移动参数的设置。

Stage7. 设置进给率和速度

Step1. 单击"平面铣"对话框中的"进给率和速度"按钮，系统弹出"进给率和速度"对话框。

Step2. 选中"进给率和速度"对话框 主轴速度 区域中的 ☑ 主轴速度 (rpm) 复选框，在其后的文本框中输入值 1000，在 进给率 区域的 切削 文本框中输入值 250，按 Enter 键，然后单击 按钮，其他参数采用系统默认设置。

Step3. 单击"进给率和速度"对话框中的 确定 按钮，完成进给率和速度的设置。

Stage8. 生成刀路轨迹并仿真

Step1. 在"平面铣"对话框中单击"生成"按钮，在图形区生成图 15.45 所示的刀路轨迹。

Step2. 使用 2D 动态仿真。完成仿真后的模型如图 15.46 所示。

图 15.45　刀路轨迹　　　　　　　　　图 15.46　2D 仿真结果

Task16. 创建刀具 7

Step1. 将工序导航器调整到机床视图。

Step2. 选择下拉菜单 插入(S) ➔ 刀具(T)... 命令，系统弹出"创建刀具"对话框。

Step3. 在"创建刀具"对话框的 类型 下拉列表中选择 mill_planar 选项，在 刀具子类型 区域中单击 MILL 按钮 ，在 位置 区域的 刀具 下拉列表中选择 GENERIC_MACHINE 选项，在 名称 文本框中输入 T7D6，然后单击 确定 按钮，系统弹出"铣刀-5 参数"对话框。

Step4. 在"铣刀-5 参数"对话框的 (D) 直径 文本框中输入值 6，在 编号 区域的 刀具号 、补偿寄存器 、刀具补偿寄存器 文本框中均输入值 7，其他参数采用系统默认设置，单击 确定 按钮，完成刀具的创建。

Task17. 创建清理拐角工序

Stage1. 创建工序

Step1. 选择下拉菜单 插入(S) ➔ 工序(E)... 命令，系统弹出"创建工序"对话框。

Step2. 确定加工方法。在"创建工序"对话框的 类型 下拉列表中选择 mill_planar 选项，在 工序子类型 区域中单击"清理拐角"按钮 ，在 程序 下拉列表中选择 PROGRAM 选项，在 刀具 下拉列表中选择 T7D6 (铣刀-5 参数) 选项，在 几何体 下拉列表中选择 WORKPIECE 选项，在 方法 下拉列表中选择 MILL_SEMI_FINISH 选项，采用系统默认的名称。

Step3. 单击"创建工序"对话框中的 确定 按钮，系统弹出"清理拐角"对话框。

Stage2. 指定部件边界

Step1. 在"清理拐角"对话框中单击 指定部件边界 右侧的"选择或编辑部件边界"按钮 ，系统弹出"边界几何体"对话框。

Step2. 在 模式 下拉列表中选择 曲线/边... 选项，此时系统会弹出"创建边界"对话框，在"创建边界"对话框的 材料侧 下拉列表中选择 外部 选项。

Step3. 在图形区选取图 15.47 所示的边线，然后单击 创建下一个边界 按钮。

Step4. 在图形区选取图 15.48 所示的边线，然后单击 创建下一个边界 按钮。

Step5. 分别单击"创建边界"对话框和"边界几何体"对话框中的 确定 按钮，返回到"清理拐角"对话框。

图 15.47　定义参照边线 1　　　　图 15.48　定义参照边线 2

Stage3．指定底面

Step1. 在"清理拐角"对话框中单击 指定底面 右侧的"选择或编辑底平面几何体"按钮 ，系统弹出"平面"对话框。

Step2. 在图形区选取图 15.49 所示的面，然后在 偏置 区域的 距离 文本框中输入值 1，单击 确定 按钮，系统返回"清理拐角"对话框。

Stage4．设置刀具路径参数

Step1. 设置一般参数。在 切削模式 下拉列表中选择 轮廓加工 选项，在 步距 下拉列表中选择 恒定 选项，在 最大距离 文本框中输入值 1，其他参数采用系统默认设置。

Step2. 设置切削层。在"清理拐角"对话框中单击"切削层"按钮 ，系统弹出"切削层"对话框；在"切削层"对话框的 类型 下拉列表中选择 恒定 选项，在 公共 文本框中输入值 1，其余参数采用系统默认设置，单击 确定 按钮，系统返回到"清理拐角"对话框。

Stage5．设置切削参数

Step1. 在 刀轨设置 区域中单击"切削参数"按钮 ，系统弹出"切削参数"对话框。

Step2. 在"切削参数"对话框中单击 策略 选项卡，在 切削顺序 下拉列表中选择 深度优先 选项。

Step3. 在"切削参数"对话框中单击 空间范围 选项卡，在 处理中的工件 下拉列表中选择 使用参考刀具 选项，然后在 参考刀具 下拉列表中选择 T1D20 (铣刀-5 参数) 选项，在 重叠距离 文本框中输入值 1，单击 确定 按钮，系统返回到"清理拐角"对话框。

说明：这里选择的参考刀具一般是前面粗加工使用的刀具，也可以通过单击 参考刀具 右侧的"新建"按钮 来创建新的参考刀具。注意创建参考刀具时的刀具直径不能小于实际粗加工的刀具直径。

Stage6. 设置非切削移动参数

所有参数接受系统默认设置。

Stage7. 设置进给率和速度

Step1. 在"清理拐角"对话框中单击"进给率和速度"按钮 ，系统弹出"进给率和速度"对话框。

Step2. 在"进给率和速度"对话框中选中 ☑ 主轴速度 (rpm) 复选框，然后在其后的文本框中输入值 1200，在 切削 文本框中输入值 250，按下 Enter 键，然后单击 按钮，其他参数采用系统默认设置。

Step3. 单击 确定 按钮，完成进给率和速度的设置，系统返回"清理拐角"对话框。

Stage8. 生成刀路轨迹并仿真

生成的刀路轨迹如图 15.50 所示，2D 动态仿真加工后的零件模型如图 15.51 所示。

图 15.49 指定底面

图 15.50 刀路轨迹

Task18. 创建平面铣工序 3

Stage1. 创建工序

Step1. 选择下拉菜单 插入(S) ➞ 工序(E)... 命令，系统弹出"创建工序"对话框。

Step2. 确定加工方法。在"创建工序"对话框的 类型 下拉列表中选择 mill_planar 选项，在 工序子类型 区域中单击"平面铣"按钮 ，在 程序 下拉列表中选择 PROGRAM 选项，在 刀具 下拉列表中选择 T7D6 (铣刀-5 参数) 选项，在 几何体 下拉列表中选择 WORKPIECE 选项，在 方法 下拉列表中选择 MILL_FINISH 选项，采用系统默认的名称。

Step3. 在"创建工序"对话框中单击 确定 按钮，系统弹出"平面铣"对话框。

Stage2. 指定部件边界

Step1. 在"平面铣"对话框中单击 指定部件边界 右侧的"选择或编辑部件边界"按钮 ，系统弹出"边界几何体"对话框。

Step2. 在 模式 下拉列表中选择 曲线/边... 选项，此时系统会弹出"创建边界"对话框，在"创建边界"对话框的 材料侧 下拉列表中选择 外部 选项。

Step3. 在图形区选取图 15.52 所示的边线（四条），然后单击 创建下一个边界 按钮。

Step4. 在图形区选取图 15.53 所示的边线（四条），然后单击 创建下一个边界 按钮。

图 15.51 2D 仿真结果

图 15.52 定义参照边线 1

Step5. 分别单击"创建边界"对话框和"边界几何体"对话框中的 确定 按钮，系统返回"平面铣"对话框。

Stage3. 指定底面

Step1. 在"平面铣"对话框中单击 指定底面 右侧的"选择或编辑底平面几何体"按钮 ，系统弹出"平面"对话框。

Step2. 在图形区选取图 15.54 所示的面，单击 确定 按钮，系统返回"平面铣"对话框。

图 15.53 定义参照边线 2

图 15.54 指定底面

Stage4. 设置刀具路径参数

Step1. 设置一般参数。在 切削模式 下拉列表中选择 轮廓加工 选项，在 步距 下拉列表中选择 刀具平直百分比 选项，在 平面直径百分比 文本框中输入值 50，其他参数采用系统默认设置。

Step2. 设置切削层。在"平面铣"对话框中单击"切削层"按钮 ，系统弹出"切削层"对话框；在"切削层"对话框的 类型 下拉列表中选择 临界深度 选项，其余参数采用系统默认设置，单击 确定 按钮，系统返回到"平面铣"对话框。

Stage5. 设置切削参数

Step1. 在"平面铣"对话框中单击"切削参数"按钮 ，系统弹出"切削参数"对话框。

Step2. 在"切削参数"对话框中单击 余量 选项卡，在 部件余量 文本框中输入值 0，其余选项卡参数接受系统默认设置，单击 确定 按钮，系统返回到"平面铣"对话框。

Stage6. 设置非切削移动参数

Step1. 在"平面铣"对话框的 刀轨设置 区域中单击"非切削移动"按钮 ，系统弹出"非切削移动"对话框。

Step2. 单击"非切削移动"对话框中的 进刀 选项卡，在 开放区域 区域的 进刀类型 下拉列表中选择 圆弧 选项。

Step3. 单击"非切削移动"对话框中的 起点/钻点 选项卡，在 重叠距离 文本框中输入值 2，单击 确定 按钮，完成非切削移动参数的设置。

Stage7. 设置进给率和速度

Step1. 单击"平面铣"对话框中的"进给率和速度"按钮 ，系统弹出"进给率和速度"对话框。

Step2. 选中"进给率和速度"对话框 主轴速度 区域中的 ☑ 主轴速度 (rpm) 复选框，在其后的文本框中输入值 1800，在 进给率 区域的 切削 文本框中输入值 250，按 Enter 键，然后单击 按钮，其他参数采用系统默认设置。

Step3. 单击"进给率和速度"对话框中的 确定 按钮，完成进给率和速度的设置。

Stage8. 生成刀路轨迹并仿真

Step1. 在"平面铣"对话框中单击"生成"按钮 ，在图形区生成图 15.55 所示的刀路轨迹。

Step2. 使用 2D 动态仿真。完成仿真后的模型如图 15.56 所示。

图 15.55　刀路轨迹

图 15.56　2D 仿真结果

Task19. 创建平面轮廓铣工序

Stage1. 创建工序

Step1. 选择下拉菜单 插入(S) ➡ 工序(E)... 命令，系统弹出"创建工序"对话框。

Step2. 确定加工方法。在"创建工序"对话框的 类型 下拉列表中选择 mill_planar 选项，在 工序子类型 区域中单击"平面轮廓铣"按钮 ，在 程序 下拉列表中选择 PROGRAM 选项，在 刀具 下拉列表中选择 T6D10 (铣刀-5 参数) 选项，在 几何体 下拉列表中选择 WORKPIECE 选项，在 方法 下拉列表中选择 MILL_FINISH 选项，采用系统默认的名称。

Step3. 在"创建工序"对话框中单击 确定 按钮，系统弹出"平面轮廓铣"对话框。

Stage2. 指定部件边界

Step1. 在"平面轮廓铣"对话框的 几何体 区域中单击 按钮，系统弹出"边界几何体"对话框。

Step2. 在"边界几何体"对话框的 模式 下拉列表中选择 曲线/边... 选项，系统弹出"创建边界"对话框。

Step3. "创建边界"对话框的参数采用默认设置，选取图 15.57 所示的边线为几何体边界，单击"创建边界"对话框中的 创建下一个边界 按钮。

Step4. 分别单击"创建边界"对话框和"边界几何体"对话框中的 确定 按钮，系统返回到"平面轮廓铣"对话框，完成部件边界的创建。

Stage3. 指定底面

Step1. 在"平面轮廓铣"对话框中单击 按钮，系统弹出"平面"对话框，在 类型 下拉列表中选择 自动判断 选项。

Step2. 在模型上选取图 15.58 所示的模型底部平面，在 偏置 区域的 距离 文本框中输入值 1，单击 确定 按钮，完成底面的指定。

图 15.57 定义参照边线

图 15.58 指定底面

Stage4. 设置刀具路径参数

在"平面轮廓铣"对话框 刀轨设置 区域的 切削进给 文本框中输入值 250，在 切削深度 下拉列表中选择 恒定 选项，在 公共 文本框中输入值 0，其他参数采用系统默认设置。

Stage5. 设置切削参数

采用系统默认的切削参数设置。

Stage6. 设置非切削移动参数

采用系统默认的非切削移动参数设置。

Stage7. 设置进给率和速度

Step1. 单击"平面轮廓铣"对话框中的"进给率和速度"按钮，系统弹出"进给率和速度"对话框。

Step2. 选中"进给率和速度"对话框 主轴速度 区域中的 ☑ 主轴速度 (rpm) 复选框，在其后文本框中输入值 1200，按 Enter 键，然后单击 按钮，在 进给率 区域的 切削 文本框中输入值 250，按 Enter 键，然后单击 按钮，其他参数采用系统默认设置。

Step3. 单击"进给率和速度"对话框中的 确定 按钮，系统返回"平面轮廓铣"对话框。

Stage8. 生成刀路轨迹并仿真

生成的刀路轨迹如图 15.59 所示，2D 动态仿真加工后的模型如图 15.60 所示。

图 15.59 刀路轨迹

图 15.60 2D 仿真结果

Task20. 创建表面铣工序

说明：本步的详细操作过程请参见随书光盘中 video\ch15\reference 文件下的语音视频讲解文件"固定板加工-r01.avi"。

Task21. 保存文件

选择下拉菜单 文件(F) ➔ 保存(S) 命令，保存文件。

实例 **16** 鼠标盖凹模加工

本实例为鼠标盖凹模，该模型加工要经过型腔铣、平面铣、等高线轮廓铣、区域轮廓铣等多道工序，特别要注意的是对一些细节部位的加工。下面将详细介绍鼠标盖凹模的加工方法，其加工工艺路线如图 16.1 所示。

a）型腔铣工序　　　　　b）表面区域铣工序　　　　　c）等高线轮廓铣削工序

f）底壁加工铣工序　　　　e）参考刀具清根工序　　　　d）轮廓区域铣工序

图 16.1　加工工艺路线

Task1．打开模型文件并进入加工模块

Step1．打开模型文件 D:\ug90.11\work\ch16\ mouse_upper_mold.prt。

Step2．进入加工环境。选择下拉菜单 `启动` ➡ `加工(R)...` 命令，系统弹出"加工环境"对话框；在"加工环境"对话框的 `CAM 会话配置` 列表框中选择 `cam_general` 选项，在 `要创建的 CAM 设置` 列表框中选择 `mill contour` 选项，单击 `确定` 按钮，进入加工环境。

Task2．创建几何体

Stage1．创建机床坐标系

Step1．将工序导航器调整到几何视图，双击节点⊕ `MCS_MILL`，系统弹出"MCS 铣削"对话框，在"MCS 铣削"对话框的 `机床坐标系` 区域中单击"CSYS 对话框"按钮 `⚓`，系统弹出 CSYS 对话框。

Step2．在 CSYS 对话框的 `操控器` 区域中的"操控器"按钮 `➕`，系统弹出"点"对话框，在"点"对话框的 `Z` 文本框中输入值 5，单击 `确定` 按钮，此时系统返回至 CSYS 对话框，

在该对话框中单击 确定 按钮，完成图 16.2 所示机床坐标系的创建。

Stage2. 创建安全平面

Step1. 在 "MCS 铣削" 对话框 安全设置 区域的 安全设置选项 下拉列表中选择 平面 选项，在绘图区选取图 16.3 所示的面，然后在 距离 文本框中输入值 15。

Step2. 单击 "MCS 铣削" 对话框中的 确定 按钮，完成安全平面的创建。

Stage3. 创建部件几何体

Step1. 在工序导航器中双击 MCS_MILL 节点下的 WORKPIECE ，系统弹出 "工件" 对话框。

Step2. 选取部件几何体。在 "工件" 对话框中单击 按钮，系统弹出 "部件几何体" 对话框。

Step3. 在图形区选取整个零件为部件几何体。在 "部件几何体" 对话框中单击 确定 按钮，完成部件几何体的创建，系统返回到 "工件" 对话框。

Stage4. 创建毛坯几何体

Step1. 在 "工件" 对话框中单击 按钮，系统弹出 "毛坯几何体" 对话框。

Step2. 在 "毛坯几何体" 对话框的 类型 下拉列表中选择 包容块 选项，在 极限 区域的 ZM+ 文本框中输入值 5。

Step3. 单击 "毛坯几何体" 对话框中的 确定 按钮，系统返回到 "工件" 对话框，完成图 16.4 所示毛坯几何体的创建。

Step4. 单击 "工件" 对话框中的 确定 按钮。

图 16.2 创建机床坐标系

图 16.3 参考面

图 16.4 毛坯几何体

Task3. 创建刀具

Stage1. 创建刀具 1

Step1. 将工序导航器调整到机床视图。

Step2. 选择下拉菜单 插入(S) ➡ 刀具(T)... 命令，系统弹出 "创建刀具" 对话框。

Step3. 在 "创建刀具" 对话框的 类型 下拉列表中选择 mill_planar 选项，在 刀具子类型 区域中单击 MILL 按钮 ，在 位置 区域的 刀具 下拉列表中选择 GENERIC_MACHINE 选项，在 名称 文本框中输入 T1D16R2，然后单击 确定 按钮，系统弹出"铣刀-5 参数"对话框。

Step4. 在"铣刀-5 参数"对话框的 (D) 直径 文本框中输入值 16，在 (R1) 下半径 文本框中输入值 2，在 编号 区域的 刀具号 、 补偿寄存器 、 刀具补偿寄存器 文本框中均输入值 1，其他参数采用系统默认设置值，单击 确定 按钮，完成刀具的创建。

Stage2. 创建刀具 2

设置刀具类型为 mill contour ， 刀具子类型 为 BALL_MILL 类型（单击 按钮），刀具名称为 T2D10，刀具 (D) 球直径 为 10，在 编号 区域的 刀具号 、 补偿寄存器 、 刀具补偿寄存器 文本框中均输入值 2，具体操作方法参照 Stage1。

Stage3. 创建刀具 3

设置刀具类型为 mill contour ， 刀具子类型 为 BALL_MILL 类型（单击 按钮），刀具名称为 T3D8R4，刀具 (D) 球直径 为 8，在 编号 区域的 刀具号 、 补偿寄存器 、 刀具补偿寄存器 文本框中均输入值 3，具体操作方法参照 Stage1。

Stage4. 创建刀具 4

设置刀具类型为 mill contour ， 刀具子类型 为 BALL_MILL 类型（单击 按钮），刀具名称为 T4D5R2.5，刀具 (D) 球直径 为 5，在 编号 区域的 刀具号 、 补偿寄存器 、 刀具补偿寄存器 文本框中均输入值 4，具体操作方法参照 Stage1。

Stage5. 创建刀具 5

设置刀具类型为 mill contour ， 刀具子类型 为 BALL_MILL 类型（单击 按钮），刀具名称为 T5B2，刀具 (D) 球直径 为 2，在 编号 区域的 刀具号 、 补偿寄存器 、 刀具补偿寄存器 文本框中均输入值 5，具体操作方法参照 Stage1。

Task4. 创建型腔铣工序

Stage1. 插入工序

Step1. 选择下拉菜单 插入(S) ➡ 工序(E)... 命令，在"创建工序"对话框的 类型 下拉列表中选择 mill_contour 选项，在 工序子类型 区域中单击"型腔铣"按钮 ，在 程序 下拉列表中选择 PROGRAM 选项，在 刀具 下拉列表中选择前面设置的刀具 T1D16R2 (铣刀-5 参数) 选项，在 几何体 下拉列表中选择 WORKPIECE 选项，在 方法 下拉列表中选择 MILL ROUGH 选项，使用系统默认的名称。

Step2. 单击"创建工序"对话框中的 确定 按钮，系统弹出"型腔铣"对话框。

Stage2. 设置一般参数

在"型腔铣"对话框的 切削模式 下拉列表中选择 跟随部件 选项；在 步距 下拉列表中选

择 刀具平直百分比 选项，在 平面直径百分比 文本框中输入值 50；在 公共每刀切削深度 下拉列表中选择 恒定 选项，在 最大距离 文本框中输入值 1。

Stage3. 设置切削参数

Step1. 在 刀轨设置 区域中单击"切削参数"按钮，系统弹出"切削参数"对话框。

Step2. 在"切削参数"对话框中单击 连接 选项卡，在 开放刀路 下拉列表中选择 变换切削方向，其他参数采用系统默认设置。

Step3. 在"切削参数"对话框中单击 空间范围 选项卡，在 修剪方式 下拉列表中选择 轮廓线 选项，其他参数采用系统默认设置。

Step4. 单击"切削参数"对话框中的 确定 按钮，系统返回到"型腔铣"对话框。

Stage4. 设置非切削移动参数

采用系统默认的非切削移动参数设置。

Stage5. 设置进给率和速度

Step1. 在"型腔铣"对话框中单击"进给率和速度"按钮，系统弹出"进给率和速度"对话框。

Step2. 选中"进给率和速度"对话框 主轴速度 区域中的 ☑ 主轴速度 (rpm) 复选框，在其后的文本框中输入值 1000，按 Enter 键，然后单击 按钮，在 进给率 区域的 切削 文本框中输入值 300，按 Enter 键，然后单击 按钮，其他参数采用系统默认设置。

Step3. 单击 确定 按钮，完成进给率和速度的设置，系统返回"型腔铣"对话框。

Stage6. 生成刀路轨迹并仿真

生成的刀路轨迹如图 16.5 所示，2D 动态仿真加工后的模型如图 16.6 所示。

图 16.5　刀路轨迹

图 16.6　2D 仿真结果

Task5. 创建底壁加工铣工序

Stage1. 插入工序

Step1. 选择下拉菜单 插入(S) ➡ 工序(E)... 命令，系统弹出"创建工序"对话框。

Step2. 确定加工方法。在"创建工序"对话框的 类型 下拉列表中选择 mill_planar 选项,在 工序子类型 区域中单击"底壁加工"按钮 ,在 程序 下拉列表中选择 PROGRAM 选项,在 刀具 下拉列表中选择 T2D10 (铣刀-5 参数) 选项,在 几何体 下拉列表中选择 WORKPIECE 选项,在 方法 下拉列表中选择 MILL_SEMI_FINISH 选项,采用系统默认的名称。

Step3. 在"创建工序"对话框中单击 确定 按钮,系统弹出"底壁加工"对话框。

Stage2. 指定切削区域

Step1. 在 几何体 区域中单击"选择或编辑切削区域几何体"按钮 ,系统弹出"切削区域"对话框。

Step2. 选取图 16.7 所示的面为切削区域,在"切削区域"对话框中单击 确定 按钮,完成切削区域的创建,系统返回到"底壁加工"对话框。

Stage3. 设置刀具路径参数

Step1. 设置切削模式。在 刀轨设置 区域的 切削模式 下拉列表中选择 跟随周边 选项。

Step2. 设置步进方式。在 步距 下拉列表中选择 刀具平直百分比 选项,在 平面直径百分比 文本框中输入值 75,其他参数接受系统默认设置。

Stage4. 设置切削参数

Step1. 单击"底壁加工"对话框 刀轨设置 区域中的"切削参数"按钮 ,系统弹出"切削参数"对话框。

Step2. 在"切削参数"对话框中单击 策略 选项卡,在 刀路方向 下拉列表中选择 向内 选项;单击 余量 选项卡,在 最终底面余量 文本框中输入值 0.25;单击 拐角 选项卡,在 光顺 下拉列表中选择 所有刀路 选项;单击 空间范围 选项卡,在 刀具延展量 文本框中输入 60;单击"切削参数"对话框中的 确定 按钮,系统返回到"底壁加工"对话框。

Stage5. 设置非切削移动参数

采用系统默认的非切削移动参数设置。

Stage6. 设置进给率和速度

Step1. 单击"底壁加工"对话框中的"进给率和速度"按钮 ,系统弹出"进给率和速度"对话框。

Step2. 选中"进给率和速度"对话框 主轴速度 区域中的 ☑ 主轴速度 (rpm) 复选框,在其后的文本框中输入值 800,按 Enter 键,然后单击 按钮,在 切削 文本框中输入值 200,按 Enter 键,然后单击 按钮,其他参数采用系统默认设置。

Step3. 单击"进给率和速度"对话框中的 确定 按钮，系统返回"底壁加工"对话框。

Stage7. 生成刀路轨迹并仿真

生成的刀路轨迹如图 16.8 所示，2D 动态仿真加工后的模型如图 16.9 所示。

图 16.7　切削区域　　　　　图 16.8　刀路轨迹　　　　　图 16.9　2D 仿真结果

Task6. 创建深度加工轮廓铣工序

Stage1. 插入工序

Step1. 选择下拉菜单 插入(S) ➡ 工序(E)... 命令，系统弹出"创建工序"对话框。

Step2. 在"创建工序"对话框的 类型 下拉列表中选择 mill_contour 选项，在 工序子类型 区域中单击"深度加工轮廓"按钮 ，在 程序 下拉列表中选择 PROGRAM 选项，在 刀具 下拉列表中选择 T3D8R4 (铣刀-球头铣) 选项，在 几何体 下拉列表中选择 WORKPIECE 选项，在 方法 下拉列表中选择 MILL_SEMI_FINISH 选项，单击 确定 按钮，系统弹出"深度加工轮廓"对话框。

Stage2. 指定切削区域

Step1. 单击"深度加工轮廓"对话框 指定切削区域 右侧的 按钮，系统弹出"切削区域"对话框。

Step2. 在绘图区选取图 16.10 所示的切削区域（共 22 个面），单击 确定 按钮，系统返回到"深度加工轮廓"对话框。

Stage3. 设置刀具路径参数和切削层

Step1. 设置刀具路径参数。参数设置如图 16.11 所示。

图 16.10　指定切削区域　　　　　图 16.11　设置刀具路径参数

Step2. 设置切削层。采用系统默认设置。

Stage4. 设置切削参数

Step1. 单击"深度加工轮廓"对话框中的"切削参数"按钮，系统弹出"切削参数"对话框。

Step2. 单击"切削参数"对话框中的策略选项卡，按图 16.12 所示设置参数。

Step3. 单击"切削参数"对话框中的连接选项卡，参数设置如图 16.13 所示，单击 确定 按钮，系统返回到"深度加工轮廓"对话框。

图 16.12 "策略"选项卡

图 16.13 "连接"选项卡

Stage5. 设置非切削移动参数

采用系统默认的非切削移动参数。

Stage6. 设置进给率和速度

Step1. 在"深度加工轮廓"对话框中单击"进给率和速度"按钮，系统弹出"进给率和速度"对话框。

Step2. 在"进给率和速度"对话框中选中 ☑ 主轴速度 (rpm) 复选框，然后在其文本框中输入值 1600，在 切削 文本框中输入值 300，按 Enter 键，然后单击 按钮。

Step3. 单击 确定 按钮，完成进给率和速度的设置，系统返回"深度加工轮廓"对话框。

Stage7. 生成刀路轨迹并仿真

生成的刀路轨迹如图 16.14 所示，2D 动态仿真加工后的模型如图 16.15 所示。

放大图

图 16.14　刀路轨迹

图 16.15　2D 仿真结果

Task7．创建区域轮廓铣

Stage1．插入工序

Step1. 选择下拉菜单 插入(S) ➡ ⏷工序(E)... 命令，在"创建工序"对话框的 类型 下拉列表中选择 mill_contour 选项，在 工序子类型 区域中单击"区域轮廓铣"按钮 ⏷，在 程序 下拉列表中选择 PROGRAM 选项，在 刀具 下拉列表中选择 T4D5R2.5（铣刀-球头铣）选项，在 几何体 下拉列表中选择 WORKPIECE 选项，在 方法 下拉列表中选择 MILL_FINISH 选项，使用系统默认的名称 CONTOUR_AREA。

Step2. 单击"创建工序"对话框中的 确定 按钮，系统弹出"区域轮廓铣"对话框。

Stage2．指定切削区域

Step1. 在 几何体 区域中单击"选择或编辑切削区域几何体"按钮 ⏷，系统弹出"切削区域"对话框。

Step2. 在图像区域选取图 16.16 所示的面（共 22 个），单击 确定 按钮，系统返回到"区域轮廓铣"对话框。

选取这些面

图 16.16　指定切削区域

Stage3．设置驱动方式

Step1. 在"区域轮廓铣"对话框 驱动方法 区域的下拉列表中选择 区域铣削 选项，单击 驱动方法 区域中的"编辑"按钮 ⏷，系统弹出"区域铣削驱动方法"对话框。

Step2. 在"区域铣削驱动方法"对话框中按图 16.17 所示设置参数，然后单击 确定 按钮，系统返回到"区域轮廓铣"对话框。

Stage4. 设置刀轴

刀轴选择系统默认的 +ZM 轴 选项。

Stage5. 设置切削参数

采用系统默认的切削参数。

Stage6. 设置非切削移动参数

采用系统默认的非切削移动参数。

Stage7. 设置进给率和速度

Step1. 在"区域轮廓铣"对话框中单击"进给率和速度"按钮 ，系统弹出"进给率和速度"对话框。

Step2. 选中"进给率和速度"对话框 主轴速度 区域中的 ☑ 主轴速度 (rpm) 复选框，在其后的文本框中输入值 4000，按 Enter 键，然后单击 按钮，在 切削 文本框中输入值 600，按 Enter 键，然后单击 按钮，其他参数采用系统默认设置。

Step3. 单击 确定 按钮，完成进给率和速度的设置，系统返回"区域轮廓铣"对话框。

Stage8. 生成刀路轨迹并仿真

生成的刀路轨迹如图 16.18 所示，2D 动态仿真加工后的模型如图 16.19 所示。

图 16.17 "区域铣削驱动方法"对话框

图 16.18 刀路轨迹

Task8. 创建参考刀具清根工序

Stage1. 创建工序

Step1. 选择下拉菜单 插入(S) ➡️ 工序(E)... 命令，系统弹出"创建工序"对话框。

Step2. 确定加工方法。在"创建工序"对话框的 类型 下拉列表中选择 mill_contour 选项，

在 工序子类型 区域中单击"清根参考刀具"按钮 ，在 刀具 下拉列表中选择 T5B2 (铣刀-球头铣) 选项，在 几何体 下拉列表中选择 WORKPIECE 选项，在 方法 下拉列表中选择 MILL_FINISH 选项，单击 确定 按钮，系统弹出"清根参考刀具"对话框。

Stage2. 指定切削区域

Step1. 单击"清根参考刀具"对话框中的"切削区域"按钮 ，系统弹出"切削区域"对话框。

Step2. 在绘图区选取图 16.20 所示的切削区域（共 21 个面），单击 确定 按钮，系统返回到"清根参考刀具"对话框。

Stage3. 设置驱动方法

在"清根参考刀具"对话框的 驱动方法 区域中单击"编辑"按钮 ，系统弹出"清根驱动方法"对话框，按图 16.21 所示设置参数。

图 16.19　2D 仿真结果

图 16.20　指定切削区域

图 16.21　"清根驱动方法"对话框

Stage4. 设置切削参数与非切削移动参数

采用系统默认的切削与非切削移动参数。

Stage5. 设置进给率和速度

Step1. 单击"清根参考刀具"对话框中的"进给率和速度"按钮 ，系统弹出"进给率和速度"对话框。

Step2. 在"进给率和速度"对话框中选中 ☑ 主轴速度 (rpm) 复选框，然后在其文本框中输入值 6000，在 切削 文本框中输入值 200，按 Enter 键，然后单击 按钮，其他参数均采用系统默认设置。

Step3. 单击"进给率和速度"对话框中的 确定 按钮，完成切削参数的设置，系统返回到"清根参考刀具"对话框。

Stage6. 生成刀路轨迹并仿真

生成的刀路轨迹如图16.22所示，2D动态仿真加工后的模型如图16.23所示。

图16.22　刀路轨迹

图16.23　2D仿真结果

Task9. 创建底壁加工工序

Stage1. 插入工序

Step1. 选择下拉菜单 插入(S) ➡ 工序(E)... 命令，系统弹出"创建工序"对话框。

Step2. 确定加工方法。在"创建工序"对话框的 类型 下拉列表中选择 mill_planar 选项，在 工序子类型 区域中单击"底壁加工"按钮 ，在 程序 下拉列表中选择 PROGRAM 选项，在 刀具 下拉列表中选择 T2D10（铣刀-5 参数）选项，在 几何体 下拉列表中选择 WORKPIECE 选项，在 方法 下拉列表中选择 MILL_SEMI_FINISH 选项，采用系统默认的名称。

Step3. 在"创建工序"对话框中单击 确定 按钮，系统弹出"底壁加工"对话框。

Stage2. 指定切削区域

Step1. 在 几何体 区域中单击"选择或编辑切削区域几何体"按钮 ，系统弹出"切削区域"对话框。

Step2. 选取图16.24所示的面为切削区域，在"切削区域"对话框中单击 确定 按钮，完成切削区域的创建，系统返回到"底壁加工"对话框。

图16.24　指定切削区域

Stage3. 设置刀具路径参数

Step1. 设置切削模式。在 刀轨设置 区域的 切削模式 下拉列表中选择 往复 选项。

Step2. 设置步进方式。在 步距 下拉列表中选择 刀具平直百分比 选项，在 平面直径百分比 文本框中输入值 50，其他参数接受系统默认设置。

Stage4. 设置切削参数

单击"底壁加工"对话框 刀轨设置 区域中的"切削参数"按钮 ，系统弹出"切削参数"对话框。在"切削参数"对话框中单击 空间范围 选项卡，在 刀具延展量 文本框中输入值 50；单击 拐角 选项卡，在 光顺 下拉列表中选择 所有刀路 选项，其他参数接受系统默认设置，单击"切削参数"对话框中的 确定 按钮，系统返回到"底壁加工"对话框。

Stage5. 设置非切削移动参数

采用系统默认的非切削移动参数。

Stage6. 设置进给率和速度

Step1. 单击"底壁加工"对话框中的"进给率和速度"按钮 ，系统弹出"进给率和速度"对话框。

Step2. 选中"进给率和速度"对话框 主轴速度 区域中的 ☑ 主轴速度 (rpm) 复选框，在其后的文本框中输入值 2000，按 Enter 键，然后单击 按钮，在 切削 文本框中输入值 500，按 Enter 键，然后单击 按钮，其他参数采用系统默认设置。

Step3. 单击"进给率和速度"对话框中的 确定 按钮，系统返回"底壁加工"对话框。

Stage7. 生成刀路轨迹并仿真

生成的刀路轨迹如图 16.25 所示，2D 动态仿真加工后的模型如图 16.26 所示。

图 16.25　刀路轨迹

图 16.26　2D 仿真结果

Task10. 保存文件

选择下拉菜单 文件(F) ➡ 保存(S) 命令，保存文件。

实例 **17** 塑料壳凹模加工

在机械零件的加工中，加工工艺的制定是十分重要的，一般先进行粗加工，然后再进行精加工。粗加工时，刀具进给量大，机床主轴的转速较低，以便切除大量的材料，提高加工的效率。在进行精加工时，刀具的进给量小，主轴的转速较高，加工的精度高，以达到零件加工精度的要求。本节将以塑料壳凹模的加工为例介绍在多工序加工中粗精加工工序的安排及相关加工工序的制定。塑料壳凹模的加工工艺路线如图 17.1 和图 17.2 所示。

图 17.1 加工工艺路线（一）

Task1. 打开模型文件并进入加工模块

Step1. 打开模型文件 D:\ugnx90.11\work\ch17\disbin_cover_mold_cavity.prt。

Step2. 进入加工环境。选择下拉菜单 <kbd>启动</kbd> ➡ <kbd>加工(R)...</kbd> 命令，系统弹出 "加工环境" 对话框；在 "加工环境" 对话框的 <kbd>CAM 会话配置</kbd> 列表框中选择 <kbd>mill contour</kbd> 选项，在 <kbd>要创建的 CAM 设置</kbd> 列表框中选择 <kbd>mill contour</kbd> 选项，单击 <kbd>确定</kbd> 按钮，进入加工环境。

Task2. 创建几何体

Stage1. 创建机床坐标系

Step1. 将工序导航器调整到几何视图，双击节点 ⊞ <kbd>MCS_MILL</kbd>，系统弹出 "MCS 铣削" 对话框，在 "MCS 铣削" 对话框的 <kbd>机床坐标系</kbd> 区域中单击 "CSYS 对话框" 按钮 <kbd>🔧</kbd>，系统弹出 CSYS 对话框。

a) 型腔铣　　　　　　　b) 剩余铣　　　　　　　c) 拐角等高轮廓铣

f) 底壁加工铣削　　　　e) 轮廓区域铣（一）　　　d) 等高轮廓铣

g) 轮廓区域铣（二）　　　　h) 多刀路清根铣

图 17.2　加工工艺路线（二）

Step2. 在模型中将机床坐标系绕 XM 轴旋转-180°。

Step3. 单击"CSYS"对话框中的 确定 按钮，完成图 17.3 所示机床坐标系的创建，系统返回至"MCS 铣削"对话框。

Stage2. 创建安全平面

Step1. 在"MCS 铣削"对话框 安全设置 区域的 安全设置选项 下拉列表中选择 平面 选项，单击"平面对话框"按钮 ，系统弹出"平面"对话框。

Step2. 在"平面"对话框的 类型 下拉列表中选择 按某一距离 选项，在 平面参考 区域中单击 按钮，选取图 17.3 所示的平面为参考平面；在 偏置 区域的 距离 文本框中输入值为 10，按 Enter 键，单击 确定 按钮，完成图 17.4 所示安全平面的创建，系统返回到"MCS 铣削"对话框。

Step3. 单击"MCS 铣削"对话框中的 确定 按钮。

机床坐标系　　　放大图

选取此参考平面

图 17.3　创建机床坐标系

安全平面

图 17.4　创建安全平面

Stage3. 创建部件几何体

Step1. 在工序导航器中双击 ⊞ MCS_MILL 节点下的 WORKPIECE，系统弹出"工件"对话框。

Step2. 选取部件几何体。在"工件"对话框中单击 按钮，系统弹出"部件几何体"对话框。

Step3. 在图形区选取整个零件为部件几何体。

Step4. 在"部件几何体"对话框中单击 确定 按钮，完成部件几何体的创建，系统返回到"工件"对话框。

Stage4. 创建毛坯几何体

Step1. 在"工件"对话框中单击 按钮，系统弹出"毛坯几何体"对话框。

Step2. 在"毛坯几何体"对话框的 类型 下拉列表中选择 包容块 选项，在 极限 区域的 ZM+ 文本框中输入值 1。

Step3. 单击"毛坯几何体"对话框中的 确定 按钮，系统返回到"工件"对话框，完成图 17.5 所示毛坯几何体的创建。

图 17.5 毛坯几何体

Step4. 单击"工件"对话框中的 确定 按钮。

Task3. 创建刀具

Stage1. 创建刀具 1

Step1. 将工序导航器调整到机床视图。

Step2. 选择下拉菜单 插入(S) ➡ 刀具(T)... 命令，系统弹出"创建刀具"对话框。

Step3. 在"创建刀具"对话框的 类型 下拉列表中选择 mill contour 选项，在 刀具子类型 区域中单击 MILL 按钮 ，在 位置 区域的 刀具 下拉列表中选择 GENERIC_MACHINE 选项，在 名称 文本框中输入 D10R1，然后单击 确定 按钮，系统弹出"铣刀-5 参数"对话框。

Step4. 在"铣刀-5 参数"对话框的 (D) 直径 文本框中输入值 10，在 (R1) 下半径 文本框中输入值 1，在 刀具号 文本框中输入值 1，其他参数采用系统默认设置，单击 确定 按钮，完成刀具 1 的创建。

Stage2. 创建刀具 2

设置刀具类型为 mill contour ，刀具子类型 为 MILL 类型，刀具名称为 D5R1，刀具 (D) 直径 为 5，刀具 (R1) 下半径 为 1，刀具号 为 2，具体操作方法参照 Stage1。

Stage3. 创建刀具 3

设置刀具类型为 mill contour ，刀具子类型 为 BALL_MILL 类型（单击 按钮），刀具名称为 B5，刀具 (D) 球直径 为 5，刀具号 为 3，具体操作方法参照 Stage1。

Task4. 创建型腔铣操作

Stage1. 创建工序

Step1. 将工序导航器调整到程序顺序视图。

Step2. 选择下拉菜单 插入(S) ➡ 工序(E)... 命令，在"创建工序"对话框的 类型 下拉列表中选择 mill_contour 选项，在 工序子类型 区域中单击 CAVITY_MILL 按钮 ，在 程序 下拉列表中选择 NC PROGRAM 选项，在 刀具 下拉列表中选择前面设置的刀具 D10R1 (铣刀-5 参数) 选项，在 几何体 下拉列表中选择 WORKPIECE 选项，在 方法 下拉列表中选择 MILL ROUGH 选项，使用系统默认的名称。

Step3. 单击"创建工序"对话框中的 确定 按钮，系统弹出"型腔铣"对话框。

Stage2. 设置修剪边界

Step1. 单击 几何体 区域 指定修剪边界 右侧的 按钮，系统弹出"修剪边界"对话框。

Step2. 在"修剪边界"对话框中选中 修剪侧 区域的 ⊙ 外部 单选项，其他参数采用系统默认设置，在图形区选取模型的底面。

Step3. 单击 确定 按钮，系统返回到"型腔铣"对话框。

Stage3. 设置一般参数

在"型腔铣"对话框的 切削模式 下拉列表中选择 跟随周边 选项，在 步距 下拉列表中选择 刀具平直百分比 选项，在 平面直径百分比 文本框中输入值 50，在 公共每刀切削深度 下拉列表中选择 恒定 选项，在 最大距离 文本框中输入值 3。

Stage4. 设置切削参数

Step1. 在 刀轨设置 区域中单击"切削参数"按钮 ，系统弹出"切削参数"对话框。

Step2. 在"切削参数"对话框中单击 策略 选项卡，在 切削顺序 下拉列表中选择 层优先 选项，其他参数采用系统默认设置。

Step3. 在"切削参数"对话框中单击 余量 选项卡，在 部件侧面余量 文本框中输入值 0.5，其他参数采用系统默认设置。

Step4. 在"切削参数"对话框中单击 拐角 选项卡，在 光顺 下拉列表中选择 所有刀路 选项。

Step5. 单击"切削参数"对话框中的 确定 按钮，系统返回到"型腔铣"对话框。

Stage5. 设置非切削移动参数

Step1. 在"型腔铣"对话框中单击"非切削移动"按钮 ，系统弹出"非切削移动"对话框。

Step2. 单击"非切削移动"对话框中的 进刀 选项卡，在 封闭区域 区域的 进刀类型 下拉列表中选择 螺旋 选项，在 开放区域 区域的 进刀类型 下拉列表中选择 线性 选项，其他参数采用系统默认设置。

Step3. 单击"非切削移动"对话框中的 转移/快速 选项卡，按图 17.6 所示设置参数。

图 17.6 "转移/快速"选项卡

Step4. 单击"非切削移动"对话框中的 确定 按钮，系统返回到"型腔铣"对话框。

Stage6. 设置进给率和速度

Step1. 在"型腔铣"对话框中单击"进给率和速度"按钮 ，系统弹出"进给率和速度"对话框。

Step2. 选中"进给率和速度"对话框 主轴速度 区域中的 ☑ 主轴速度 (rpm) 复选框，在其后的文本框中输入值 800，按回车键，然后单击 按钮，在 进给率 区域的 切削 文本框中输入值 125，按回车键，然后单击 按钮，其他参数采用系统默认设置。

Step3. 单击 确定 按钮，完成进给率和速度的设置，系统返回"型腔铣"对话框。

Stage7. 生成刀路轨迹并仿真

生成的刀路轨迹如图 17.7 所示，2D 动态仿真加工后的模型如图 17.8 所示。

图 17.7　刀路轨迹

图 17.8　2D 仿真结果

Task5. 创建剩余铣操作

Stage1. 创建工序

Step1. 选择下拉菜单 插入(S) ➡ 工序(E)... 命令，在"创建工序"对话框的 类型 下拉列表中选择 mill_contour 选项，在 工序子类型 区域中单击 REST_MILLING 按钮，在 程序 下拉列表中选择 NC PROGRAM 选项，在 刀具 下拉列表中选择 D10R1 (铣刀-5 参数) 选项，在 几何体 下拉列表中选择 WORKPIECE 选项，在 方法 下拉列表中选择 METHOD 选项，使用系统默认的名称 REST_MILLING。

Step2. 单击"创建工序"对话框中的 确定 按钮，系统弹出"剩余铣"对话框。

Stage2. 设置一般参数

在"剩余铣"对话框的 切削模式 下拉列表中选择 跟随周边 选项，在 步距 下拉列表中选择 刀具平直百分比 选项，在 平面直径百分比 文本框中输入值 50，在 公共每刀切削深度 下拉列表中选择 恒定 选项，在 最大距离 文本框中输入值 2。

Stage3. 设置切削参数

Step1. 在 刀轨设置 区域中单击"切削参数"按钮，系统弹出"切削参数"对话框。

Step2. 在"切削参数"对话框中单击 策略 选项卡，在 切削顺序 下拉列表中选择 层优先 选项，其他参数采用系统默认设置。

Step3. 在"切削参数"对话框中单击 余量 选项卡，在 部件侧面余量 文本框中输入值 0.2，其他参数采用系统默认设置。

Step4. 在"切削参数"对话框中单击 空间范围 选项卡，按图 17.9 所示设置参数。

图 17.9 "空间范围"选项卡

Step5. 单击"切削参数"对话框中的 确定 按钮,系统返回到"剩余铣"对话框。

Stage4. 设置非切削移动参数

Step1. 在"剩余铣"对话框中单击"非切削移动"按钮，系统弹出"非切削移动"对话框。

Step2. 单击"非切削移动"对话框中的 进刀 选项卡,在 封闭区域 区域的 进刀类型 下拉列表中选择 螺旋 选项,在 开放区域 区域的 进刀类型 下拉列表中选择 线性 选项,其他参数采用系统默认设置。

Step3. 单击"非切削移动"对话框中的 确定 按钮,完成非切削移动参数的设置,系统返回到"剩余铣"对话框。

Stage5. 设置进给率和速度

Step1. 在"剩余铣"对话框中单击"进给率和速度"按钮，系统弹出"进给率和速度"对话框。

Step2. 选中"进给率和速度"对话框 主轴速度 区域中的 ☑ 主轴速度 (rpm) 复选框,在其后的文本框中输入值 1250,按回车键,然后单击 按钮,在 进给率 区域的 切削 文本框中输入值 400,按回车键,然后单击 按钮,其他参数采用系统默认设置。

Step3. 单击 确定 按钮,完成进给率和速度的设置,系统返回"剩余铣"操作对话框。

Stage6. 生成刀路轨迹并仿真

生成的刀路轨迹如图 17.10 所示,2D 动态仿真加工后的模型如图 17.11 所示。

图 17.10　刀路轨迹

图 17.11　2D 仿真结果

Task6. 创建等高线轮廓铣操作 1

Stage1. 创建工序

Step1. 选择下拉菜单 插入(S) ➡ 工序(E)... 命令，系统弹出"创建工序"对话框。

Step2. 在"创建工序"对话框的 类型 下拉列表中选择 mill_contour 选项，在 工序子类型 区域中单击 ZLEVEL_CORNER 按钮 ，在 刀具 下拉列表中选择 D5R1 (铣刀-5 参数) 选项，在 程序 下拉列表中选择 NC_PROGRAM 选项，在 几何体 下拉列表中选择 WORKPIECE 选项，在 方法 下拉列表中选择 METHOD 选项，单击 确定 按钮，系统弹出"深度加工拐角"对话框。

Stage2. 指定切削区域

Step1. 单击"深度加工拐角"对话框 指定切削区域 右侧的 按钮，系统弹出"切削区域"对话框。

Step2. 在绘图区选取图 17.12 所示的切削区域（共 55 个面），单击 确定 按钮，系统返回到"深度加工拐角"对话框。

图 17.12　指定切削区域

Stage3. 设置刀具路径参数和切削层

Step1. 设置刀具路径参数。在"深度加工拐角"对话框的 陡峭空间范围 下拉列表中选择 无 选项，在 合并距离 文本框中输入值 3，在 最小切削长度 文本框中输入值 1，在 公共每刀切削深度 下拉列表中选择 恒定 选项，在 最大距离 文本框中输入值 1。

Step2. 设置切削层。单击"深度加工拐角"对话框中的"切削层"按钮 ，系统弹出"切削层"对话框，在 范围类型 下拉列表中选择 单个 选项，然后选取图 17.13 所示的面为切削层的终止面，单击 确定 按钮，系统返回到"深度加工拐角"对话框。

放大图

选取此面

图 17.13 选取终止面

Stage4. 设置切削参数

Step1. 单击"深度加工拐角"对话框中的"切削参数"按钮，系统弹出"切削参数"对话框。

Step2. 在"切削参数"对话框中单击 策略 选项卡，在 切削顺序 下拉列表中选择 层优先 选项。

Step3. 在"切削参数"对话框中单击 拐角 选项卡，在 光顺 下拉列表中选择 所有刀路 选项。

Step4. 在"切削参数"对话框中单击 连接 选项卡，在 层到层 下拉列表中选择 直接对部件进刀 选项。

Step5. 单击"切削参数"对话框中的 确定 按钮，系统返回到"深度加工拐角"对话框。

Stage5. 设置非切削移动参数

Step1. 在"深度加工拐角"对话框中单击"非切削移动"按钮，系统弹出"非切削移动"对话框。

Step2. 单击"非切削移动"对话框中的 进刀 选项卡，在 封闭区域 的 进刀类型 下拉列表中选择 螺旋 选项，在 开放区域 的 进刀类型 下拉列表中选择 圆弧 选项，其他参数采用系统默认设置，单击 确定 按钮，完成非切削移动参数的设置。

Stage6. 设置进给率和速度

Step1. 在"深度加工拐角"对话框中单击"进给率和速度"按钮，系统弹出"进给率和速度"对话框。

Step2. 在"进给率和速度"对话框中选中 ☑ 主轴速度 (rpm) 复选框，然后在其文本框中输入值 1200，按回车键，然后单击 按钮，在 切削 文本框中输入值 200，按回车键，然后单击 按钮。

Step3. 单击 确定 按钮，完成进给率的设置，系统返回"深度加工拐角"对话框。

Stage7. 生成刀路轨迹并仿真

生成的刀路轨迹如图 17.14 所示，2D 动态仿真加工后的模型如图 17.15 所示。

图 17.14　刀路轨迹

图 17.15　2D 仿真结果

Task7.　创建等高线轮廓铣操作 2

Stage1.　创建工序

Step1. 选择下拉菜单 插入(S) ➡ ⊷ 工序(E)... 命令，系统弹出"创建工序"对话框。

Step2. 在"创建工序"对话框的 类型 下拉列表中选择 mill_contour 选项，在 工序子类型 区域中单击 ZLEVEL_PROFILE 按钮⧉，在 程序 下拉列表中选择 NC_PROGRAM 选项，在 刀具 下拉列表中选择 D5R1 (铣刀-5 参数) 选项，在 几何体 下拉列表中选择 WORKPIECE 选项，在 方法 下拉列表中选择 MILL_FINISH 选项，单击 确定 按钮，系统弹出"深度加工轮廓"对话框。

Stage2.　指定切削区域

Step1. 单击"深度加工轮廓"对话框中的"切削区域"按钮◪，系统弹出"切削区域"对话框。

Step2. 在绘图区选取图 17.16 所示的切削区域（共 19 个面），单击 确定 按钮，系统返回到"深度加工轮廓"对话框。

图 17.16　指定切削区域

Stage3.　设置刀具路径参数和切削层

Step1. 设置刀具路径参数。在"深度加工轮廓"对话框的 合并距离 文本框中输入值 3，在 最小切削长度 文本框中输入值 1，在 公共每刀切削深度 下拉列表中选择 恒定 选项，在 最大距离 文本框中输入值 0.5。

Step2. 设置切削层。采用系统默认的参数设置。

Stage4. 设置切削参数和非切削移动参数

采用系统默认的参数设置。

Stage5. 设置进给率和速度

Step1. 在"深度加工轮廓"对话框中单击"进给率和速度"按钮 ，系统弹出"进给率和速度"对话框。

Step2. 在"进给率和速度"对话框中选中 ☑ 主轴速度 (rpm) 复选框，然后在其文本框中输入值 1200，按回车键，然后单击 按钮，在 切削 文本框中输入值 200，按回车键，然后单击 按钮。

Step3. 单击 确定 按钮，系统返回"深度加工轮廓"对话框。

Stage6. 生成刀路轨迹并仿真

生成的刀路轨迹如图 17.17 所示，2D 动态仿真加工后的模型如图 17.18 所示。

图 17.17　刀路轨迹　　　　　　　图 17.18　2D 仿真结果

Task8. 创建轮廓区域铣 1

Stage1. 创建工序

Step1. 选择下拉菜单 插入(S) ➡ ⼯序(E)... 命令，在"创建工序"对话框的 类型 下拉列表中选择 mill_contour 选项，在 工序子类型 区域中单击 CONTOUR_AREA 按钮 ，在 程序 下拉列表中选择 NC PROGRAM 选项，在 刀具 下拉列表中选择 B5 (铣刀-球头铣) 选项，在 几何体 下拉列表中选择 WORKPIECE 选项，在 方法 下拉列表中选择 METHOD 选项，使用系统默认的名称 CONTOUR_AREA。

Step2. 单击"创建工序"对话框中的 确定 按钮，系统弹出"轮廓区域"对话框。

Stage2. 指定切削区域

Step1. 在 几何体 区域中单击"选择或编辑切削区域几何体"按钮 ，系统弹出"切削区域"对话框。

Step2. 选取图 17.19 所示的面为切削区域（共 64 个面），在"切削区域"对话框中单击 确定 按钮，完成切削区域的创建，系统返回到"轮廓区域"对话框。

图 17.19　指定切削区域

Stage3．设置驱动方式

Step1. 在"轮廓区域"对话框 驱动方法 区域的下拉列表中选择 区域铣削 选项，单击"编辑"按钮 ，系统弹出"区域铣削驱动方法"对话框。

Step2. 在"区域铣削驱动方法"对话框的 平面直径百分比 文本框中输入值 10，其他参数采用系统默认设置，然后单击 确定 按钮，系统返回到"轮廓区域"对话框。

Stage4．设置刀轴

刀轴选择系统默认的 +ZM 轴 选项。

Stage5．设置切削参数

采用系统默认的切削参数。

Stage6．设置非切削移动参数

采用系统默认的非切削移动参数。

Stage7．设置进给率和速度

Step1. 在"轮廓区域"对话框中单击"进给率和速度"按钮 ，系统弹出"进给率和速度"对话框。

Step2. 选中"进给率和速度"对话框 主轴速度 区域中的 ☑ 主轴速度 (rpm) 复选框，在其后的文本框中输入值 900，按 Enter 键，然后单击 按钮，在 进给率 区域的 切削 文本框中输入值 250，按 Enter 键，然后单击 按钮，其他参数采用系统默认设置。

Step3. 单击 确定 按钮，完成进给率和速度的设置，系统返回"轮廓区域"对话框。

Stage8．生成刀路轨迹并仿真

生成的刀路轨迹如图 17.20 所示，2D 动态仿真加工后的模型如图 17.21 所示。

图 17.20 刀路轨迹　　　　图 17.21　2D 仿真结果

Task9. 创建底壁加工铣操作

Stage1. 创建工序

Step1. 选择下拉菜单 插入(S) ➡ 工序(E)... 命令，系统弹出"创建工序"对话框。

Step2. 确定加工方法。在"创建工序"对话框的 类型 下拉列表中选择 mill_planar 选项，在 工序子类型 区域中单击 FLOOR_WALL 按钮 ，在 刀具 下拉列表中选择 D5R1 (铣刀-5 参数) 选项，在 几何体 下拉列表中选择 WORKPIECE 选项，在 方法 下拉列表中选择 METHOD 选项，采用系统默认的名称。

Step3. 在"创建工序"对话框中单击 确定 按钮，系统弹出"底壁加工"对话框。

Stage2. 指定切削区域

Step1. 在 几何体 区域中单击"选择或编辑切削区域几何体"按钮 ，系统弹出"切削区域"对话框。

Step2. 选取图 17.22 所示的面（共 7 个）为切削区域，在"切削区域"对话框中单击 确定 按钮，完成切削区域的创建，系统返回到"底壁加工"对话框。

图 17.22　指定切削区域

Stage3. 设置刀具路径参数

Step1. 创建切削模式。在 刀轨设置 区域的 切削模式 下拉列表中选择 往复 选项。

Step2. 创建步进方式。在 步距 下拉列表中选择 刀具平直百分比 选项，在 平面直径百分比 文本框中输入值 75。

Stage4. 设置切削参数

Step1. 在 刀轨设置 区域中单击"切削参数"按钮 ，系统弹出"切削参数"对话框。

Step2. 在"切削参数"对话框中单击 策略 选项卡，在 切削角 下拉列表中选择 指定 选项，在 与 XC 的夹角 文本框中输入值 90，其他参数采用系统默认设置，单击 确定 按钮，系统返回到"底壁加工"对话框。

Stage5. 设置非切削移动参数

Step1. 单击"底壁加工"对话框 刀轨设置 区域中的"非切削移动"按钮 ，系统弹出"非切削移动"对话框。

Step2. 单击"非切削移动"对话框中的 进刀 选项卡，在 封闭区域 区域的 进刀类型 下拉列表中选择 沿形状斜进刀 选项，在 开放区域 区域的 进刀类型 下拉列表中选择 线性 选项，其他选项卡中的参数设置值采用系统默认设置，单击 确定 按钮，完成非切削移动参数的设置。

Stage6. 设置进给率和速度

Step1. 单击"底壁加工"对话框中的"进给率和速度"按钮 ，系统弹出"进给率和速度"对话框。

Step2. 选中"进给率和速度"对话框 主轴速度 区域中的 ☑ 主轴速度 (rpm) 复选框，在其后的文本框中输入值 1000，按回车键，然后单击 按钮，在 进给率 区域的 切削 文本框中输入值 300，按回车键，然后单击 按钮，其他参数采用系统默认设置。

Step3. 单击"进给率和速度"对话框中的 确定 按钮，系统返回"底壁加工"对话框。

Stage7. 生成刀路轨迹并仿真

生成的刀路轨迹如图 17.23 所示，2D 动态仿真加工后的模型如图 17.24 所示。

图 17.23　刀路轨迹

图 17.24　2D 仿真结果

Task10. 创建轮廓区域铣 2

Stage1. 创建工序

Step1. 选择下拉菜单 插入(S) ➡ 工序(E)... 命令，在"创建工序"对话框的 类型 下拉列表中选择 mill_contour 选项，在 工序子类型 区域中单击 CONTOUR_AREA 按钮 ，在 程序 下拉列表中选择 NC PROGRAM 选项，在 刀具 下拉列表中选择 D5R1 (铣刀-5 参数) 选项，在 几何体 下拉列表中选择 WORKPIECE 选项，在 方法 下拉列表中选择 METHOD 选项，使用系统默认的名称

CONTOUR_AREA_1。

Step2. 单击"创建工序"对话框中的 确定 按钮，系统弹出"轮廓区域"对话框。

Stage2. 指定切削区域

Step1. 在 几何体 区域中单击"选择或编辑切削区域几何体"按钮 ，系统弹出"切削区域"对话框。

Step2. 选取图 17.25 所示的面为切削区域，在"切削区域"对话框中单击 确定 按钮，完成切削区域的创建，系统返回到"轮廓区域"对话框。

图 17.25　指定切削区域

Stage3. 设置驱动方式

Step1. 在"轮廓区域"对话框的 驱动方法 下拉列表中选择 区域铣削 选项，单击"编辑参数"按钮 ，系统弹出"区域铣削驱动方法"对话框。

Step2. 在"区域铣削驱动方法"对话框的 平面直径百分比 文本框中输入值 10，其他参数采用系统默认设置，然后单击 确定 按钮，系统返回到"轮廓区域"对话框。

Stage4. 设置刀轴

刀轴选择系统默认的 +ZM 轴 选项。

Stage5. 设置切削参数和非切削移动参数

采用系统默认的切削参数和非切削移动参数。

Stage6. 设置进给率和速度

Step1. 在"轮廓区域"对话框中单击"进给率和速度"按钮 ，系统弹出"进给率和速度"对话框。

Step2. 选中"进给率和速度"对话框 主轴速度 区域中的 ☑ 主轴速度（rpm）复选框，在其后的文本框中输入值 800，按回车键，然后单击 按钮，在 进给率 区域的 切削 文本框中输入值 200，按回车键，然后单击 按钮，其他参数采用系统默认设置。

Step3. 单击 确定 按钮，完成进给率和速度的设置，系统返回到"轮廓区域"对话框。

Stage7. 生成刀路轨迹并仿真

生成的刀路轨迹如图 17.26 所示，2D 动态仿真加工后的模型如图 17.27 所示。

图 17.26　刀路轨迹　　　　　　　　　　　　　图 17.27　2D 仿真结果

Task11. 创建清根铣操作

Stage1. 创建工序

Step1. 选择下拉菜单 插入(S) ➡ ⎧ 工序(E)... 命令，系统弹出"创建工序"对话框。

Step2. 确定加工方法。在"创建工序"对话框的 类型 下拉列表中选择 mill_contour 选项，在 工序子类型 区域中单击 FLOWCUT_MULTIPLE 按钮 ，在 刀具 下拉列表中选择 B5 (铣刀-球头铣) 选项，在 几何体 下拉列表中选择 WORKPIECE 选项，在 方法 下拉列表中选择 MILL_FINISH 选项，单击 确定 按钮，系统弹出"多刀路清根"对话框。

Stage2. 设置驱动设置

在"多刀路清根"对话框 驱动设置 区域的 步距 文本框中输入值 0.2，其他参数采用默认设置。

Stage3. 设置进给率和速度

Step1. 单击"多刀路清根"对话框中的"进给率和速度"按钮 ，系统弹出"进给率和速度"对话框。

Step2. 在"进给率和速度"对话框中选中 ☑ 主轴速度 (rpm) 复选框，然后在其文本框中输入值 1600，按回车键，然后单击 按钮，在 切削 文本框中输入值 1250，按回车键，然后单击 按钮，在 进刀 文本框中输入值 500，其他参数均采用系统默认设置。

Step3. 单击"进给率和速度"对话框中的 确定 按钮，系统返回到"多刀路清根"对话框。

Stage4. 生成刀路轨迹并仿真

生成的刀路轨迹如图 17.28 所示，2D 动态仿真加工后的模型如图 17.29 所示。

图 17.28 刀路轨迹

图 17.29 2D 仿真结果

Task12. 保存文件

选择下拉菜单 文件(F) ➡ 保存(S) 命令，保存文件。

实例 **18** 扣盖凹模加工

　　本例是一个扣盖凹模的加工实例，在加工过程中使用了平面铣、型腔铣、剩余铣、等高线轮廓铣、区域轮廓铣等方法，其工序大致按照先粗加工，然后半精加工，最后精加工的原则，该扣盖凹模的加工工艺路线如图 18.1 和图 18.2 所示。

底壁加工工序（一）	—— 对零件平面部分进行铣削。
型腔铣工序	—— 在模具加工中，一般用型腔铣或平面铣进行开粗。
剩余铣工序	—— 如果有区域剩余材料过多，则需要进行二次开粗。
等高线轮廓铣工序（一）	—— 对零件的侧壁部分进行精加工。
区域轮廓铣工序（一）	—— 用于精加工由轮廓曲面所形成的区域。
底壁加工工序（二）	—— 对零件平面部分进行铣削。
平面轮廓铣工序	—— 用于精加工零件滑槽的侧壁。
等高线轮廓铣工序（二）	—— 对零件的圆柱凸台侧壁部分进行精加工。
区域轮廓铣工序（二）	—— 用于精加工由轮廓曲面所形成的区域。
底壁加工工序（三）	—— 对零件平面部分进行铣削。
等高线轮廓铣工序（二）	—— 对零件的型腔面进行精加工。

图 18.1　加工工艺路线（一）

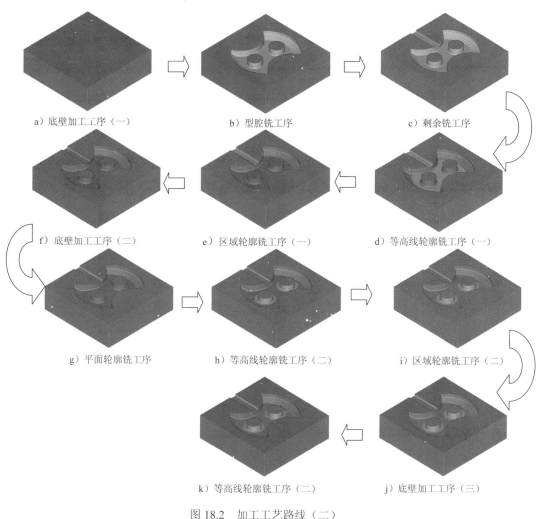

a）底壁加工工序（一）　　　　b）型腔铣工序　　　　c）剩余铣工序

f）底壁加工工序（二）　　　　e）区域轮廓铣工序（一）　　　　d）等高线轮廓铣工序（一）

g）平面轮廓铣工序　　　　h）等高线轮廓铣工序（二）　　　　i）区域轮廓铣工序（二）

k）等高线轮廓铣工序（二）　　　　j）底壁加工工序（三）

图 18.2　加工工艺路线（二）

Task1．打开模型文件并进入加工模块

Step1．打开模型文件 D:\ug90.11\work\ch18\LID_DOWN.prt。

Step2．进入加工环境。选择下拉菜单 ⚡ 启动▾ ➡ 🔧 加工(R)… 命令，系统弹出"加工环境"对话框，在"加工环境"对话框的 CAM 会话配置 列表框中选择 cam_general 选项，在 要创建的 CAM 设置 列表框中选择 mill_contour 选项，单击 确定 按钮，进入加工环境。

Task2．创建几何体

Stage1．创建机床坐标系

Step1．将工序导航器调整到几何视图，双击节点 ⊞ 🧭 MCS_MILL，系统弹出"MCS 铣削"对话框，在"MCS 铣削"对话框的 机床坐标系 区域中单击"CSYS 对话框"按钮 🔧，系统弹出 CSYS 对话框。

Step2. 单击 CSYS 对话框 操控器 区域中的"操控器"按钮 ，系统弹出"点"对话框，在"点"对话框的 Z 文本框中输入值 90，单击 确定 按钮，系统返回至 CSYS 对话框，在其中单击 确定 按钮，完成图 18.3 所示机床坐标系的创建。

Stage2. 创建安全平面

Step1. 在"MCS 铣削"对话框 安全设置 区域的 安全设置选项 下拉列表中选择 自动平面 选项，然后在 安全距离 文本框中输入值 20。

Step2. 单击"MCS 铣削"对话框中的 确定 按钮，完成安全平面的创建。

Stage3. 创建部件几何体

Step1. 在工序导航器中双击 MCS_MILL 节点下的 WORKPIECE，系统弹出"工件"对话框。

Step2. 选取部件几何体。在"工件"对话框中单击 按钮，系统弹出"部件几何体"对话框。

Step3. 在图形区框选整个零件为部件几何体，如图 18.4 所示。在"部件几何体"对话框中单击 确定 按钮，完成部件几何体的创建，系统返回到"工件"对话框。

图 18.3　创建机床坐标系

图 18.4　部件几何体

Stage4. 创建毛坯几何体

Step1. 在"工件"对话框中单击 按钮，系统弹出"毛坯几何体"对话框。

Step2. 在"毛坯几何体"对话框的 类型 下拉列表中选择 包容块 选项，在 极限 区域的 ZM+ 文本框中输入值 10。

Step3. 单击"毛坯几何体"对话框中的 确定 按钮，完成图 18.5 所示毛坯几何体的创建，系统返回到"工件"对话框。

图 18.5　毛坯几何体

Step4. 单击"工件"对话框中的 确定 按钮。

Task3. 创建刀具

Stage1. 创建刀具 1

Step1. 将工序导航器调整到机床视图。

Step2. 选择下拉菜单 插入(S) ➡ 刀具(T)... 命令，系统弹出"创建刀具"对话框。

Step3. 在"创建刀具"对话框的 类型 下拉列表中选择 mill contour 选项，在 刀具子类型 区域中单击 MILL 按钮，在 位置 区域的 刀具 下拉列表中选择 GENERIC_MACHINE 选项，在 名称 文本框中输入 D30，然后单击 确定 按钮，系统弹出"铣刀-5 参数"对话框。

Step4. 在"铣刀-5 参数"对话框的 (D) 直径 文本框中输入值 30，在 编号 区域的 刀具号 、补偿寄存器 、刀具补偿寄存器 文本框中均输入值 1，其他参数采用系统默认设置，单击 确定 按钮，完成刀具 1 的创建。

Stage2. 创建刀具 2

设置刀具类型为 mill contour ，刀具子类型 为 MILL 类型，刀具名称为 D10R2，刀具 (D) 直径 为 10，刀具 (R1) 下半径 为 2，在 编号 区域的 刀具号 、补偿寄存器 、刀具补偿寄存器 文本框中均输入值 2，具体操作方法参照 Stage1。

Stage3. 创建刀具 3

设置刀具类型为 mill contour ，刀具子类型 为 MILL 类型，刀具名称为 D10，刀具 (D) 直径 为 10，在 编号 区域的 刀具号 、补偿寄存器 、刀具补偿寄存器 文本框中均输入值 3，具体操作方法参照 Stage1。

Stage4. 创建刀具 4

设置刀具类型为 mill contour ，刀具子类型 为 BALL_MILL 类型（单击 按钮），刀具名称为 B6，刀具 (D) 球直径 为 6，在 编号 区域的 刀具号 、补偿寄存器 、刀具补偿寄存器 文本框中均输入值 4，具体操作方法参照 Stage1。

Stage5. 创建刀具 5

设置刀具类型为 mill contour ，刀具子类型 为 BALL_MILL 类型（单击 按钮），刀具名称为 B4，刀具 (D) 球直径 为 4，在 编号 区域的 刀具号 、补偿寄存器 、刀具补偿寄存器 文本框中均输入值 5，具体操作方法参照 Stage1。

Stage6. 创建刀具 6

设置刀具类型为 mill contour ，刀具子类型 为 MILL 类型，刀具名称为 D6R2，刀具 (D) 直径 为 6，刀具 (R1) 下半径 为 2，在 编号 区域的 刀具号 、补偿寄存器 、刀具补偿寄存器 文本框中均输入值 6，具体操作方法参照 Stage1。

Task4．创建底壁加工工序

Stage1．插入工序

Step1. 选择下拉菜单 插入(S) ➡ 工序(E)... 命令，系统弹出"创建工序"对话框。

Step2. 确定加工方法。在"创建工序"对话框的 类型 下拉列表中选择 mill_planar 选项，在 工序子类型 区域中单击"底壁加工"按钮 ，在 程序 下拉列表中选择 PROGRAM 选项，在 刀具 下拉列表中选择 D30 (铣刀-5 参数) 选项，在 几何体 下拉列表中选择 WORKPIECE 选项，在 方法 下拉列表中选择 MILL_SEMI_FINISH 选项，采用系统默认的名称。

Step3. 在"创建工序"对话框中单击 确定 按钮，系统弹出"底壁加工"对话框。

Stage2．指定切削区域

Step1. 在 几何体 区域中单击"选择或编辑切削区域几何体"按钮 ，系统弹出"切削区域"对话框。

Step2. 选取图 18.6 所示的面为切削区域，在"切削区域"对话框中单击 确定 按钮，完成切削区域的创建，系统返回到"底壁加工"对话框。

Stage3．设置刀具路径参数

Step1. 设置切削模式。在 刀轨设置 区域的 切削模式 下拉列表中选择 往复 选项。

Step2. 设置步进方式。在 步距 下拉列表中选择 刀具平直百分比 选项，在 平面直径百分比 文本框中输入值 60，在 底面毛坯厚度 文本框中输入值 10，在 每刀切削深度 文本框中输入值 1。

Stage4．设置切削参数

Step1. 单击"底壁加工"对话框 刀轨设置 区域中的"切削参数"按钮 ，系统弹出"切削参数"对话框。

Step2. 在"切削参数"对话框中单击 空间范围 选项卡，在 将底面延伸至 下拉列表中选择 部件轮廓 选项，在 刀具延展量 文本框中输入值 60，其他参数接受系统默认设置。

Step3. 在"切削参数"对话框中单击 余量 选项卡，在 部件余量 文本框中输入值 0.25，在 最终底面余量 文本框中输入值 0.2，其他参数接受系统默认设置，单击 确定 按钮，系统返回到"底壁加工"对话框。

Stage5．设置非切削移动参数

Step1. 单击"底壁加工"对话框 非切削移动 区域中的"切削参数"按钮 ，系统弹出"非切削移动"对话框。

Step2. 在"非切削移动"对话框中单击 转移/快速 选项卡，在 区域内 区域的 转移类型 下拉列表中选择 前一平面 选项，在 安全距离 文本框中输入值 3，其他参数接受系统默认设置，单击 确定 按钮，系统返回到"底壁加工"对话框。

Stage6. 设置进给率和速度

Step1. 单击"底壁加工"对话框中的"进给率和速度"按钮 🔩，系统弹出"进给率和速度"对话框。

Step2. 选中 主轴速度 区域中的 ☑ 主轴速度 (rpm) 复选框，在其后的文本框中输入值 500，在 进给率 区域的 切削 文本框中输入值 150，按 Enter 键，然后单击 🔲 按钮。

Step3. 单击"进给率和速度"对话框中的 确定 按钮，系统返回"底壁加工"对话框。

Stage7. 生成刀路轨迹并仿真

生成的刀路轨迹如图 18.7 所示，2D 动态仿真加工后的模型如图 18.8 所示。

图 18.6 切削区域

图 18.7 刀路轨迹

Task5. 创建型腔铣工序

Stage1. 创建工序

Step1. 将工序导航器调整到程序顺序视图。

Step2. 选择下拉菜单 插入(S) ➡ 工序(E)... 命令，在"创建工序"对话框的 类型 下拉列表中选择 mill_contour 选项，在 工序子类型 区域中单击"型腔铣"按钮 🔩，在 程序 下拉列表中选择 PROGRAM 选项，在 刀具 下拉列表中选择前面设置的刀具 D10R2 (铣刀-5 参数) 选项，在 几何体 下拉列表中选择 WORKPIECE 选项，在 方法 下拉列表中选择 MILL ROUGH 选项，使用系统默认的名称。

Step3. 单击"创建工序"对话框中的 确定 按钮，系统弹出"型腔铣"对话框。

Stage2. 指定切削区域

Step1. 在"型腔铣"对话框的 几何体 区域中单击 指定切削区域 右侧的 🎴 按钮，系统弹出"切削区域"对话框。

Step2. 在图形区中选取图 18.9 所示的面（共 33 个）为切削区域，然后单击"切削区域”对话框中的 确定 按钮，系统返回到“型腔铣”对话框。

图 18.8　2D 仿真结果

选取这些面

图 18.9　指定切削区域

Stage3．设置一般参数

在“型腔铣”对话框的 切削模式 下拉列表中选择 跟随部件 选项；在 步距 下拉列表中选择 刀具平直百分比 选项，在 平面直径百分比 文本框中输入值 50；在 每刀的公共深度 下拉列表中选择 恒定 选项，在 最大距离 文本框中输入值 1。

Stage4．设置切削层参数

Step1. 在 刀轨设置 区域中单击“切削层”按钮 ，系统弹出“切削层”对话框。

Step2. 展开 列表 区域，选中列表框中的第一个范围选项，然后单击 范围 1 的顶部 区域中的 选择对象 (0) 按钮，选取图 18.10 所示的面；然后单击“切削层”对话框中的 确定 按钮，系统返回到“型腔铣”对话框。

选取该平面

图 18.10　选取面

Stage5．设置切削参数

Step1. 在 刀轨设置 区域中单击“切削参数”按钮 ，系统弹出“切削参数”对话框。

Step2. 在“切削参数”对话框中单击 拐角 选项卡，在 光顺 下拉列表中选择 所有刀路 选项，其他参数采用系统默认设置。

Step3. 单击“切削参数”对话框中的 确定 按钮，系统返回到“型腔铣”对话框。

Stage6．设置非切削移动参数

Step1. 在 刀轨设置 区域中单击“非切削移动”按钮 ，系统弹出“非切削移动”对话框。

Step2. 在"非切削移动"对话框中单击 进刀 选项卡，在 封闭区域 区域的 斜坡角 文本框中输入值 3，其余参数采用系统默认设置。

Step3. 单击"非切削移动"对话框中的 确定 按钮，系统返回到"型腔铣"对话框。

Stage7. 设置进给率和速度

Step1. 在"型腔铣"对话框中单击"进给率和速度"按钮，系统弹出"进给率和速度"对话框。

Step2. 选中"进给率和速度"对话框 主轴速度 区域中的 ☑ 主轴速度 (rpm) 复选框，在其后的文本框中输入值 1200，按 Enter 键，然后单击 按钮，在 进给率 区域的 切削 文本框中输入值 200，按 Enter 键，然后单击 按钮，其他参数采用系统默认设置。

Step3. 单击 确定 按钮，完成进给率和速度的设置，系统返回"型腔铣"对话框。

Stage8. 生成的刀路轨迹并仿真

生成的刀路轨迹如图 18.11 所示，2D 动态仿真加工后的模型如图 18.12 所示。

图 18.11 刀路轨迹

图 18.12 2D 仿真结果

Task6. 创建剩余铣工序

Stage1. 创建工序

Step1. 选择下拉菜单 插入(S) ➡ 工序(E)... 命令，在"创建工序"对话框的 类型 下拉列表中选择 mill_contour 选项，在 工序子类型 区域中单击"剩余铣"按钮，在 程序 下拉列表中选择 PROGRAM 选项，在 刀具 下拉列表中选择 D10 (铣刀-5 参数) 选项，在 几何体 下拉列表中选择 WORKPIECE 选项，在 方法 下拉列表中选择 MILL_SEMI_FINISH 选项，使用系统默认的名称。

Step2. 单击"创建工序"对话框中的 确定 按钮，系统弹出"剩余铣"对话框。

Stage2. 指定切削区域

Step1. 在"剩余铣"对话框的 几何体 区域中单击 指定切削区域 右侧的 按钮，系统弹出"切削区域"对话框。

Step2. 在图形区选取图 18.13 所示的面（共 3 个）为切削区域，然后单击"切削区域"对话框中的 确定 按钮，系统返回到"剩余铣"对话框。

Stage3. 设置一般参数

在"剩余铣"对话框的 切削模式 下拉列表中选择 跟随周边 选项，在 步距 下拉列表中选择 刀具平直百分比 选项，在 平面直径百分比 文本框中输入值 40，在 公共每刀切削深度 下拉列表中选择 恒定 选项，在 最大距离 文本框中输入值 1。

Stage4. 设置切削层参数

Step1. 在 刀轨设置 区域中单击"切削层"按钮 ，系统弹出"切削层"对话框。

Step2. 单击 列表 区域列表框中的第一个范围选项，然后单击 范围 1 的顶部 区域中的 选择对象 (0) 按钮，选取图 18.14 所示的面，然后单击"切削层"对话框中的 确定 按钮，系统返回到"型腔铣"对话框。

图 18.13　指定切削区域

图 18.14　选取面

Stage5. 设置切削参数

Step1. 在 刀轨设置 区域中单击"切削参数"按钮 ，系统弹出"切削参数"对话框。

Step2. 在"切削参数"对话框中单击 策略 选项卡，在 刀路方向 下拉列表中选择 向内 选项。

Step3. 在"切削参数"对话框中单击 余量 选项卡，在 部件侧面余量 文本框中输入值 0.25，其他参数采用系统默认设置。

Step4. 单击"切削参数"对话框中的 确定 按钮，系统返回到"剩余铣"对话框。

说明：本 Task 后面的详细操作过程请参见随书光盘中 video\ch07.09\reference 文件下的语音视频讲解文件"扣盖凹模加工-r01.avi"。

Task7. 创建等高线轮廓铣工序

Stage1. 创建工序

Step1. 选择下拉菜单 插入(S) ➡ 工序(E)... 命令，系统弹出"创建工序"对话框。

Step2. 在"创建工序"对话框的 类型 下拉列表中选择 mill_contour 选项，在 工序子类型 区域中单击"深度加工轮廓"按钮 ，在 程序 下拉列表中选择 PROGRAM 选项，在 刀具 下拉列表中选择 B6 (铣刀-球头铣) 选项，在 几何体 下拉列表中选择 WORKPIECE 选项，在 方法 下拉列表中选择 MILL_SEMI_FINISH 选项。

Step3. 单击 确定 按钮，系统弹出"深度加工轮廓"对话框。

Stage2. 指定切削区域

Step1. 单击"深度加工轮廓"对话框 指定切削区域 右侧的 按钮，系统弹出"切削区域"对话框。

Step2. 在绘图区选取图 18.17 所示的切削区域（共 31 个面），单击 确定 按钮，系统返回到"深度加工轮廓"对话框。

图 18.15 刀路轨迹　　　图 18.16 2D 仿真结果　　图 18.17 指定切削区域

Stage3. 设置刀具路径参数和切削层

Step1. 设置刀具路径参数。在"深度加工轮廓"对话框的 陡峭空间范围 下拉列表中选择 无 选项，在 合并距离 文本框中输入值 3；在 最小切削长度 文本框中输入值 1；在 公共每刀切削深度 下拉列表中选择 恒定 选项，在 最大距离 文本框中输入值 0.5。

Step2. 设置切削层。单击"深度加工轮廓"对话框中的"切削层"按钮 ，接受系统默认参数设置，单击 确定 按钮，系统返回到"深度加工轮廓"对话框。

Stage4. 设置切削参数

Step1. 单击"深度加工轮廓"对话框中的"切削参数"按钮 ，系统弹出"切削参数"对话框。

Step2. 在"切削参数"对话框中单击 策略 选项卡，在 切削方向 下拉列表中选择 混合 选项，在 切削顺序 下拉列表中选择 始终深度优先 选项。

Step3. 在"切削参数"对话框中单击 连接 选项卡，在 层到层 下拉列表中选择 直接对部件进刀 选项。

Step4. 单击"切削参数"对话框中的 确定 按钮，系统返回到"深度加工轮廓"对话框。

Stage5. 设置非切削移动参数

采用系统默认的非切削移动参数设置。

Stage6. 设置进给率和速度

Step1. 在"深度加工轮廓"对话框中单击"进给率和速度"按钮 ，系统弹出"进给率和速度"对话框。

Step2. 在"进给率和速度"对话框中选中 ☑ 主轴速度 (rpm) 复选框，然后在其文本框中输入值 2000，按 Enter 键，然后单击 ▤ 按钮，在 切削 文本框中输入值 250，按 Enter 键，然后单击 ▤ 按钮。

Step3. 单击 确定 按钮，完成进给率的设置，系统返回"深度加工轮廓"对话框。

Stage7. 生成刀路轨迹并仿真

生成的刀路轨迹如图 18.18 所示，2D 动态仿真加工后的模型如图 18.19 所示。

图 18.18　刀路轨迹　　　　　　　　　图 18.19　2D 仿真结果

Task8. 创建区域轮廓铣工序

Stage1. 创建工序

Step1. 选择下拉菜单 插入(S) ➡ ⊫ 工序(E)... 命令，在"创建工序"对话框的 类型 下拉列表中选择 mill_contour 选项，在 工序子类型 区域中单击"区域轮廓铣"按钮 ⬇，在 程序 下拉列表中选择 PROGRAM 选项，在 刀具 下拉列表中选择 B6 (铣刀-球头铣) 选项，在 几何体 下拉列表中选择 WORKPIECE 选项，在 方法 下拉列表中选择 MILL_SEMI_FINISH 选项，使用系统默认的名称。

Step2. 单击"创建工序"对话框中的 确定 按钮，系统弹出"区域轮廓铣"对话框。

Stage2. 指定切削区域

Step1. 在 几何体 区域中单击"选择或编辑切削区域几何体"按钮 ◧，系统弹出"切削区域"对话框。

Step2. 选取图 18.20 所示的面为切削区域（共 3 个面），在"切削区域"对话框中单击 确定 按钮，完成切削区域的指定，系统返回到"区域轮廓铣"对话框。

图 18.20　指定切削区域

Stage3. 设置驱动方式

在"区域轮廓铣"对话框 驱动方法 区域的 方法 下拉列表中选择 区域铣削 选项，单击"编辑参数"按钮 ，系统弹出"区域铣削驱动方法"对话框，设置图 18.21 所示的参数。

图 18.21 "区域铣削驱动方法"对话框

Stage4. 设置切削参数

Step1. 在 刀轨设置 区域中单击"切削参数"按钮 ，系统弹出"切削参数"对话框。

Step2. 在"切削参数"对话框中单击 拐角 选项卡，在 光顺 下拉列表中选择 所有刀路 选项，其他参数采用系统默认设置。

Step3. 单击"切削参数"对话框中的 确定 按钮，系统返回到"型腔铣"对话框。

Stage5. 设置非切削移动参数

采用系统默认的非切削移动参数。

Stage6. 设置进给率和速度

Step1. 在"区域轮廓铣"对话框中单击"进给率和速度"按钮 ，系统弹出"进给率和速度"对话框。

Step2. 选中"进给率和速度"对话框 主轴速度 区域中的 ☑ 主轴速度 (rpm) 复选框，在其后的文本框中输入值 2000，按 Enter 键，然后单击 按钮，在 进给率 区域的 切削 文本框中输入值 250，按 Enter 键，然后单击 按钮，其他参数采用系统默认设置。

Step3. 单击 确定 按钮，完成进给率和速度的设置，系统返回"区域轮廓铣"对话框。

Stage7. 生成刀路轨迹并仿真

生成的刀路轨迹如图 18.22 所示，2D 动态仿真加工后的模型如图 18.23 所示。

图 18.22　刀路轨迹　　　　　　　　　图 18.23　2D 仿真结果

Task9. 创建底壁加工工序

Stage1. 插入工序

Step1. 选择下拉菜单 插入(S) ➡ 工序(E)... 命令，系统弹出"创建工序"对话框。

Step2. 确定加工方法。在"创建工序"对话框的 类型 下拉列表中选择 mill_planar 选项，在 工序子类型 区域中单击"底壁加工"按钮 ，在 程序 下拉列表中选择 PROGRAM 选项，在 刀具 下拉列表中选择 D10 (铣刀-5 参数) 选项，在 几何体 下拉列表中选择 WORKPIECE 选项，在 方法 下拉列表中选择 MILL_FINISH 选项，采用系统默认的名称。

Step3. 在"创建工序"对话框中单击 确定 按钮，系统弹出"底壁加工"对话框。

Stage2. 指定切削区域

Step1. 在 几何体 区域中单击"选择或编辑切削区域几何体"按钮 ，系统弹出"切削区域"对话框。

Step2. 选取图 18.24 所示的面（共 3 个）为切削区域，在"切削区域"对话框中单击 确定 按钮，完成切削区域的指定，同时系统返回到"底壁加工"对话框。

Step3. 选中 ☑ 自动壁 复选框，单击 指定壁几何体 区域中的 按钮查看壁几何体，如图 18.25 所示。

图 18.24　切削区域　　　　　　　　　图 18.25　壁几何体

Stage3. 设置刀具路径参数

Step1. 设置切削模式。在 刀轨设置 区域的 切削模式 下拉列表中选择 跟随周边 选项。

Step2. 设置步进方式。在 步距 下拉列表中选择 刀具平直百分比 选项，在 平面直径百分比 文本框中输入值 40，在 底面毛坯厚度 文本框中输入值 1，在 每刀切削深度 文本框中输入 0。

Stage4. 设置切削参数

Step1. 单击"底壁加工"对话框 刀轨设置 区域中的"切削参数"按钮 ，系统弹出"切削参数"对话框。

Step2. 在"切削参数"对话框中单击 余量 选项卡，在 壁余量 文本框中输入值 0.3，其他参数接受系统默认设置。

Step3. 在"切削参数"对话框中单击 拐角 选项卡，在 凸角 下拉列表中选择 延伸 选项，单击 确定 按钮，系统返回到"底壁加工"对话框。

Stage5. 设置非切削移动参数

Step1. 单击"底壁加工"对话框 非切削移动 区域中的"切削参数"按钮 ，系统弹出"非切削移动"对话框。

Step2. 在"非切削移动"对话框中单击 进刀 选项卡，在 封闭区域 区域的 斜坡角 文本框中输入值 3，其他参数接受系统默认设置，单击 确定 按钮，系统返回到"底壁加工"对话框。

Stage6. 设置进给率和速度

Step1. 单击"底壁加工"对话框中的"进给率和速度"按钮 ，系统弹出"进给率和速度"对话框。

Step2. 选中 主轴速度 区域中的 ☑ 主轴速度 (rpm) 复选框，在其后的文本框中输入值 1500，在 进给率 区域的 切削 文本框中输入值 400，按 Enter 键，然后单击 按钮。

Step3. 单击"进给率和速度"对话框中的 确定 按钮，系统返回到"底壁加工"对话框。

Stage7. 生成刀路轨迹并仿真

生成的刀路轨迹如图 18.26 所示，2D 动态仿真加工后的模型如图 18.27 所示。

图 18.26　刀路轨迹

图 18.27　2D 仿真结果

Task10. 创建平面轮廓铣工序

Stage1. 创建工序

Step1. 选择下拉菜单 插入(S) ➡️ 工序(E)... 命令，系统弹出"创建工序"对话框。

Step2. 确定加工方法。在"创建工序"对话框的 类型 下拉列表中选择 mill_planar 选项，在 工序子类型 区域中单击"平面轮廓铣"按钮 ，在 程序 下拉列表中选择 PROGRAM 选项，在 刀具 下拉列表中选择 D10 (铣刀-5 参数) 选项，在 几何体 下拉列表中选择 WORKPIECE 选项，在 方法 下拉列表中选择 MILL_FINISH 选项，采用系统默认的名称。

Step3. 在"创建工序"对话框中单击 确定 按钮，系统弹出"平面轮廓铣"对话框。

Stage2. 指定部件边界

Step1. 在"平面轮廓铣"对话框的 几何体 区域中单击 按钮，系统弹出"边界几何体"对话框。

Step2. 在"边界几何体"对话框的 模式 下拉列表中选择 曲线/边... 选项，系统弹出"创建边界"对话框，在 类型 下拉列表中选择 开放的 选项。

Step3. 在 平面 下拉列表中选择 用户定义 选项，系统弹出"平面"对话框。在绘图区选取图 18.28 所示的面，在 距离 文本框中输入值 0，单击 确定 按钮，系统返回到"创建边界"对话框。

Step4. 在图形区选取图 18.29 所示的边线 1，然后单击 创建下一个边界 按钮，在图形区选取图 18.30 所示的边线 2，然后单击 创建下一个边界 按钮，完成后如图 18.31 所示。

图 18.28 选取面

图 18.29 定义参照边线 1

图 18.30 定义参照边线 2

图 18.31 部件边界

说明：选取边线时应注意选取的部位，可选取图中箭头所指示的部位，或参考操作视频。

Step5. 单击两次 确定 按钮，系统返回到"平面轮廓铣"对话框，完成部件边界的创建。

Stage3. 指定底面

Step1. 在"平面轮廓铣"对话框中单击 按钮，系统弹出"平面"对话框，在 类型 下拉列表中选择 自动判断 选项。

Step2. 在模型上选取图 18.32 所示的模型底部平面，在 偏置 区域的 距离 文本框中输入值 0，单击 确定 按钮，完成底面的指定。

Stage4. 设置刀具路径参数

在"平面轮廓铣"对话框 刀轨设置 区域的 切削进给 文本框中输入值 250，在 切削深度 下拉列表中选择 恒定 选项，在 公共 文本框中输入值 0，其他参数采用系统默认设置。

Stage5. 设置切削参数

采用系统默认的切削参数。

Stage6. 设置非切削移动参数

采用系统默认的非切削移动参数。

Stage7. 设置进给率和速度

Step1. 单击"平面轮廓铣"对话框中的"进给率和速度"按钮，系统弹出"进给率和速度"对话框。

Step2. 选中"进给率和速度"对话框 主轴速度 区域中的 ☑ 主轴速度 (rpm) 复选框，在其后文本框中输入值 1500，按 Enter 键，然后单击 按钮，在 进给率 区域的 切削 文本框中输入值 250，按 Enter 键，然后单击 按钮，其他参数采用系统默认设置。

Step3. 单击"进给率和速度"对话框中的 确定 按钮，系统返回"平面轮廓铣"对话框。

Stage8. 生成刀路轨迹并仿真

生成的刀路轨迹如图 18.33 所示，2D 动态仿真加工后的模型如图 18.34 所示。

图 18.32　指定底面

图 18.33　刀路轨迹

Task11. 创建等高线轮廓铣工序

Stage1. 创建工序

Step1. 选择下拉菜单 插入(S) ➡️ 工序(E)... 命令，系统弹出"创建工序"对话框。

Step2. 在"创建工序"对话框的 类型 下拉列表中选择 mill_contour 选项，在 工序子类型 区域中单击"深度加工轮廓"按钮，在 程序 下拉列表中选择 PROGRAM 选项，在 刀具 下拉列表中选择 D10 (铣刀-5 参数) 选项，在 几何体 下拉列表中选择 WORKPIECE 选项，在 方法 下拉列表中选择 MILL_FINISH 选项。

Step3. 单击 确定 按钮，系统弹出"深度加工轮廓"对话框。

Stage2. 指定切削区域

Step1. 单击"深度加工轮廓"对话框 指定切削区域 右侧的 按钮，系统弹出"切削区域"对话框。

Step2. 在绘图区选取图 18.35 所示的切削区域（共 2 个面），单击 确定 按钮，系统返回到"深度加工轮廓"对话框。

图 18.34　2D 仿真结果

选取这两个面

图 18.35　指定切削区域

Stage3. 设置刀具路径参数和切削层

Step1. 设置刀具路径参数。在"深度加工轮廓"对话框的 陡峭空间范围 下拉列表中选择 无 选项，在 合并距离 文本框中输入值 3，在 最小切削长度 文本框中输入值 1，在 公共每刀切削深度 下拉列表中选择 恒定 选项，在 最大距离 文本框中输入值 2。

Step2. 设置切削层。单击"深度加工轮廓"对话框中的"切削层"按钮，接受系统默认参数设置，单击 确定 按钮，系统返回到"深度加工轮廓"对话框。

Stage4. 设置切削参数

Step1. 单击"深度加工轮廓"对话框中的"切削参数"按钮，系统弹出"切削参数"对话框。

Step2. 在"切削参数"对话框中单击 策略 选项卡，在 切削顺序 下拉列表中选择 始终深度优先选项。

Step3. 在"切削参数"对话框中单击 连接 选项卡，在 层到层 下拉列表中选择 沿部件斜进刀 选项，在 斜坡角 文本框中输入值 10。

Step4. 单击"切削参数"对话框中的 确定 按钮，系统返回到"深度加工轮廓"对话框。

Stage5. 设置非切削移动参数

采用系统默认的非切削移动参数设置。

Stage6. 设置进给率和速度

Step1. 在"深度加工轮廓"对话框中单击"进给率和速度"按钮 ，系统弹出"进给率和速度"对话框。

Step2. 在"进给率和速度"对话框中选中 ☑ 主轴速度 (rpm) 复选框，然后在其文本框中输入值 1500，按 Enter 键，然后单击 按钮，在 切削 文本框中输入值 250，按 Enter 键，然后单击 按钮。

Step3. 单击 确定 按钮，完成进给率的设置，系统返回"深度加工轮廓"对话框。

Stage7. 生成刀路轨迹并仿真

生成的刀路轨迹如图 18.36 所示，2D 动态仿真加工后的模型如图 18.37 所示。

图 18.36 刀路轨迹

图 18.37 2D 仿真结果

Task12. 创建区域轮廓铣工序

Stage1. 创建工序

Step1. 选择下拉菜单 插入(S) ➡ 工序(E)... 命令，在"创建工序"对话框的 类型 下拉列表中选择 mill_contour 选项，在 工序子类型 区域中单击"区域轮廓铣"按钮 ，在 程序 下拉列表中选择 PROGRAM 选项，在 刀具 下拉列表中选择 D6R2 (铣刀-5 参数) 选项，在 几何体 下拉列表中选择 WORKPIECE 选项，在 方法 下拉列表中选择 MILL_FINISH 选项，使用系统默认的名称。

Step2. 单击"创建工序"对话框中的 确定 按钮，系统弹出"区域轮廓铣"对话框。

Stage2. 指定切削区域

Step1. 在 几何体 区域中单击"选择或编辑切削区域几何体"按钮 ，系统弹出"切削区域"对话框。

Step2. 选取图18.38所示的面（共1个）为切削区域，在"切削区域"对话框中单击 确定 按钮，完成切削区域的指定，同时系统返回到"区域轮廓铣"对话框。

Stage3. 创建检查几何体

Step1. 在 几何体 区域中单击"选择或编辑检查几何体"按钮 ，系统弹出"检测几何体"对话框。

Step2. 选取图18.39所示的面（共10个），在"检查几何体"对话框中单击 确定 按钮，完成检查几何体的创建，系统返回到"区域轮廓铣"对话框。

图 18.38　指定切削区域　　　　　　　图 18.39　定义检查面

Stage4. 设置驱动方式

在"区域轮廓铣"对话框 驱动方法 区域的 方法 下拉列表中选择 区域铣削 选项，单击"编辑参数"按钮 ，系统弹出"区域铣削驱动方法"对话框，按图18.40所示设置参数。

Stage5. 设置切削参数

Step1. 在 刀轨设置 区域中单击"切削参数"按钮 ，系统弹出"切削参数"对话框。

Step2. 在"切削参数"对话框中单击 余量 选项卡，在 检查余量 文本框中输入值 0.2，在 内公差 与 外公差 文本框中均输入值 0.01，其他参数采用系统默认设置。

Step3. 单击"切削参数"对话框中的 确定 按钮，系统返回到"区域轮廓铣"对话框。

Stage6. 设置非切削移动参数

采用系统默认的非切削移动参数。

图 18.40 "区域铣削驱动方法"对话框

Stage7. 设置进给率和速度

Step1. 在"区域轮廓铣"对话框中单击"进给率和速度"按钮，系统弹出"进给率和速度"对话框。

Step2. 选中"进给率和速度"对话框 主轴速度 区域中的 ☑ 主轴速度 (rpm) 复选框，在其后的文本框中输入值 2200，按 Enter 键，然后单击 按钮，在 进给率 区域的 切削 文本框中输入值 400，按 Enter 键，然后单击 按钮，其他参数采用系统默认设置。

Step3. 单击 确定 按钮，完成进给率和速度的设置，系统返回"区域轮廓铣"对话框。

Stage8. 生成刀路轨迹并仿真

生成的刀路轨迹如图 18.41 所示，2D 动态仿真加工后的模型如图 18.42 所示。

放大图

图 18.41 刀路轨迹

图 18.42 2D 仿真结果

Task13. 创建底壁加工工序

Stage1. 插入工序

Step1. 选择下拉菜单 插入(S) ➡ 工序(E)... 命令，系统弹出"创建工序"对话框。

Step2. 确定加工方法。在"创建工序"对话框的 类型 下拉列表中选择 mill_planar 选项，在 工序子类型 区域中单击"底壁加工"按钮 ，在 程序 下拉列表中选择 PROGRAM 选项，在 刀具 下拉列表中选择 D30 (铣刀-5 参数) 选项，在 几何体 下拉列表中选择 WORKPIECE 选项，在 方法 下拉列表中选择 MILL_FINISH 选项，采用系统默认的名称。

Step3. 在"创建工序"对话框中单击 确定 按钮，系统弹出"底壁加工"对话框。

Stage2. 指定切削区域

Step1. 在 几何体 区域中单击"选择或编辑切削区域几何体"按钮 ，系统弹出"切削区域"对话框。

Step2. 选取图 18.43 所示的面为切削区域，在"切削区域"对话框中单击 确定 按钮，完成切削区域的创建，系统返回到"底壁加工"对话框。

图 18.43　切削区域

Stage3. 设置刀具路径参数

Step1. 设置切削模式。在 刀轨设置 区域的 切削模式 下拉列表中选择 跟随周边 选项。

Step2. 设置步进方式。在 步距 下拉列表中选择 刀具平直百分比 选项，在 平面直径百分比 文本框中输入值 75，在 毛坯距离 文本框中输入值 1，在 每刀深度 文本框中输入值 0。

Stage4. 设置切削参数

Step1. 单击"底壁加工"对话框 刀轨设置 区域中的"切削参数"按钮 ，系统弹出"切削参数"对话框；单击 策略 选项卡，在 刀路方向 下拉列表中选择 向内 选项；单击 空间范围 选项卡，在 刀具延展量 文本框中输入值 50，其他参数接受系统默认设置。

Step2. 单击 确定 按钮，系统返回到"底壁加工"对话框。

Stage5. 设置非切削移动参数

采用系统默认的非切削移动参数。

Stage6. 设置进给率和速度

Step1. 单击"底壁加工"对话框中的"进给率和速度"按钮 ，系统弹出"进给率和速度"对话框。

Step2. 选中 主轴速度 区域中的 ☑ 主轴速度 (rpm) 复选框，在其后的文本框中输入值 800，在 进给率 区域的 切削 文本框中输入值 500，按 Enter 键，然后单击 按钮。

Step3. 单击"进给率和速度"对话框中的 确定 按钮，系统返回"底壁加工"对话框。

Stage7. 生成刀路轨迹并仿真

生成的刀路轨迹如图 18.44 所示，2D 动态仿真加工后的模型如图 18.45 所示。

图 18.44　刀路轨迹　　　　　　　　　　图 18.45　2D 仿真结果

Task14. 创建等高线轮廓铣工序

Stage1. 创建工序

Step1. 选择下拉菜单 插入(S) ➡ 工序(E)... 命令，系统弹出"创建工序"对话框。

Step2. 在"创建工序"对话框的 类型 下拉列表中选择 mill_contour 选项，在 工序子类型 区域中单击"深度加工轮廓"按钮 ，在 程序 下拉列表中选择 PROGRAM 选项，在 刀具 下拉列表中选择 B4 (铣刀-球头铣) 选项，在 几何体 下拉列表中选择 WORKPIECE 选项，在 方法 下拉列表中选择 MILL_FINISH 选项。

Step3. 单击 确定 按钮，系统弹出"深度加工轮廓"对话框。

Stage2. 指定切削区域

Step1. 单击"深度加工轮廓"对话框 指定切削区域 右侧的 按钮，系统弹出"切削区域"对话框。

Step2. 在绘图区选取图 18.46 所示的切削区域（共 29 个面），单击 确定 按钮，系统返回到"深度加工轮廓"对话框。

Stage3．指定修剪边界

Step1．单击"深度加工轮廓"对话框 指定修剪边界 右侧的 按钮，系统弹出"修剪边界"对话框。

Step2．在 主要 选项卡的 过滤器类型 区域中确认 按钮被按下，选中 ☑ 忽略岛 复选框，在"修剪边界"对话框中选择 修剪侧 区域的 ⊙ 内部 单选项，然后在图形区选取图 18.47 所示的面，在"修剪边界"对话框中单击 确定 按钮。

Step3．单击"深度加工轮廓"对话框 指定修剪边界 右侧的 按钮，选中 ☑ 余量 复选框，然后在其后的文本框中输入值-6.0，在"修剪边界"对话框中单击 确定 按钮，完成修剪边界的创建，系统返回到"深度加工轮廓"对话框。

图 18.46 指定切削区域

图 18.47 选取参考面

Stage4．设置刀具路径参数和切削层

Step1．设置刀具路径参数。在"深度加工轮廓"对话框的 陡峭空间范围 下拉列表中选择 无 选项，在 合并距离 文本框中输入值 3，在 最小切削长度 文本框中输入值 1，在 公共每刀切削深度 下拉列表中选择 恒定 选项，在 最大距离 文本框中输入值 0.15。

Step2．设置切削层。单击"深度加工轮廓"对话框中的"切削层"按钮 ，接受系统默认参数设置，单击 确定 按钮，系统返回到"深度加工轮廓"对话框。

Stage5．设置切削参数

Step1．单击"深度加工轮廓"对话框中的"切削参数"按钮 ，系统弹出"切削参数"对话框。

Step2．在"切削参数"对话框中单击 策略 选项卡，按图 18.48 所示设置参数。

Step3．在"切削参数"对话框中单击 余量 选项卡，在 内公差 和 外公差 文本框中均输入值 0.01。

Step4．在"切削参数"对话框中单击 连接 选项卡，在 层到层 下拉列表中选择 直接对部件进刀 选项，选中 ☑ 在层之间切削 复选框，在 步距 下拉列表中选择 恒定 选项，在 最大距离 文本框中输入值 0.1。

Step5．单击"切削参数"对话框中的 确定 按钮，系统返回"深度加工轮廓"对话框。

图 18.48 "策略"选项卡

Stage6. 设置非切削移动参数

Step1. 单击"深度加工轮廓"对话框中的"非切削移动"按钮 ⚏，系统弹出"非切削移动"对话框。

Step2. 单击"非切削移动"对话框中的 起点/钻点 选项卡，在 默认区域起点 下拉列表中选择 拐角 选项，其他参数采用系统默认设置。

Step3. 单击"非切削移动"对话框中的 确定 按钮，完成非切削移动参数的设置，系统返回到"深度加工轮廓"对话框。

Stage7. 设置进给率和速度

Step1. 在"深度加工轮廓"对话框中单击"进给率和速度"按钮 ⬆，系统弹出"进给率和速度"对话框。

Step2. 在"进给率和速度"对话框中选中 ☑ 主轴速度 (rpm) 复选框，然后在其文本框中输入值 5000，按 Enter 键，然后单击 ▦ 按钮，在 切削 文本框中输入值 500，按 Enter 键，然后单击 ▦ 按钮。

Step3. 单击 确定 按钮，完成进给率和速度的设置，系统返回"深度加工轮廓"对话框。

Stage8. 生成刀路轨迹并仿真

生成的刀路轨迹如图 18.49 所示，2D 动态仿真加工后的模型如图 18.50 所示。

图 18.49 刀路轨迹

图 18.50 2D 仿真结果

Task15. 保存文件

选择下拉菜单 文件(F) ➡ 保存(S) 命令，保存文件。

实例 **19** 连接板凹模加工

本实例讲述的是连接板凹模加工，对于模具的加工来说，除了要安排合理的工序外，同时还应该特别注意模具的材料和加工精度。在创建工序时，要设置好每次切削的余量，另外要注意刀轨参数设置值是否正确，以免影响零件的精度。下面以连接板凹模为例介绍模具零件的一般加工方法，该零件的加工工艺路线如图 19.1 和图 19.2 所示。

型腔铣削	—— 在模具加工中，一般用型腔铣或平面铣进行开粗。
剩余铣	—— 如果有区域剩余材料过多，则需要进行二次开粗。
区域轮廓铣（一）	—— 用于精加工由轮廓曲面所形成的区域。
区域轮廓铣（二）	—— 用于精加工由轮廓曲面所形成的区域。
底壁加工（一）	—— 对零件平面部分进行铣削。
底壁加工（二）	—— 对零件平面部分进行铣削。
区域轮廓铣（三）	—— 用于精加工由轮廓曲面所形成的区域。
区域轮廓铣（四）	—— 用于精加工由轮廓曲面所形成的区域。
单刀路清根（一）	—— 清根一般用于加工零件加工区的边缘和凹处。
单刀路清根（二）	—— 清根一般用于加工零件加工区的边缘和凹处。

图 19.1 加工工艺路线（一）

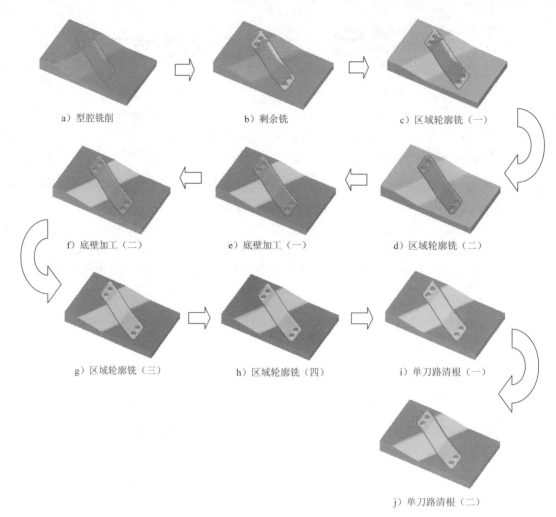

a）型腔铣削

b）剩余铣

c）区域轮廓铣（一）

f）底壁加工（二）

e）底壁加工（一）

d）区域轮廓铣（二）

g）区域轮廓铣（三）

h）区域轮廓铣（四）

i）单刀路清根（一）

j）单刀路清根（二）

图 19.2　加工工艺路线（二）

Task1．打开模型文件并进入加工模块

Step1．打开模型文件 D:\ug90.11\work\ch19\board.prt。

Step2．进入加工环境。选择下拉菜单 启动▾ ━━▶ 加工(R)... 命令，系统弹出"加工环境"对话框；在"加工环境"对话框的 CAM 会话配置 列表框中选择 cam_general 选项，在 要创建的 CAM 设置 列表框中选择 mill contour 选项，单击 确定 按钮，进入加工环境。

Task2．创建几何体

Stage1．创建机床坐标系

Step1．将工序导航器调整到几何视图，双击节点 ⊞ MCS_MILL，系统弹出"MCS 铣削"对话框，在"MCS 铣削"对话框的 机床坐标系 区域中单击"CSYS 对话框"按钮 ↳，系统弹出 CSYS 对话框。

Step2. 单击 CSYS 对话框中的"操控器"按钮 ，系统弹出"点"对话框，在 文本框中输入值 80，单击 按钮，完成坐标系原点的调整。

Step3. 单击 CSYS 对话框中的 按钮，此时系统返回至"MCS 铣削"对话框，完成图 19.3 所示机床坐标系的创建。

Stage2. 创建安全平面

Step1. 在"MCS 铣削"对话框 安全设置 区域的 安全设置选项 下拉列表中选择 自动平面 选项，然后在 安全距离 文本框中输入值 10。

Step2. 单击"MCS 铣削"对话框中的 按钮，完成安全平面的创建。

Stage3. 创建部件几何体

Step1. 在工序导航器中双击 MCS_MILL 节点下的 WORKPIECE ，系统弹出"工件"对话框。

Step2. 选取部件几何体。在"工件"对话框中单击 按钮，系统弹出"部件几何体"对话框。

Step3. 在图形区选取整个零件为部件几何体，如图 19.4 所示。在"部件几何体"对话框中单击 按钮，完成部件几何体的创建，系统返回到"工件"对话框。

Stage4. 创建毛坯几何体

Step1. 在"工件"对话框中单击 按钮，系统弹出"毛坯几何体"对话框。

Step2. 在"毛坯几何体"对话框的 类型 下拉列表中选择 包容块 选项，在 极限 区域的 ZM+ 文本框中均输入值 8。

Step3. 单击"毛坯几何体"对话框中的 按钮，系统返回到"工件"对话框，完成图 19.5 所示毛坯几何体的创建。

Step4. 单击"工件"对话框中的 按钮。

图 19.3　机床坐标系

图 19.4　部件几何体

图 19.5　毛坯几何体

Task3. 创建刀具

Stage1. 创建刀具 1

Step1. 将工序导航器调整到机床视图。

Step2. 选择下拉菜单 插入(S) ➡️ 刀具(T)... 命令，系统弹出"创建刀具"对话框。

Step3. 在"创建刀具"对话框的 类型 下拉列表中选择 mill contour 选项，在 刀具子类型 区域中单击 MILL 按钮 ⌀，在 位置 区域的 刀具 下拉列表中选择 GENERIC_MACHINE 选项，在 名称 文本框中输入 D30R1，然后单击 确定 按钮，系统弹出"铣刀-5 参数"对话框。

Step4. 在"铣刀-5 参数"对话框的 (D) 直径 文本框中输入值 30，在 (R1) 下半径 文本框中输入值 1，在 编号 区域的 刀具号 、补偿寄存器 、刀具补偿寄存器 文本框中均输入值 1，其他参数采用系统默认设置值，单击 确定 按钮，完成刀具 1 的创建。

Stage2. 创建刀具 2

Step1. 选择下拉菜单 插入(S) ➡️ 刀具(T)... 命令，系统弹出"创建刀具"对话框。

Step2. 在"创建刀具"对话框的 类型 下拉列表中选择 mill_planar 选项，在 刀具子类型 区域中单击 MILL 按钮 ⌀，在 位置 区域的 刀具 下拉列表中选择 GENERIC_MACHINE 选项，在 名称 文本框中输入 D10，然后单击 确定 按钮，系统弹出"铣刀-5 参数"对话框。

Step3. 在"铣刀-5 参数"对话框的 (D) 直径 文本框中输入值 10，在 编号 区域的 刀具号 、补偿寄存器 、刀具补偿寄存器 文本框中均输入值 2，其他参数采用系统默认设置，单击 确定 按钮，完成刀具 2 的创建。

Stage3. 创建刀具 3

Step1. 选择下拉菜单 插入(S) ➡️ 刀具(T)... 命令，系统弹出"创建刀具"对话框。

Step2. 在"创建刀具"对话框的 类型 下拉列表中选择 mill contour 选项，在 刀具子类型 区域中单击 BALL_MILL 按钮 ⌀，在 位置 区域的 刀具 下拉列表中选择 GENERIC_MACHINE 选项，在 名称 文本框中输入 B16，然后单击 确定 按钮，系统弹出"铣刀-球头铣"对话框。

Step3. 在"铣刀-球头铣"对话框的 (D) 球直径 文本框中输入值 16，在 编号 区域的 刀具号 、补偿寄存器 、刀具补偿寄存器 文本框中均输入值 3，其他参数采用系统默认设置，单击 确定 按钮，完成刀具 3 的创建。

Stage4. 创建刀具 4

Step1. 选择下拉菜单 插入(S) ➡️ 刀具(T)... 命令，系统弹出"创建刀具"对话框。

Step2. 在"创建刀具"对话框的 类型 下拉列表中选择 mill contour 选项，在 刀具子类型 区域中单击 BALL_MILL 按钮 ⌀，在 位置 区域的 刀具 下拉列表中选择 GENERIC_MACHINE 选项，在 名称 文本框中输入 B8，然后单击 确定 按钮，系统弹出"铣刀-球头铣"对话框。

Step3. 在"铣刀-球头铣"对话框的 (D) 球直径 文本框中输入值 8，在 编号 区域的 刀具号 、补偿寄存器 、刀具补偿寄存器 文本框中均输入值 4，其他参数采用系统默认设置，单击 确定 按钮，完成刀具 4 的创建。

Stage5．创建刀具 5

Step1. 选择下拉菜单 插入(S) ➡ 刀具(T)... 命令，系统弹出"创建刀具"对话框。

Step2. 在"创建刀具"对话框的 类型 下拉列表中选择 mill contour 选项，在 刀具子类型 区域中单击 BALL_MILL 按钮 🗲，在 位置 区域的 刀具 下拉列表中选择 GENERIC_MACHINE 选项，在 名称 文本框中输入 B6，然后单击 确定 按钮，系统弹出"铣刀-球头铣"对话框。

Step3. 在"铣刀-球头铣"对话框的 (D) 球直径 文本框中输入值 6，在 编号 区域的 刀具号、补偿寄存器、刀具补偿寄存器 文本框中均输入值 5，其他参数采用系统默认设置，单击 确定 按钮，完成刀具 5 的创建。

Stage6．创建刀具 6

Step1. 选择下拉菜单 插入(S) ➡ 刀具(T)... 命令，系统弹出"创建刀具"对话框。

Step2. 在"创建刀具"对话框的 类型 下拉列表中选择 mill contour 选项，在 刀具子类型 区域中单击 BALL_MILL 按钮 🗲，在 位置 区域的 刀具 下拉列表中选择 GENERIC_MACHINE 选项，在 名称 文本框中输入 B4，然后单击 确定 按钮，系统弹出"铣刀-球头铣"对话框。

Step3. 在"铣刀-球头铣"对话框的 (D) 球直径 文本框中输入值 4，在 编号 区域的 刀具号、补偿寄存器、刀具补偿寄存器 文本框中均输入值 6，其他参数采用系统默认设置，单击 确定 按钮，完成刀具 6 的创建。

Task4．创建型腔铣操作

Stage1．创建工序

Step1. 将工序导航器调整到程序顺序视图。

Step2. 选择下拉菜单 插入(S) ➡ 工序(E)... 命令，在"创建工序"对话框的 类型 下拉列表中选择 mill_contour 选项，在 工序子类型 区域中单击"型腔铣"按钮，在 程序 下拉列表中选择 PROGRAM 选项，在 刀具 下拉列表中选择前面设置的刀具 D30R1 (铣刀-5 参数) 选项，在 几何体 下拉列表中选择 WORKPIECE 选项，在 方法 下拉列表中选择 MILL ROUGH 选项，使用系统默认的名称。

Step3. 单击"创建工序"对话框中的 确定 按钮，系统弹出"型腔铣"对话框。

Stage2．设置一般参数

在 最大距离 文本框中输入值 1，其他参数采用系统默认设置。

Stage3．设置切削参数

Step1. 在 刀轨设置 区域中单击"切削参数"按钮，系统弹出"切削参数"对话框。

287

Step2. 在"切削参数"对话框中单击 连接 选项卡，在 开放刀路 下拉列表中选择 变换切削方向 选项，其他参数采用系统默认设置。

Step3. 单击"切削参数"对话框中的 确定 按钮，系统返回到"型腔铣"对话框。

Stage4. 设置非切削移动参数

Step1. 在 刀轨设置 区域中单击"非切削移动"按钮 ⬛，系统弹出"非切削移动"对话框。

Step2. 在"非切削移动"对话框中单击 进刀 选项卡，在 封闭区域 区域的 斜坡角 文本框中输入值 2，其他参数采用系统默认设置。

Step3. 单击"非切削移动"对话框中的 确定 按钮，系统返回到"型腔铣"对话框。

Stage5. 设置进给率和速度

Step1. 在"型腔铣"对话框中单击"进给率和速度"按钮 ⬛，系统弹出"进给率和速度"对话框。

Step2. 在 主轴速度 文本框中输入值 600，按 Enter 键，然后单击 ⬛ 按钮，其他参数采用系统默认设置。

Step3. 单击 确定 按钮，完成进给率和速度的设置，系统返回"型腔铣"对话框。

Stage6. 生成刀路轨迹并仿真

生成的刀路轨迹如图 19.6 所示，2D 动态仿真加工后的模型如图 19.7 所示。

图 19.6　刀路轨迹

图 19.7　2D 仿真结果

Task5. 创建剩余铣操作

Stage1. 创建工序

Step1. 选择下拉菜单 插入(S) ➡ 工序(E)... 命令，在"创建工序"对话框的 类型 下拉列表中选择 mill_contour 选项，在 工序子类型 区域中单击"剩余铣"按钮 ⬛，在 程序 下拉列表中选择 PROGRAM 选项，在 刀具 下拉列表中选择 D10 (铣刀-5 参数) 选项，在 几何体 下拉列表中选择 WORKPIECE 选项，在 方法 下拉列表中选择 MILL_SEMI_FINISH 选项，使用系统默认的名称 REST_MILLING。

Step2. 单击"创建工序"对话框中的 确定 按钮，系统弹出"剩余铣"对话框。

Stage2. 指定切削区域

Step1. 单击 指定切削区域 右侧的 按钮，选取图 19.8 所示的面（共 29 个）作为切削区域。

Step2. 单击"切削区域"对话框中的 确定 按钮，返回"剩余铣"对话框。

Stage3. 设置一般参数

在"剩余铣"对话框的 最大距离 文本框中输入值 1，其他选项采用系统默认设置。

Stage4. 设置切削参数

Step1. 在 刀轨设置 区域中单击"切削参数"按钮 ，系统弹出"切削参数"对话框。

Step2. 在"切削参数"对话框的 切削顺序 下拉列表中选择 深度优先 选项，单击 连接 选项卡，在 开放刀路 下拉列表中选择 变换切削方向 选项，单击 空间范围 选项卡，在 最小材料移除 文本框中输入值 3，其他参数采用系统默认设置。

Step3. 单击"切削参数"对话框中的 确定 按钮，系统返回到"剩余铣"对话框。

Stage5. 生成刀路轨迹并仿真

生成的刀路轨迹如图 19.9 所示，2D 动态仿真加工后的模型如图 19.10 所示。

图 19.8　指定切削区域　　　　图 19.9　刀路轨迹　　　　图 19.10　2D 仿真结果

Task6. 创建区域轮廓铣操作 1

Stage1. 创建工序

Step1. 选择下拉菜单 插入(S) ➡ 工序(E)... 命令，在"创建工序"对话框的 类型 下拉列表中选择 mill_contour 选项，在 工序子类型 区域中单击"区域轮廓铣"按钮 ，在 程序 下拉列表中选择 PROGRAM 选项，在 刀具 下拉列表中选择 B16 (铣刀-球头铣) 选项，在 几何体 下拉列表中选择 WORKPIECE 选项，在 方法 下拉列表中选择 MILL_FINISH 选项，使用系统默认的名称。

Step2. 单击"创建工序"对话框中的 确定 按钮，系统弹出"区域轮廓铣"对话框。

Stage2. 指定切削区域

Step1. 在 几何体 区域中单击"选择或编辑切削区域几何体"按钮 ，系统弹出"切削区域”对话框。

Step2. 选取图 19.11 所示的面（共 8 个）作为切削区域，在"切削区域"对话框中单击 确定 按钮，完成切削区域的指定，同时系统返回到"区域轮廓铣"对话框。

Stage3. 设置驱动方式

Step1. 在 驱动方法 区域中单击"编辑"按钮，系统弹出"区域铣削驱动方法"对话框。

Step2. 在"区域铣削驱动方法"对话框中按图 19.12 所示设置参数，然后单击 确定 按钮，系统返回到"区域轮廓铣"对话框。

图 19.11 指定切削区域

图 19.12 设置驱动方式

Stage4. 设置切削参数

Step1. 在 刀轨设置 区域中单击"切削参数"按钮，系统弹出"切削参数"对话框。

Step2. 选中 延伸刀轨 区域中的 ☑ 在边上延伸 复选框，在 距离 文本框中输入值 1，在 %刀具 下拉列表中选择 mm 选项，其他参数采用系统默认设置值。

Step3. 单击"切削参数"对话框中的 确定 按钮，系统返回到"区域轮廓铣"对话框。

Stage5. 设置非切削移动参数

采用系统默认的非切削移动参数。

Stage6. 设置进给率和速度

Step1. 在"区域轮廓铣"对话框中单击"进给率和速度"按钮，系统弹出"进给率和速度"对话框。

Step2. 选中 "进给率和速度" 对话框主轴速度区域中的 ☑ 主轴速度 (rpm) 复选框, 在其后的文本框中输入值 1000, 按 Enter 键, 其他参数采用系统默认设置。

Step3. 单击 确定 按钮, 完成进给率和速度的设置, 系统返回 "区域轮廓铣" 对话框。

Stage7. 生成刀路轨迹并仿真

生成的刀路轨迹如图 19.13 所示, 2D 动态仿真加工后的模型如图 19.14 所示。

图 19.13　刀路轨迹　　　　　图 19.14　2D 动态仿真结果

Task7. 创建区域轮廓铣操作 2

Stage1. 创建工序

Step1. 选择下拉菜单 插入(S) ➡ 工序(E)... 命令, 在 "创建工序" 对话框的 类型 下拉列表中选择 mill_contour 选项, 在 工序子类型 区域中单击 "区域轮廓铣" 按钮, 在 程序 下拉列表中选择 PROGRAM 选项, 在 刀具 下拉列表中选择 B8 (铣刀-球头铣) 选项, 在 几何体 下拉列表中选择 WORKPIECE 选项, 在 方法 下拉列表中选择 MILL_FINISH 选项, 使用系统默认的名称。

Step2. 单击 "创建工序" 对话框中的 确定 按钮, 系统弹出 "区域轮廓铣" 对话框。

Stage2. 指定切削区域

Step1. 在 几何体 区域中单击 "选择或编辑切削区域几何体" 按钮, 系统弹出 "切削区域" 对话框。

Step2. 选取图 19.15 所示的面 (共 25 个) 作为切削区域, 在 "切削区域" 对话框中单击 确定 按钮, 完成切削区域的指定, 同时系统返回到 "区域轮廓铣" 对话框。

Stage3. 设置驱动方式

Step1. 在 驱动方法 区域中单击 "编辑" 按钮, 系统弹出 "区域铣削驱动方法" 对话框。

Step2. 在 "区域铣削驱动方法" 对话框中按图 19.16 所示设置参数, 然后单击 确定 按钮, 系统返回到 "区域轮廓铣" 对话框。

Stage4. 设置切削参数

采用系统默认的切削参数。

Stage5．设置非切削移动参数

采用系统默认的非切削移动参数。

Stage6．设置进给率和速度

Step1．在"区域轮廓铣"对话框中单击"进给率和速度"按钮，系统弹出"进给率和速度"对话框。

图 19.15　选取切削区域

图 19.16　设置驱动方式

Step2．选中"进给率和速度"对话框主轴速度区域中的 ☑ 主轴速度（rpm）复选框，在其后的文本框中输入值 1500，按 Enter 键，然后单击 按钮，在进给率区域的切削文本框中输入值 400，按 Enter 键，然后单击 按钮，其他参数采用系统默认设置。

Step3．单击 确定 按钮，完成进给率和速度的设置，系统返回"区域轮廓铣"操作对话框。

Stage7．生成刀路轨迹并仿真

生成的刀路轨迹如图 19.17 所示，2D 动态仿真加工后的模型如图 19.18 所示。

图 19.17　刀路轨迹

图 19.18　2D 动态仿真

Task8. 创建底壁加工操作 1

Stage1. 创建工序

Step1. 选择下拉菜单 插入(S) ➡️ 🔧 工序(E)... 命令，系统弹出"创建工序"对话框。

Step2. 确定加工方法。在"创建工序"对话框的 类型 下拉列表中选择 mill_planar 选项，在 工序子类型 区域中单击"底壁加工"按钮 🔲，在 程序 下拉列表中选择 PROGRAM 选项，在 刀具 下拉列表中 选择 D10 (铣刀-5 参数) 选项，在 几何体 下拉列表中选择 WORKPIECE 选项，在 方法 下拉列表中选择 MILL_FINISH 选项，采用系统默认的名称。

Step3. 在"创建工序"对话框中单击 确定 按钮，系统弹出"底壁加工"对话框。

Stage2. 指定切削区域

Step1. 单击 指定切削区域 右侧的 🔲 按钮，选取图 19.19 所示的面。

Step2. 单击"切削区域"对话框中的 确定 按钮，返回到"底壁加工"对话框。

选取这两个面

图 19.19　选取切削区域

Stage3. 设置刀具路径参数

Step1. 设置切削模式。在 刀轨设置 区域的 切削模式 下拉列表中选择 🔳 跟随周边 选项。

Step2. 设置步进方式。在 底面毛坯厚度 文本框中输入值 1，其他参数接受系统默认设置。

Stage4. 设置非切削移动参数

Step1. 在 刀轨设置 区域中单击"非切削移动"按钮 🔳，系统弹出"非切削移动"对话框。

Step2. 在 斜坡角 文本框中输入值 3，在 高度起点 下拉列表中选择 当前层 选项。

Step3. 单击"非切削移动"对话框中的 确定 按钮，系统返回到"底壁加工"对话框。

Stage5. 设置进给率和速度

Step1. 在"底壁加工"对话框中单击"进给率和速度"按钮 🔲，系统弹出"进给率和速度"对话框。

Step2. 选中 主轴速度 区域中的 ☑ 主轴速度 (rpm) 复选框，并在其后的文本框中输入值 1800，按 Enter 键，然后单击 🔲 按钮，在 进给率 区域的 切削 文本框中输入值 500，按 Enter 键，然后单击 🔲 按钮，其他参数采用系统默认设置。

Step3. 单击 确定 按钮，完成进给率和速度的设置，系统返回"底壁加工"对话框。

Stage6. 生成刀路轨迹并仿真

生成的刀路轨迹如图 19.20 所示，2D 动态仿真加工后的模型如图 19.21 所示。

图 19.20　刀路轨迹

图 19.21　2D 仿真结果

Task9. 创建底壁加工操作 2

Stage1. 创建工序

Step1. 选择下拉菜单 插入(S) ➡ 工序(E)... 命令，系统弹出"创建工序"对话框。

Step2. 确定加工方法。在"创建工序"对话框的 类型 下拉列表中选择 mill_planar 选项，在 工序子类型 区域中单击"底壁加工"按钮 ，在 程序 下拉列表中选择 PROGRAM 选项，在 刀具 下拉列表中选择 D10 (铣刀-5 参数) 选项，在 几何体 下拉列表中选择 WORKPIECE 选项，在 方法 下拉列表中选择 MILL_FINISH 选项，采用系统默认的名称。

Step3. 在"创建工序"对话框中单击 确定 按钮，系统弹出"底壁加工"对话框。

Stage2. 指定切削区域

Step1. 单击 指定切削区域 右侧的 按钮，选取图 19.22 所示的面（共 4 个）为切削区域。

Step2. 单击"切削区域"对话框中的 确定 按钮，返回"底壁加工"对话框。

图 19.22　选取切削区域

Stage3. 设置刀具路径参数

Step1. 设置切削模式。在 刀轨设置 区域的 切削模式 下拉列表中选择 单向 选项。

Step2. 设置步进方式。在 步距 下拉列表中选择 刀具平直百分比 选项，在 平面直径百分比 文本框中输入值 60，在 底面毛坯厚度 文本框中输入值 1，在 每刀切削深度 文本框中输入值 0.8。

Stage4. 设置切削参数

Step1. 在"底壁加工"对话框中单击"切削参数"按钮 ，系统弹出"切削参数"对话框；在对话框中单击 策略 选项卡，在 切削 区域的 与 XC 的夹角 文本框中输入值 90；单击 空间范围 选项卡，在 切削区域 的 刀具延展量 文本框中输入值 50，其他参数接受系统默认设置。

Step2. 单击"切削参数"对话框中的 确定 按钮，系统返回到"底壁加工"对话框。

Stage5. 设置非切削移动参数

Step1. 在 刀轨设置 区域中单击"非切削移动"按钮 ，系统弹出"非切削移动"对话框。

Step2. 在 斜坡角 文本框中输入值 3，在 高度起点 下拉列表中选择 当前层 选项。

Step3. 单击"非切削移动"对话框中的 确定 按钮，系统返回到"底壁加工"对话框。

Stage6. 设置进给率和速度

Step1. 在"底壁加工"对话框中单击"进给率和速度"按钮 ，系统弹出"进给率和速度"对话框。

Step2. 选中 主轴速度 区域中的 ☑ 主轴速度 (rpm) 复选框，并在其后的文本框中输入值 1800，按 Enter 键，然后单击 按钮，在 进给率 区域的 切削 文本框中输入值 400，按 Enter 键，然后单击 按钮，其他参数采用系统默认设置。

Step3. 单击 确定 按钮，完成进给率和速度的设置，系统返回"底壁加工"对话框。

Stage7. 生成刀路轨迹并仿真

生成的刀路轨迹如图 19.23 所示，2D 动态仿真加工后的模型如图 19.24 所示。

图 19.23 刀路轨迹

图 19.24 2D 仿真结果

Task10. 创建区域轮廓铣操作 3

Stage1. 创建工序

Step1. 选择下拉菜单 插入(S) —→ 工序(E)... 命令，在"创建工序"对话框的 类型 下拉列表中选择 mill_contour 选项，在 工序子类型 区域中单击"区域轮廓铣"按钮 ，在 程序 下拉列表中选择 PROGRAM 选项，在 刀具 下拉列表中选择 B6 (铣刀-球头铣) 选项，在 几何体 下拉列表中选择 WORKPIECE 选项，在 方法 下拉列表中选择 MILL_FINISH 选项，使用系统默认的名称。

Step2. 单击"创建工序"对话框中的 确定 按钮，系统弹出"区域轮廓铣"对话框。

Stage2. 指定切削区域

Step1. 在 几何体 区域中单击"选择或编辑切削区域几何体"按钮 📖，系统弹出"切削区域"对话框。

Step2. 选取图 19.25 所示的面（共 5 个）作为切削区域，在"切削区域"对话框中单击 确定 按钮，完成切削区域的创建，同时系统返回到"区域轮廓铣"对话框。

Stage3. 设置驱动方式

Step1. 在 驱动方法 区域中单击"编辑"按钮 🔧，系统弹出"区域铣削驱动方法"对话框。

Step2. 在"区域铣削驱动方法"对话框中按图 19.26 所示设置参数，然后单击 确定 按钮，系统返回到"区域轮廓铣"对话框。

图 19.25 定义切削区域

图 19.26 设置驱动方式

Stage4. 设置切削参数

Step1. 在 刀轨设置 区域中单击"切削参数"按钮 ➡️，系统弹出"切削参数"对话框。

Step2. 单击 余量 选项卡，在 公差 区域的 内公差 和 外公差 文本框中均输入值 0.01。

Step3. 单击"切削参数"对话框中的 确定 按钮，系统返回到"区域轮廓铣"对话框。

Stage5. 设置非切削移动参数

采用系统默认的非切削移动参数。

Stage6. 设置进给率和速度

Step1. 在"区域轮廓铣"对话框中单击"进给率和速度"按钮![icon]，系统弹出"进给率和速度"对话框。

Step2. 选中"进给率和速度"对话框主轴速度区域中的☑ 主轴速度 (rpm)复选框，在其后的文本框中输入值 2200，按 Enter 键，然后单击![icon]按钮，在进给率区域的切削文本框中输入值 400，按 Enter 键，然后单击![icon]按钮，其他参数采用系统默认设置。

Step3. 单击 确定 按钮，完成进给率和速度的设置，系统返回"区域轮廓铣"对话框。

Stage7. 生成刀路轨迹并仿真

生成的刀路轨迹如图 19.27 所示，2D 动态仿真加工后的模型如图 19.28 所示。

图 19.27 刀路轨迹

图 19.28 2D 动态仿真

Task11. 创建区域轮廓铣铣操作 4

说明：本 Task 的详细操作过程请参见随书光盘中 video\ch19\reference 文件下的语音视频讲解文件"连接板凹模加工-r01.avi"。

Task12. 创建单刀路清根工序 1

Stage1. 创建工序

Step1. 选择下拉菜单 插入(S) ➡ ┠ 工序(E)... 命令，系统弹出"创建工序"对话框。

Step2. 确定加工方法。在"创建工序"对话框的类型下拉列表中选择mill_contour选项，在工序子类型区域中单击"单刀路清根"按钮![icon]，在刀具下拉列表中选择B6 (铣刀-球头铣)选项，在几何体下拉列表中选择WORKPIECE选项，在方法下拉列表中选择MILL_FINISH选项，单击 确定 按钮，系统弹出"单刀路清根"对话框。

Stage2. 设置进给率和速度

Step1. 单击"单刀路清根"对话框中的"进给率和速度"按钮![icon]，系统弹出"进给率和速度"对话框。

Step2. 在"进给率和速度"对话框中选中 ☑ 主轴速度 (rpm) 复选框，然后在其文本框中输入值 1500，按 Enter 键，然后单击 按钮，其他选项均采用系统默认参数设置。

Step3. 单击"进给率和速度"对话框中的 确定 按钮，完成切削参数的设置，系统返回到"单刀路清根"对话框。

Stage3. 生成刀路轨迹并仿真

生成的刀路轨迹如图 19.29 所示，2D 动态仿真加工后的模型如图 19.30 所示。

图 19.29　刀路轨迹　　　　　　　　　图 19.30　2D 仿真结果

Task13. 创建单刀路清根工序 2

Stage1. 创建工序

Step1. 选择下拉菜单 插入(S) ➡ 工序(E)... 命令，系统弹出"创建工序"对话框。

Step2. 确定加工方法。在 "创建工序"对话框的 类型 下拉列表中选择 mill_contour 选项，在 工序子类型 区域中单击"单刀路清根"按钮 ，在 刀具 下拉列表中选择 B4 (铣刀-球头铣) 选项，在 几何体 下拉列表中选择 WORKPIECE 选项，在 方法 下拉列表中选择 MILL_FINISH 选项，单击 确定 按钮，系统弹出"单刀路清根"对话框。

Stage2. 设置进给率和速度

Step1. 单击"单刀路清根"对话框中的"进给率和速度"按钮 ，系统弹出"进给率和速度"对话框。

Step2. 在"进给率和速度"对话框中选中 ☑ 主轴速度 (rpm) 复选框，然后在其文本框中输入值 2500，按 Enter 键，然后单击 按钮，在 进给率 区域的 切削 文本框中输入值 200，按 Enter 键，然后单击 按钮，其他选项均采用系统默认参数设置。

Step3. 单击"进给率和速度"对话框中的 确定 按钮，完成切削参数的设置，系统返回到"单刀路清根"对话框。

Stage3. 生成刀路轨迹并仿真

生成的刀路轨迹如图 19.31 所示，2D 动态仿真加工后的模型如图 19.32 所示。

图 19.31　刀路轨迹

图 19.32　2D 仿真结果

Task14. 保存文件

选择下拉菜单 文件(F) ➡ 保存(S) 命令，保存文件。

实例 20 吹风机凸模加工

下面以吹风机凸模加工为例介绍模具零件的一般加工方法，该零件的加工工艺路线如图 20.1 和图 20.2 所示。

图 20.1 加工工艺路线（一）

Task1. 打开模型文件并进入加工模块

Step1. 打开模型文件 D:\ug90.11\work\ch20\blower_mold.prt。

Step2. 进入加工环境。选择下拉菜单 🌀 启动▾ ➔ � 加工(R)... 命令，系统弹出"加工环境"对话框；在"加工环境"对话框的 CAM 会话配置 列表框中选择 cam_general 选项，在 要创建的 CAM 设置 列表框中选择 mill contour 选项，单击 确定 按钮，进入加工环境。

Task2. 创建几何体

Stage1. 创建机床坐标系

Step1. 将工序导航器调整到几何视图，双击节点 ⊞ 🛠 MCS_MILL，系统弹出"MCS 铣削"对话框，在"MCS 铣削"对话框的 机床坐标系 选项区域中单击"CSYS 对话框"按钮 🔧，系统弹出 CSYS 对话框。

Step2. 在模型中选取图 20.3 所示的顶点，此时机床坐标原点移动至该顶点，然后将机床坐标系统 XM 轴旋转-90°，绕 ZM 轴旋转-90°。

a）型腔铣（一）　　　　b）型腔铣（二）　　　　c）轮廓区域铣（一）

f）等高轮廓铣　　　　e）轮廓区域铣（三）　　　　d）轮廓区域铣（二）

g）底壁加工铣削　　　　h）多刀路清根铣

图 20.2　加工工艺路线（二）

Step3. 单击 CSYS 对话框 操控器 区域中的"操控器"按钮 ⊕，系统弹出"点"对话框，在"点"对话框的 Y 文本框中输入值 47，单击 确定 按钮，此时系统返回至 CSYS 对话框，在其中单击 确定 按钮，完成图 20.3 所示机床坐标系的创建。

Stage2. 创建安全平面

Step1. 在"MCS 铣削"对话框 安全设置 区域的 安全设置选项 下拉列表中选择 平面 选项，单击"平面对话框"按钮，系统弹出"平面"对话框。

Step2. 在"平面"对话框 类型 区域的下拉列表中选择 按某一距离 选项，在 平面参考 区域中单击 ⊕ 按钮，选取图 20.4 所示的平面为对象平面；在 偏置 区域的 距离 文本框中输入值 55，并按回车键确认，单击 确定 按钮，系统返回到"MCS 铣削"对话框，完成图 20.4 所示安全平面的创建。

机床坐标系　　移动至此点

选取此参考平面　　安全平面

图 20.3　创建机床坐标系　　　　图 20.4　创建安全平面

Step3. 单击"MCS 铣削"对话框中的 确定 按钮。

Stage3. 创建部件几何体

Step1. 在工序导航器中双击⊞ MCS_MILL 节点下的 WORKPIECE，系统弹出"工件"对话框。

Step2. 选取部件几何体。在"工件"对话框中单击 按钮，系统弹出"部件几何体"对话框。

Step3. 在"部件几何体"对话框中单击 按钮，在图形区框选整个零件为部件几何体，如图 20.5 所示。

Step4. 在"部件几何体"对话框中单击 确定 按钮，完成部件几何体的创建，系统返回到"工件"对话框。

Stage4. 创建毛坯几何体

Step1. 在"工件"对话框中单击 按钮，系统弹出"毛坯几何体"对话框。

Step2. 在"毛坯几何体"对话框的 类型 下拉列表中选择 包容块 选项，在 极限 区域的 ZM+ 文本框中输入值 1。

Step3. 单击"毛坯几何体"对话框中的 确定 按钮，系统返回到"工件"对话框，完成图 20.6 所示毛坯几何体的创建。

Step4. 单击"工件"对话框中的 确定 按钮。

图 20.5　部件几何体

图 20.6　毛坯几何体

Task3. 创建刀具

Stage1. 创建刀具 1

Step1. 将工序导航器调整到机床视图。

Step2. 选择下拉菜单 插入(S) ➡ 刀具(T)... 命令，系统弹出"创建刀具"对话框。

Step3. 在"创建刀具"对话框的 类型 下拉列表中选择 mill contour 选项，在 刀具子类型 区域中单击 MILL 按钮 ，在 位置 区域的 刀具 下拉列表中选择 GENERIC_MACHINE 选项，在 名称 文本框中输入 D20R2，然后单击 确定 按钮，系统弹出"铣刀-5 参数"对话框。

Step4. 在"铣刀-5 参数"对话框的 (D) 直径 文本框中输入值 20，在 (R1) 下半径 文本框中输入值 2，在 刀具号 文本框中输入值 1，其他参数采用系统默认设置，单击 确定 按钮，完成刀具 1 的创建。

说明：本 Task 后面的详细操作过程请参见随书光盘中 video\ch20\reference 文件下的语音视频讲解文件"吹风机凸模加工-r01.avi"。

Task4．创建型腔铣操作 1

Stage1．创建工序

Step1．将工序导航器调整到程序顺序视图。

Step2．选择下拉菜单 插入(S) ➡ 工序(E)... 命令，在"创建工序"对话框的 类型 下拉列表中选择 mill_contour 选项，在 工序子类型 区域中单击 CAVITY_MILL 按钮，在 程序 下拉列表中选择 NC PROGRAM 选项，在 刀具 下拉列表中选择前面设置的刀具 D20R2 (铣刀-5 参数) 选项，在 几何体 下拉列表中选择 WORKPIECE 选项，在 方法 下拉列表中选择 MILL ROUGH 选项，使用系统默认的名称。

Step3．单击"创建工序"对话框中的 确定 按钮，系统弹出"型腔铣"对话框。

Stage2．设置一般参数

在"型腔铣"对话框的 切削模式 下拉列表中选择 跟随周边 选项；在 步距 下拉列表中选择 刀具平直百分比 选项，在 平面直径百分比 文本框中输入值 50，在 公共每刀切削深度 下拉列表中选择 恒定 选项，在 最大距离 文本框中输入值 3。

Stage3．设置切削参数

Step1．在 刀轨设置 区域中单击"切削参数"按钮，系统弹出"切削参数"对话框。

Step2．在"切削参数"对话框中单击 策略 选项卡，在 切削顺序 下拉列表中选择 深度优先 选项，其他参数采用系统默认设置。

Step3．在"切削参数"对话框中单击 余量 选项卡，在 部件侧面余量 文本框中输入值 0.5，其他参数采用系统默认设置。

Step4．在"切削参数"对话框中单击 拐角 选项卡，在 光顺 下拉列表中选择 所有刀路 选项。

Step5．单击"切削参数"对话框中的 确定 按钮，系统返回到"型腔铣"对话框。

Stage4．设置非切削移动参数

Step1．在"型腔铣"对话框中单击"非切削移动"按钮，系统弹出"非切削移动"对话框。

Step2．单击"非切削移动"对话框中的 转移/快速 选项卡，参数设置如图 20.7 所示。

Step3. 单击"非切削移动"对话框中的 确定 按钮，完成非切削移动参数的设置，系统返回到"型腔铣"对话框。

图 20.7　"转移/快递"选项卡

Stage5. 设置进给率和速度

Step1. 在"型腔铣"对话框中单击"进给率和速度"按钮，系统弹出"进给率和速度"对话框。

Step2. 选中"进给率和速度"对话框 主轴速度 区域中的 ☑ 主轴速度 (rpm) 复选框，在其后的文本框中输入值 800，按回车键，然后单击 按钮，在 进给率 区域的 切削 文本框中输入值 125，按回车键，然后单击 按钮，其他参数采用系统默认设置。

Step3. 单击 确定 按钮，完成进给率和速度的设置，系统返回"型腔铣"对话框。

Stage6. 生成刀路轨迹并仿真

生成的刀路轨迹如图 20.8 所示，2D 动态仿真加工后的模型如图 20.9 所示。

图 20.8　刀路轨迹

图 20.9　2D 仿真结果

Task5. 创建型腔铣操作 2

说明：本步骤是继承上一步操作的 IPW 对毛坯进行二次开粗。创建工序时应选用直径较小的端铣刀，并设置较小的每刀切削深度值，以保证更多区域能被加工到。

Stage1. 创建工序

Step1. 选择下拉菜单 插入(S) ━━▶ 工序(E)... 命令，在"创建工序"对话框的 类型 下拉列表中选择 mill_contour 选项，在 工序子类型 区域中单击 CAVITY_MILL 按钮，在 程序 下拉列表中选择 NC PROGRAM 选项，在 刀具 下拉列表中选择 D12R1 (铣刀-5 参数) 选项，在 几何体 下拉列表中选择 WORKPIECE 选项，在 方法 下拉列表中选择 MILL_SEMI_FINISH 选项，使用系统默认的名称 CAVITY_MILL_1。

Step2. 单击"创建工序"对话框中的 确定 按钮，系统弹出"型腔铣"对话框。

Stage2. 设置一般参数

在"型腔铣"对话框的 切削模式 下拉列表中选择 跟随周边 选项，在 步距 下拉列表中选择 刀具平直百分比 选项，在 平面直径百分比 文本框中输入值 30，在 公共每刀切削深度 下拉列表中选择 恒定 选项，在 最大距离 文本框中输入值 1.2。

Stage3. 设置切削参数

Step1. 在 刀轨设置 区域中单击"切削参数"按钮，系统弹出"切削参数"对话框。

Step2. 在"切削参数"对话框中单击 策略 选项卡，在 切削顺序 下拉列表中选择 深度优先 选项，其他参数采用系统默认设置。

Step3. 在"切削参数"对话框中单击 拐角 选项卡，在 光顺 下拉列表中选择 所有刀路 选项。

Step4. 在"切削参数"对话框中单击 空间范围 选项卡，参数设置如图 20.10 所示。

图 20.10 "切削参数"对话框

Step5. 单击"切削参数"对话框中的 确定 按钮，系统返回到"型腔铣"对话框。

Stage4. 设置非切削移动参数

Step1. 在"型腔铣"对话框中单击"非切削移动"按钮 ，系统弹出"非切削移动"对话框。

Step2. 单击"非切削移动"对话框中的 转移/快速 选项卡，在 区域内 的 转移类型 下拉列表中选择 直接 选项。

Step3. 单击"非切削移动"对话框中的 确定 按钮，完成非切削移动参数的设置，系统返回到"型腔铣"对话框。

Stage5. 设置进给率和速度

Step1. 在"型腔铣"对话框中单击"进给率和速度"按钮 ，系统弹出"进给率和速度"对话框。

Step2. 选中"进给率和速度"对话框 主轴速度 区域中的 ☑ 主轴速度 (rpm) 复选框，在其后的文本框中输入值 1250，按回车键，然后单击 按钮，在 进给率 区域的 切削 文本框中输入值 400，按回车键，然后单击 按钮，其他参数采用系统默认设置。

Step3. 单击 确定 按钮，完成进给率和速度的设置，系统返回"型腔铣"对话框。

Stage6. 生成刀路轨迹并仿真

生成的刀路轨迹如图 20.11 所示，2D 动态仿真加工后的模型如图 20.12 所示。

图 20.11　刀路轨迹

图 20.12　2D 仿真结果

Task6. 创建轮廓区域铣 1

Stage1. 创建工序

Step1. 选择下拉菜单 插入(S) ➞ 工序(E)... 命令，在"创建工序"对话框的 类型 下拉列表中选择 mill_contour 选项，在 工序子类型 区域中单击 CONTOUR_AREA 按钮 ，在 程序 下拉列表中选择 NC PROGRAM 选项，在 刀具 下拉列表中选择 B6 (铣刀-球头铣) 选项，在 几何体 下拉列表中选择 WORKPIECE 选项，在 方法 下拉列表中选择 MILL_FINISH 选项，使用系统默认的名称 CONTOUR_AREA。

Step2. 单击"创建工序"对话框中的 确定 按钮，系统弹出"轮廓区域"对话框。

Stage2. 指定切削区域

Step1. 在 几何体 区域中单击"选择或编辑切削区域几何体"按钮，系统弹出"切削区域"对话框。

Step2. 选取图 20.13 所示的面（共 6 个）作为切削区域，在"切削区域"对话框中单击 确定 按钮，完成切削区域的创建，同时系统返回到"轮廓区域"对话框。

Stage3. 设置驱动方式

Step1. 在"轮廓区域"对话框 驱动方法 区域的下拉列表中选择 区域铣削 选项，系统弹出"区域铣削驱动方法"对话框（或单击 驱动方法 区域中的"编辑参数"按钮）。

Step2. 在"区域铣削驱动方法"对话框中按图 20.14 所示设置参数，然后单击 确定 按钮，系统返回到"轮廓区域"对话框。

图 20.13 指定切削区域

图 20.14 "区域铣削驱动方法"对话框

Stage4. 设置刀轴

刀轴选择系统默认的 +ZM 轴。

Stage5. 设置切削参数

Step1. 单击"轮廓区域"对话框中的"切削参数"按钮，系统弹出"切削参数"对话框。

Step2. 在"切削参数"对话框中单击 策略 选项卡，按图 20.15 所示设置参数。

Step3. 单击"切削参数"对话框中的 确定 按钮，完成切削参数的设置，系统返回到"轮廓区域"对话框。

图 20.15 "切削参数"对话框

Stage6. 设置非切削移动参数

采用系统默认的非切削移动参数。

Stage7. 设置进给率和速度

Step1. 在"轮廓区域"对话框中单击"进给率和速度"按钮，系统弹出"进给率和速度"对话框。

Step2. 选中"进给率和速度"对话框 主轴速度 区域中的 ☑ 主轴速度 (rpm) 复选框，在其后的文本框中输入值 2000，按回车键，然后单击 按钮，在 进给率 区域的 切削 文本框中输入值 800，按回车键，然后单击 按钮，其他参数采用系统默认设置。

Step3. 单击 确定 按钮，完成进给率和速度的设置，系统返回到"轮廓区域"对话框。

Stage8. 生成刀路轨迹并仿真

生成的刀路轨迹如图 20.16 所示，2D 动态仿真加工后的模型如图 20.17 所示。

图 20.16 刀路轨迹

图 20.17 2D 仿真结果

Task7. 创建轮廓区域铣 2

Stage1. 创建工序

Step1. 复制固定轮廓区域铣操作。在图 20.18 所示的工序导航器的程序顺序视图中右击 CONTOUR_AREA 节点，在弹出的快捷菜单中选择 复制 命令，然后右击 NC_PROGRAM 节点，在弹出的快捷菜单中选择 内部粘贴 命令，此时工序导航器界面如图 20.19 所示。

图 20.18 工序导航器界面（一）　　图 20.19 工序导航器界面（二）

Step2. 双击 CONTOUR_AREA_COPY 节点，系统弹出"轮廓区域"对话框。

Stage2. 指定切削区域

Step1. 在 几何体 区域中单击"选择或编辑切削区域几何体"按钮，系统弹出"切削区域"对话框。

Step2. 单击"切削区域"对话框中的 按钮，选取图 20.20 所示的面（共 7 个）为切削区域，在"切削区域"对话框中单击 确定 按钮，完成切削区域的创建，系统返回到"轮廓区域"对话框。

图 20.20 指定切削区域

Stage3. 设置刀具

在"轮廓区域"对话框的 刀具 下拉列表中选择 D2R0.5 (铣刀-5 参数) 选项，如图 20.21 所示。

Stage4. 设置驱动方式

Step1. 在"轮廓区域"对话框中单击 驱动方法 区域中的"编辑参数"按钮，系统弹出"区域铣削驱动方法"对话框。

Step2. 在"区域铣削驱动方法"对话框中按图 20.22 所示设置参数，然后单击 确定 按钮，系统返回到"轮廓区域"对话框。

图 20.21 "轮廓区域"对话框

图 20.22 "区域铣削驱动方法"对话框

Stage5. 设置刀轴

刀轴选择系统默认的 +ZM 轴 。

Stage6. 设置切削参数

Step1. 单击"轮廓区域"对话框中的"切削参数"按钮 ⌐ ,系统弹出"切削参数"对话框。

Step2. 在"切削参数"对话框中单击 策略 选项卡,选中 延伸刀轨 区域中的 ☑ 在边上延伸 复选框,在 距离 文本框中输入值 35,选择单位为 %刀具 。

Step3. 单击"切削参数"对话框中的 确定 按钮,完成切削参数的设置,系统返回到"轮廓区域"对话框。

Stage7. 设置非切削移动参数

采用系统默认的非切削移动参数设置。

Stage8. 设置进给率和速度

采用系统默认的进给率和速度设置。

说明:由于固定轮廓区域铣 2 是通过复制固定轮廓区域铣 1 创建的,包含了固定轮廓区域铣 1 中的非切削移动参数及进给率和速度设置,所以不需要重新设置。

Stage9. 生成刀路轨迹并仿真

生成的刀路轨迹如图 20.23 所示，2D 动态仿真加工后的模型如图 20.24 所示。

图 20.23　刀路轨迹

图 20.24　2D 仿真结果

Task8. 创建轮廓区域铣 1

Stage1. 创建工序

Step1. 复制固定轮廓区域铣操作。在工序导航器的程序顺序视图中右击 `CONTOUR_AREA` 节点，在弹出的快捷菜单中选择 `复制` 命令，然后右击 `NC_PROGRAM` 节点，在弹出的快捷菜单中选择 `内部粘贴` 命令。

Step2. 双击 `CONTOUR_AREA_COPY_1` 节点，系统弹出"轮廓区域"对话框。

Stage2. 指定切削区域

Step1. 在 `几何体` 区域中单击"选择或编辑切削区域几何体"按钮 ，系统弹出"切削区域"对话框。

Step2. 单击"切削区域"对话框中的 按钮，选取图 20.25 所示的面为切削区域，在"切削区域"对话框中单击 `确定` 按钮，完成切削区域的创建，系统返回到"轮廓区域"对话框。

放大图　选取此面

图 20.25　指定切削区域

Stage3. 设置刀具

在"轮廓区域"对话框的 `刀具` 下拉列表中选择 `D2R0.5 (铣刀-5 参数)` 选项。

Stage4. 设置驱动方式

Step1. 在"轮廓区域"对话框中单击 `驱动方法` 区域中的"编辑参数"按钮 ，系统弹出"区域铣削驱动方法"对话框。

Step2. 在"区域铣削驱动方法"对话框中按图20.26所示设置参数，然后单击 确定 按钮，系统返回到"轮廓区域"对话框。

Stage5. 设置切削参数和非切削移动参数

切削参数和非切削移动参数均采用系统默认设置。

Stage6. 生成刀路轨迹并仿真

生成的刀路轨迹如图20.27所示，2D动态仿真加工后的模型如图20.28所示。

图 20.26 "区域铣削驱动方法"对话框

图 20.27 刀路轨迹

图 20.28 2D仿真结果

Task9. 创建深度加工轮廓铣操作

Stage1. 创建工序

Step1. 选择下拉菜单 插入(S) ➡️ 工序(E)... 命令，在"创建工序"对话框的 类型 下拉菜单中选择 mill_contour 选项，在 工序子类型 区域中单击 ZLEVEL_PROFILE 按钮 ，在 程序 下拉列表中选择 NC PROGRAM 选项，在 刀具 下拉列表中选择 D2R0.5 (铣刀-5 参数) 选项，在 几何体 下拉列表中选择 WORKPIECE 选项，在 方法 下拉列表中选择 MILL_FINISH 选项，使用系统默认的名称。

Step2. 单击"创建工序"对话框中的 确定 按钮，系统弹出"深度加工轮廓"对话框。

Stage2. 指定切削区域

Step1. 在"深度加工轮廓"对话框的 几何体 区域中单击 指定切削区域 右侧的 按钮，系统弹出"切削区域"对话框。

Step2. 在图形区选取图 20.29 所示的面为切削区域，然后单击"切削区域"对话框中的 确定 按钮，系统返回到"深度加工轮廓"对话框。

图 20.29　指定切削区域

Stage3. 设置一般参数

在"深度加工轮廓"对话框的 合并距离 文本框中输入值 3，在 最小切削长度 文本框中输入值 0.3，在 公共每刀切削深度 下拉列表中选择 恒定 选项，在 最大距离 文本框中输入值 0.3。

Stage4. 设置切削参数

Step1. 单击"深度加工轮廓"对话框中的"切削参数"按钮 ，系统弹出"切削参数"对话框。

Step2. 在"切削参数"对话框中单击 策略 选项卡，选中 延伸刀轨 区域中的 ☑ 在边上延伸 复选框，在 距离 文本框中输入值 20，选择单位为 %刀具 。

Step3. 在"切削参数"对话框中单击 拐角 选项卡，在 光顺 下拉列表中选择 所有刀路 选项。

Step4. 在"切削参数"对话框中单击 连接 选项卡，按图 20.30 所示设置参数。

Step5. 单击"切削参数"对话框中的 确定 按钮，完成切削参数的设置，系统返回到"深度加工轮廓"对话框。

Stage5. 设置非切削移动参数

Step1. 单击"深度加工轮廓"对话框中的"非切削移动"按钮 ，系统弹出"非切削移动"对话框。

Step2. 单击"非切削移动"对话框中的 转移/快速 选项卡，按图 20.31 所示设置参数。

Step3. 单击"非切削移动"对话框中的 确定 按钮，完成非切削移动参数的设置，系统返回到"深度加工轮廓"对话框。

图 20.30　"连接"选项卡

图 20.31　"转移/快速"选项卡

Stage6．设置进给率和速度

Step1．在"深度加工轮廓"对话框中单击"进给率和速度"按钮，系统弹出"进给率和速度"对话框。

Step2．选中"进给率和速度"对话框主轴速度区域中的 ☑ 主轴速度（rpm）复选框，在其后的文本框中输入值 1200，按回车键，然后单击按钮，在进给率区域的切削文本框中输入值 800，按回车键，然后单击按钮，在进刀文本框中输入值 200，其他参数采用系统默认设置值。

Step3．单击 确定 按钮，完成进给率和速度的设置，系统返回"深度加工轮廓"对话框。

Stage7．生成刀路轨迹并仿真

生成的刀路轨迹如图 20.32 所示，2D 动态仿真加工后的模型如图 20.33 所示。

图 20.32　刀路轨迹

图 20.33　2D 仿真结果

Task10．创建底壁加工铣削操作

Stage1．创建工序

Step1．选择下拉菜单 插入(S) ➡ 工序(E)... 命令，系统弹出"创建工序"对话框。

Step2. 在"创建工序"对话框的 类型 下拉列表中选择 mill_planar 选项，在 工序子类型 区域中单击 FLOOR_WALL 按钮 凵，在 程序 下拉列表中选择 NC PROGRAM 选项，在 刀具 下拉列表中选择 D6R1 (铣刀-5 参数) 选项，在 几何体 下拉列表中选择 WORKPIECE 选项，在 方法 下拉列表中选择 MILL FINISH 选项，使用系统默认的名称。

Step3. 单击"创建工序"对话框中的 确定 按钮，系统弹出"底壁加工"对话框。

Stage2．指定切削区域

Step1. 单击"底壁加工"对话框中的"选择或编辑切削区域几何体"按钮 ，系统弹出"切削区域"对话框。

Step2. 在图形区选取图 20.34 所示的切削区域，单击"切削区域"对话框中的 确定 按钮，系统返回到"底壁加工"对话框。

图 20.34 指定切削区域

Stage3．设置一般参数

在"底壁加工"对话框的 切削模式 下拉列表中选择 跟随周边 选项，在 步距 下拉列表中选择 刀具平直百分比 选项，在 平面直径百分比 文本框中输入值 35，在 底面毛坯厚度 文本框中输入值 0.25，在 每刀切削深度 文本框中输入值 0.1。

Stage4．设置切削参数

Step1. 单击"底壁加工"对话框中的"切削参数"按钮 ，系统弹出"切削参数"对话框。

Step2. 单击"切削参数"对话框中的 策略 选项卡，按图 20.35 所示设置参数。

Step3. 单击"切削参数"对话框中的 余量 选项卡，在 部件余量 文本框中输入值 0。

Step4. 在"切削参数"对话框中单击 拐角 选项卡，在 光顺 下拉列表中选择 所有刀路 选项。

Step5. 在"切削参数"对话框中单击 连接 选项卡，在 运动类型 下拉列表中选择 跟随 选项。

Step6. 在"切削参数"对话框中单击 空间范围 选项卡，在 刀具延展量 文本框中输入值 100。

Step7. 单击"切削参数"对话框中的 确定 按钮，完成切削参数的设置，系统返回到"底壁加工"对话框。

图 20.35　"策略"选项卡

Stage5. 设置非切削移动参数

采用系统默认的非切削移动参数设置。

Stage6. 设置进给率和速度

Step1. 单击"底壁加工"对话框中的"进给率和速度"按钮，系统弹出"进给率和速度"对话框。

Step2. 选中"进给率和速度"对话框主轴速度区域中的☑ 主轴速度 (rpm)复选框，在其后的文本框中输入值 1500，按回车键，然后单击按钮，在进给率区域的切削文本框中输入值 600，按回车键，然后单击按钮，在进刀文本框中输入值 200，单击确定按钮，返回"底壁加工"对话框。

Stage7. 生成刀路轨迹并仿真

生成的刀路轨迹如图 20.36 所示，2D 动态仿真加工后的模型如图 20.37 所示。

图 20.36　刀路轨迹

图 20.37　2D 仿真结果

Task11. 创建多路清根操作

Stage1. 创建工序

Step1. 选择下拉菜单 插入(S) ➡ 工序(E)... 命令，系统弹出"创建工序"对话框。

Step2. 在"创建工序"对话框的 类型 下拉列表中选择 mill_contour 选项，在 工序子类型 区域中单击 FLOWCUT_MULTIPLE 按钮，在 程序 下拉列表中选择 NC_PROGRAM 选项，在 刀具 下拉列表中选择 D2R0 (铣刀-5 参数) 选项，在 几何体 下拉列表中选择 WORKPIECE 选项，在 方法 下拉列表中选择 MILL_FINISH 选项，使用系统默认的名称。

Step3. 单击 确定 按钮，系统弹出"多刀路清根"对话框。

Stage2. 设置驱动参数

在"多刀路清根"对话框 驱动设置 区域的 非陡峭切削模式 下拉列表中选择 往复 选项，在 步距 文本框中输入值 0.4，在 每侧步距数 文本框中输入值 2，在 顺序 下拉列表中选择 后陡 选项。

Stage3. 设置切削参数

Step1. 单击"多刀路清根"对话框中的"切削参数"按钮，系统弹出"切削参数"对话框。

Step2. 在"切削参数"对话框中单击 策略 选项卡，参数设置如图 20.38 所示。

图 20.38　"策略"选项卡

Step3. 单击"切削参数"对话框中的 确定 按钮，完成切削参数的设置，系统返回到"多刀路清根"对话框。

Stage4. 设置非切削移动参数

Step1. 单击"多刀路清根"对话框中的"非切削移动"按钮，系统弹出"非切削移动"对话框。

Step2. 单击"非切削移动"对话框中的 转移/快速 选项卡，按图 20.39 所示设置参数。

图 20.39　"转移/快速"选项卡

Step3. 单击"非切削移动"对话框中的 确定 按钮，完成非切削移动参数的设置，系统返回到"多刀路清根"对话框。

Stage5. 设置进给率和速度

Step1. 单击"多刀路清根"对话框中的"进给率和速度"按钮 ，系统弹出"进给率和速度"对话框。

Step2. 选中"进给率和速度"对话框 主轴速度 区域中的 ☑ 主轴速度 (rpm) 复选框，在其后的文本框中输入值 1500，按回车键，然后单击 按钮，在 进给率 区域的 切削 文本框中输入值 600，按回车键，然后单击 按钮，在 进刀 文本框中输入值 300。

Step3. 单击"进给率和速度"对话框中的 确定 按钮，完成进给率和速度的设置。

Stage6. 生成刀路轨迹并仿真

生成的刀路轨迹如图 20.40 所示，2D 动态仿真加工后的模型如图 20.41 所示。

图 20.40　刀路轨迹

图 20.41　2D 仿真结果

Task12. 保存文件

选择下拉菜单 文件(F) ➡ 保存(S) 命令，保存文件。

实例 **21** 塑料凳后模加工

对于复杂的模具加工来说，除了要安排合理的工序，同时还应该特别注意模具的材料和加工精度以及粗精加工工序的安排，以免影响零件的精度。本实例讲述的是塑料凳后模加工，该零件的加工工艺路线如图 21.1 和图 21.2 所示。

型腔铣削	—— 在模具加工中，一般用型腔铣或平面铣进行开粗。
深度加工轮廓铣（一）	—— 用于半精加工轮廓曲面所形成的区域。
非陡峭区域轮廓铣	—— 用于半精加工由轮廓曲面所形成的区域。
底壁加工（一）	—— 对零件底部平面进行铣削加工。
底壁加工（二）	—— 对零件顶部以及底部小平面部分进行铣削。
深度加工轮廓铣（二）	—— 用于精加工其他由轮廓曲面所形成的区域。
区域轮廓铣	—— 用于精加工模具的陡峭曲面部分。
钻孔	—— 对零件进行钻孔加工。
平面铣（一）	—— 对零件沟槽平面进行铣削加工。
平面铣（二）	—— 对零件其他沟槽平面进行铣削加工。
平面铣（三）	—— 对零件其他沟槽平面进行铣削加工。

图 21.1 加工工艺路线（一）

a）型腔铣削　　　　　b）深度加工轮廓铣（一）　　　　c）非陡峭区域轮廓铣

f）深度加工轮廓铣（二）　　　　e）底壁加工（二）　　　　d）底壁加工（一）

g）区域轮廓铣　　　　　h）钻孔　　　　i）平面铣（一）

k）平面铣（三）　　　　j）平面铣（二）

图 21.2　加工工艺路线（二）

Task1．打开模型文件并进入加工模块

Step1．打开模型文件 D:\ug90.11\work\ch21\plastic_stool_down.prt。

Step2．进入加工环境。选择下拉菜单 自动 ▾ ➡️ 加工 (R)... 命令，系统弹出"加工环境"对话框；在"加工环境"对话框的 CAM 会话配置 列表框中选择 cam_general 选项，在 要创建的 CAM 设置 列表框中选择 mill contour 选项，单击 确定 按钮，进入加工环境。

Task2．创建几何体

Stage1．创建机床坐标系

Step1．将工序导航器调整到几何视图，双击 ⊞ MCS_MILL 节点，系统弹出"MCS 铣削"对话框，在"MCS 铣削"对话框的 机床坐标系 区域中单击"CSYS 对话框"按钮 ，系统弹出 CSYS 对话框。

Step2. 在 CSYS 对话框的 <u>类型</u> 下拉列表中选择 <u>对象的 CSYS</u> 选项，然后在图形区选取图 21.3 所示的面，单击 <u>确定</u> 按钮，完成图 21.4 所示机床坐标系的创建。

图 21.3 定义参照面

图 21.4 创建机床坐标系

Stage2. 创建安全平面

Step1. 在"MCS 铣削"对话框 <u>安全设置</u> 区域的 <u>安全设置选项</u> 下拉列表中选择 <u>自动平面</u> 选项，然后在 <u>安全距离</u> 文本框中输入值 10。

Step2. 单击"MCS 铣削"对话框中的 <u>确定</u> 按钮，完成安全平面的创建。

Stage3. 创建部件几何体

Step1. 在工序导航器中双击 ⊞ <u>MCS_MILL</u> 节点下的 <u>WORKPIECE</u>，系统弹出"工件"对话框。

Step2. 选取部件几何体。在"工件"对话框中单击 按钮，系统弹出"部件几何体"对话框。

Step3. 在图形区中选择整个零件为部件几何体，如图 21.5 所示；在"部件几何体"对话框中单击 <u>确定</u> 按钮，完成部件几何体的创建，系统返回到"工件"对话框。

Stage4. 创建毛坯几何体

Step1. 在"工件"对话框中单击 按钮，系统弹出"毛坯几何体"对话框。

Step2. 在"毛坯几何体"对话框的 <u>类型</u> 下拉列表中选择 <u>包容块</u> 选项，在 <u>极限</u> 区域的 <u>ZM+</u> 文本框中输入值 10。

Step3. 单击"毛坯几何体"对话框中的 <u>确定</u> 按钮，系统返回到"铣削几何体"对话框，完成图 21.6 所示毛坯几何体的创建。

Step4. 单击"工件"对话框中的 <u>确定</u> 按钮。

Task3. 创建刀具

Stage1. 创建刀具 1

Step1. 将工序导航器调整到机床视图。

Step2. 选择下拉菜单 <u>插入(S)</u> ➡ <u>刀具(T)...</u> 命令，系统弹出"创建刀具"对话框。

图 21.5 部件几何体

图 21.6 毛坯几何体

Step3. 在"创建刀具"对话框的 类型 下拉列表中选择 mill contour 选项，在 刀具子类型 区域中单击 MILL 按钮 🔟，在 位置 区域的 刀具 下拉列表中选择 GENERIC_MACHINE 选项，在 名称 文本框中输入 D30，然后单击 确定 按钮，系统弹出"铣刀-5 参数"对话框。

Step4. 在"铣刀-5 参数"对话框的 (D) 直径 文本框中输入值 30，在 编号 区域的 刀具号 、补偿寄存器 、刀具补偿寄存器 文本框中均输入值 1，其他参数采用系统默认设置，单击 确定 按钮，完成刀具 1 的创建。

说明：本 Task 后面的详细操作过程请参见随书光盘中 video\ch21\reference 文件下的语音视频讲解文件"塑料凳后模加工-r01.avi"。

Task4. 创建型腔铣工序

Stage1. 创建工序

Step1. 将工序导航器调整到程序顺序视图。

Step2. 选择下拉菜单 插入(S) ➡ 工序(E)... 命令，在"创建工序"对话框的 类型 下拉列表中选择 mill_contour 选项，在 工序子类型 区域中单击"型腔铣"按钮 🔩，在 程序 下拉列表中选择 PROGRAM 选项，在 刀具 下拉列表中选择前面设置的刀具 D10R2 (铣刀-5 参数) 选项，在 几何体 下拉列表中选择 WORKPIECE 选项，在 方法 下拉列表中选择 MILL ROUGH 选项，使用系统默认的名称。

Step3. 单击"创建工序"对话框中的 确定 按钮，系统弹出"型腔铣"对话框。

Stage2. 设置一般参数

在"型腔铣"对话框的 切削模式 下拉列表中选择 跟随部件 选项；在 步距 下拉列表中选择 刀具平直百分比 选项，在 平面直径百分比 文本框中输入值 50；在 公共每刀切削深度 下拉列表中选择 恒定 选项，在 最大距离 文本框中输入值 1。

Stage3. 设置切削参数

Step1. 在 刀轨设置 区域中单击"切削参数"按钮 ⭤，系统弹出"切削参数"对话框。

Step2. 在"切削参数"对话框中单击 空间范围 选项卡，在 毛坯 区域的 修剪方式 下拉列表中选择 轮廓线 选项，其他参数采用系统默认设置。

Step3. 单击"切削参数"对话框中的 确定 按钮，系统返回到"型腔铣"对话框。

Stage4. 设置进给率和速度

Step1. 在"型腔铣"对话框中单击"进给率和速度"按钮 💪，系统弹出"进给率和速度"对话框。

Step2. 选中"进给率和速度"对话框 主轴速度 区域中的 ☑ 主轴速度 (rpm) 复选框，在其后的文本框中输入值 500，按 Enter 键，然后单击 🔲 按钮，在 进给率 区域的 切削 文本框中输入值 250，按 Enter 键，然后单击 🔲 按钮，其他参数采用系统默认设置。

Step3. 单击 确定 按钮，完成进给率和速度的设置，系统返回"型腔铣"对话框。

Stage5. 生成刀路轨迹并仿真

生成的刀路轨迹如图 21.7 所示，2D 动态仿真加工后的模型如图 21.8 所示。

图 21.7　刀路轨迹

图 21.8　2D 仿真结果

Task5. 创建深度加工轮廓铣工序 1

Stage1. 创建工序

Step1. 选择下拉菜单 插入(S) ➡ 工序(E)... 命令，在"创建工序"对话框的 类型 下拉菜单中选择 mill_contour 选项，在 工序子类型 区域中单击"深度加工轮廓"按钮 💷，在 程序 下拉列表中选择 PROGRAM 选项，在 刀具 下拉列表中选择 B20 (铣刀-球头铣) 选项，在 几何体 下拉列表中选择 WORKPIECE 选项，在 方法 下拉列表中选择 MILL_SEMI_FINISH 选项，使用系统默认的名称。

Step2. 单击"创建工序"对话框中的 确定 按钮，系统弹出"深度加工轮廓"对话框。

Stage2. 指定切削区域

Step1. 在"深度加工轮廓"对话框的 几何体 区域中单击 指定切削区域 右侧的 🔊 按钮，系统弹出"切削区域"对话框。

Step2. 在图形区中选取图 21.9 所示的面（共 286 个）为切削区域，然后单击"切削区域"对话框中的 确定 按钮，系统返回到"深度加工轮廓"对话框。

Stage3．设置一般参数

在"深度加工轮廓"对话框的 合并距离 文本框中输入值 3，在 最小切削长度 文本框中输入值 1，在 公共每刀切削深度 下拉列表中选择 恒定 选项，在 最大距离 文本框中输入值 2。

Stage4．设置切削参数

Step1．单击"深度加工轮廓"对话框中的"切削参数"按钮 ，系统弹出"切削参数"对话框。

Step2．在"切削参数"对话框中单击 连接 选项卡，在 层之间 区域的 层到层 下拉列表中选择 直接对部件进刀 选项，其他参数采用系统默认设置。

Step3．单击"切削参数"对话框中的 确定 按钮，完成切削参数的设置，系统返回到"深度加工轮廓"对话框。

Stage5．非切削移动参数

非切削移动参数采用系统默认设置。

Stage6．设置进给率和速度

Step1．在"深度加工轮廓"对话框中单击"进给率和速度"按钮 ，系统弹出"进给率和速度"对话框。

Step2．选中"进给率和速度"对话框 主轴速度 区域中的 ☑ 主轴速度 (rpm) 复选框，在其后的文本框中输入值 1200，按 Enter 键，然后单击 按钮，在 进给率 区域的 切削 文本框中输入值 250，按 Enter 键，然后单击 按钮，其他参数采用系统默认设置。

Step3．单击 确定 按钮，完成进给率和速度的设置，系统返回"深度加工轮廓"对话框。

Stage7．生成刀路轨迹并仿真

生成的刀路轨迹如图 21.10 所示，2D 动态仿真加工后的模型如图 21.11 所示。

图 21.9　指定切削区域

图 21.10　刀路轨迹

图 21.11　2D 仿真结果

Task6. 创建非陡峭区域轮廓铣工序

Stage1. 创建工序

Step1. 选择下拉菜单 插入(S) ➡ 工序(E)... 命令，在"创建工序"对话框的 类型 下拉列表中选择 mill_contour 选项，在 工序子类型 区域中单击"非陡峭区域轮廓铣"按钮，在 程序 下拉列表中选择 PROGRAM 选项，在 刀具 下拉列表中选择 B20 (铣刀-球头铣) 选项，在 几何体 下拉列表中选择 WORKPIECE 选项，在 方法 下拉列表中选择 MILL_SEMI_FINISH 选项，使用系统默认的名称。

Step2. 单击"创建工序"对话框中的 确定 按钮，系统弹出"非陡峭区域轮廓铣"对话框。

Stage2. 指定切削区域

Step1. 在"非陡峭区域轮廓铣"对话框的 几何体 区域中单击 指定切削区域 右侧的 按钮，系统弹出"切削区域"对话框。

Step2. 在图形区选取图 21.12 所示的面（共 275 个）为切削区域，然后单击"切削区域"对话框中的 确定 按钮，系统返回到"非陡峭区域轮廓铣"对话框。

Stage3. 设置驱动方式

Step1. 在"非陡峭区域轮廓铣"对话框 驱动方法 区域的 方法 下拉列表中选择 区域铣削 选项，单击"编辑"按钮，系统弹出"区域铣削驱动方法"对话框。

Step2. 在"区域铣削驱动方法"对话框中按图 21.13 所示设置参数，然后单击 确定 按钮，系统返回到"非陡峭区域轮廓铣"对话框。

图 21.13 "区域铣削驱动方法"对话框

图 21.12 指定切削区域

Stage4. 设置切削参数和非切削移动参数

参数均采用系统默认设置。

Stage5. 设置进给率和速度

Step1. 在"非陡峭区域轮廓铣"对话框中单击"进给率和速度"按钮 ，系统弹出"进给率和速度"对话框。

Step2. 选中"进给率和速度"对话框 主轴速度 区域中的 ☑ 主轴速度（rpm）复选框，在其后的文本框中输入值 700，按 Enter 键，然后单击 按钮，在 进给率 区域的 切削 文本框中输入值 200，按 Enter 键，然后单击 按钮，其他参数采用系统默认设置。

Step3. 单击 确定 按钮，完成进给率和速度的设置，系统返回"非陡峭区域轮廓铣"对话框。

Stage6. 生成的刀路轨迹并仿真

生成的刀路轨迹如图 21.14 所示，2D 动态仿真加工后的模型如图 21.15 所示。

图 21.14 刀路轨迹

图 21.15 2D 仿真结果

Task7. 创建底壁加工工序 1

Stage1. 创建工序

Step1. 选择下拉菜单 插入(S) ➡ 工序(E)... 命令，系统弹出"创建工序"对话框。

Step2. 在"创建工序"对话框的 类型 下拉列表中选择 mill_planar 选项，在 工序子类型 区域中单击"底壁加工"按钮 ，在 程序 下拉列表中选择 PROGRAM 选项，在 刀具 下拉列表中选择 D12（铣刀-5 参数）选项，在 几何体 下拉列表中选择 WORKPIECE 选项，在 方法 下拉列表中选择 MILL FINISH 选项，使用系统默认的名称。

Step3. 单击"创建工序"对话框中的 确定 按钮，系统弹出"底壁加工"对话框。

Stage2. 指定切削区域

Step1. 单击"底壁加工"对话框中的"选择或编辑切削区域几何体"按钮 ，系统弹出"切削区域"对话框。

Step2. 在图形区选取图 21.16 所示的切削区域，单击"切削区域"对话框中的 确定 按钮，系统返回到"底壁加工"对话框。

Stage3. 指定壁几何体

在"底壁加工"对话框的 几何体 区域中选中 ☑ 自动壁 复选框，单击指定壁几何体右侧的"显示"按钮 ，结果如图 21.17 所示。

图 21.16 指定切削区域

图 21.17 指定壁几何体

Stage4. 设置一般参数

在"底壁加工"对话框 刀轨设置 区域的 切削模式 下拉列表中选择 跟随部件 选项，在 步距 下拉列表中选择 刀具平直百分比 选项，在 平面直径百分比 文本框中输入值 75，在 底面毛坯厚度 文本框中输入值 1，在 每刀切削深度 文本框中输入值 0.4。

Stage5. 设置切削参数

Step1. 单击"底壁加工"对话框中的"切削参数"按钮 ，系统弹出"切削参数"对话框。

Step2. 单击"切削参数"对话框中的 余量 选项卡，在 壁余量 文本框中输入值 1，其他参数采用系统默认设置。

Step3. 单击"切削参数"对话框中的 确定 按钮，完成切削参数的设置，系统返回到"底壁加工"对话框。

Stage6. 设置非切削移动参数

采用系统默认的非切削移动参数值。

Stage7. 设置进给率和速度

Step1. 单击"底壁加工"对话框中的"进给率和速度"按钮 ，系统弹出"进给率和速度"对话框。

Step2. 选中"进给率和速度"对话框 主轴速度 区域中的 ☑ 主轴速度 (rpm) 复选框，在其后的文本框中输入值 1200，按 Enter 键，然后单击 按钮，在 进给率 区域的 切削 文本框中输入值 250，按 Enter 键，然后单击 [图] 按钮，再单击 [确定] 按钮，返回"底壁加工"对话框。

Stage8．生成刀路轨迹并仿真

生成的刀路轨迹如图 21.18 所示，2D 动态仿真加工后的模型如图 21.19 所示。

Task8．创建底壁加工工序 2

Stage1．创建工序

Step1. 选择下拉菜单 插入(S) ➡ ▪ 工序(E)... 命令，系统弹出"创建工序"对话框。

Step2. 在"创建工序"对话框的 类型 下拉列表中选择 mill_planar 选项，在 工序子类型 区域中单击"底壁加工"按钮 [图]，在 程序 下拉列表中选择 PROGRAM 选项，在 刀具 下拉列表中选择 D12 (铣刀-5 参数) 选项，在 几何体 下拉列表中选择 WORKPIECE 选项，在 方法 下拉列表中选择 MILL_FINISH 选项，使用系统默认的名称。

Step3. 单击"创建工序"对话框中的 确定 按钮，系统弹出"底壁加工"对话框。

Stage2．指定切削区域

Step1. 单击"底壁加工"对话框中的"选择或编辑切削区域几何体"按钮 [图]，系统弹出"切削区域"对话框。

Step2. 在图形区选取图 21.20 所示的切削区域（共 29 个面），单击"切削区域"对话框中的 确定 按钮，系统返回到"底壁加工"对话框。

图 21.18　刀路轨迹

图 21.19　2D 仿真结果

选取这些面为切削区域

图 21.20　指定切削区域

Stage3．指定壁几何体

在"底壁加工"对话框的 几何体 区域中选中 ☑ 自动壁 复选框，单击指定壁几何体右侧的"显示"按钮 [图]，结果如图 21.21 所示。

Stage4．设置一般参数

在"底壁加工"对话框 刀轨设置 区域的 切削模式 下拉列表中选择 [图] 跟随周边 选项，在 步距 下拉列表中选择 刀具平直百分比 选项，在 平面直径百分比 文本框中输入值 50，在 底面毛坯厚度 文本框中输入值 1，在 每刀切削深度 文本框中输入值 0。

Stage5. 设置切削参数

Step1. 单击"底壁加工"对话框中的"切削参数"按钮 ⇄，系统弹出"切削参数"对话框。

Step2. 单击"切削参数"对话框中的 策略 选项卡，在 切削 区域的 刀路方向 下拉列表中选择 向内 选项。

Step3. 单击"切削参数"对话框中的 确定 按钮，完成切削参数的设置，系统返回到"底壁加工"对话框。

Stage6. 设置非切削移动参数

Step1. 在"底壁加工"对话框中单击"非切削移动"按钮 ⬚，系统弹出"非切削移动"对话框。

Step2. 单击"非切削移动"对话框中的 进刀 选项卡，在 封闭区域 区域的 斜坡角 文本框中输入值 3，其他参数采用系统默认设置，单击 确定 按钮，完成非切削移动参数的设置。

Stage7. 设置进给率和速度

Step1. 单击"底壁加工"对话框中的"进给率和速度"按钮 ⬚，系统弹出"进给率和速度"对话框。

Step2. 选中"进给率和速度"对话框 主轴速度 区域中的 ☑ 主轴速度 (rpm) 复选框，在其后的文本框中输入值 1200，按 Enter 键，然后单击 ▤ 按钮，在 进给率 区域的 切削 文本框中输入值 250，按 Enter 键，然后单击 ▤ 按钮，再单击 确定 按钮，返回"底壁加工"对话框。

Stage8. 生成刀路轨迹并仿真

生成的刀路轨迹如图 21.22 所示，2D 动态仿真加工后的模型如图 21.23 所示。

图 21.21 指定壁几何体

图 21.22 刀路轨迹

图 21.23 2D 仿真结果

Task9. 创建深度加工轮廓铣工序 2

Stage1. 创建工序

Step1. 选择下拉菜单 插入(S) ➡ ⬚ 工序(E)... 命令，在"创建工序"对话框的 类型 下

拉列表中选择 `mill_contour` 选项，在 工序子类型 区域中单击"深度加工轮廓"按钮 ，在 程序 下拉列表中选择 `PROGRAM` 选项，在 刀具 下拉列表中选择刀具 D10R2 (铣刀-5 参数) 选项，在 几何体 下拉列表中选择 `WORKPIECE` 选项，在 方法 下拉列表中选择 `MILL FINISH` 选项，使用系统默认的名称。

Step2. 单击"创建工序"对话框中的 确定 按钮，系统弹出"深度加工轮廓"对话框。

Stage2. 指定切削区域

Step1. 在"深度加工轮廓"对话框的 几何体 区域中单击 指定切削区域 右侧的 按钮，系统弹出"切削区域"对话框。

Step2. 在图形区选取图 21.24 所示的面（共 84 个）为切削区域，然后单击"切削区域"对话框中的 确定 按钮，系统返回到"深度加工轮廓"对话框。

Stage3. 设置一般参数

在"深度加工轮廓"对话框的 合并距离 文本框中输入值 6，在 最小切削长度 文本框中输入值 1，在 公共每刀切削深度 下拉列表中选择 恒定 选项，在 最大距离 文本框中输入值 0.2。

Stage4. 设置切削参数

Step1. 单击"深度加工轮廓"对话框中的"切削参数"按钮 ，系统弹出"切削参数"对话框。

Step2. 单击 余量 选项卡，在 公差 区域的 内公差 和 外公差 文本框中分别输入值 0.01；单击 连接 选项卡，在 层之间 区域的 层到层 下拉列表中选择 直接对部件进刀 选项，其他参数采用系统默认设置。

Step3. 单击"切削参数"对话框中的 确定 按钮，完成切削参数的设置，系统返回到"深度加工轮廓"对话框。

Stage5. 非切削移动参数

参数采用系统默认设置。

Stage6. 设置进给率和速度

Step1. 在"深度加工轮廓"对话框中单击"进给率和速度"按钮 ，系统弹出"进给率和速度"对话框。

Step2. 选中"进给率和速度"对话框 主轴速度 区域中的 ☑ 主轴速度 (rpm) 复选框，在其后的文本框中输入值 1800，按 Enter 键，然后单击 按钮，在 进给率 区域的 切削 文本框中输入值 250，按 Enter 键，然后单击 按钮，其他参数采用系统默认设置。

Step3. 单击 确定 按钮，完成进给率和速度的设置，系统返回"深度加工轮廓"对话框。

Stage7. 生成刀路轨迹并仿真

生成的刀路轨迹如图 21.25 所示，2D 动态仿真加工后的模型如图 21.26 所示。

图 21.24 指定切削区域　　图 21.25 刀路轨迹　　图 21.26 2D 仿真结果

Task10. 创建区域轮廓铣工序

Stage1. 创建工序

Step1. 选择下拉菜单 插入(S) ➡ 工序(E)... 命令，在"创建工序"对话框的 类型 下拉列表中选择 mill_contour 选项，在 工序子类型 区域中单击"区域轮廓铣"按钮 ⬟，在 程序 下拉列表中选择 PROGRAM 选项，在 刀具 下拉列表中选择 B8 (铣刀-球头铣) 选项，在 几何体 下拉列表中选择 WORKPIECE 选项，在 方法 下拉列表中选择 MILL_FINISH 选项，使用系统默认的名称。

Step2. 单击"创建工序"对话框中的 确定 按钮，系统弹出"区域轮廓铣"对话框。

Stage2. 指定切削区域

Step1. 在 几何体 区域中单击"选择或编辑切削区域几何体"按钮 ⬜，系统弹出"切削区域"对话框。

Step2. 选取图 21.27 所示的面（共 40 个）为切削区域，在"切削区域"对话框中单击 确定 按钮，完成切削区域的创建，系统返回到"区域轮廓铣"对话框。

Stage3. 设置驱动方式

Step1. 在"区域轮廓铣"对话框 驱动方法 区域的 方法 下拉列表中选择 区域铣削 选项，单击"编辑"按钮 🔧，系统弹出"区域铣削驱动方法"对话框。

Step2. 在"区域铣削驱动方法"对话框 驱动设置 区域的 切削模式 下拉列表中选择 往复 选项，在 步距 下拉列表中选择 恒定 选项，在 最大距离 文本框中输入值 0.25，在 步距已应用 下拉列表中选择 在部件上 选项，然后单击 确定 按钮，系统返回到"区域轮廓铣"对话框。

Stage4. 设置切削参数

说明：本 Stage 的详细操作过程请参见随书光盘中 video\ch21\reference 文件下的语音视频讲解文件"塑料凳后模加工-r02.avi"。

Stage5. 设置非切削移动参数

采用系统默认的非切削移动参数。

Stage6. 设置进给率和速度

Step1. 在"区域轮廓铣"对话框中单击"进给率和速度"按钮 ，系统弹出"进给率和速度"对话框。

Step2. 选中"进给率和速度"对话框 主轴速度 区域中的 ☑ 主轴速度 (rpm) 复选框，在其后文本框中输入值 2000，按 Enter 键，然后单击 按钮，在 进给率 区域的 切削 文本框中输入值 800，按 Enter 键，然后单击 按钮，其他参数采用系统默认设置。

Step3. 单击 确定 按钮，完成进给率和速度的设置，系统返回"区域轮廓铣"对话框。

Stage7. 生成刀路轨迹并仿真

生成的刀路轨迹如图 21.28 所示，2D 动态仿真加工后的模型如图 21.29 所示。

图 21.27　指定切削区域　　　　图 21.28　刀路轨迹　　　图 21.29　2D 仿真结果

Task11. 创建钻孔工序

Stage1. 创建工序

Step1. 选择下拉菜单 插入(S) ➡ 工序(E)... 命令，在"创建工序"对话框的 类型 下拉列表中选择 drill 选项，在 工序子类型 区域中单击"钻孔"按钮 ，在 程序 下拉列表中选择 PROGRAM 选项，在 刀具 下拉列表中选择 DR5 (钻刀) 选项，在 几何体 下拉列表中选择 WORKPIECE 选项，在 方法 下拉列表中选择 DRILL_METHOD 选项，使用系统默认的名称。

Step2. 单击"创建工序"对话框中的 确定 按钮，系统弹出"钻孔"对话框。

Stage2. 指定钻孔点

Step1. 指定钻孔点。

（1）单击"钻孔"对话框 指定孔 右侧的 按钮，系统弹出"点到点几何体"对话框，单击 选择 按钮，系统弹出"点位选择"对话框。

（2）在图形区选取图 21.30 所示的孔边线，分别单击"点位选择"对话框和"点到点几何体"对话框中的 确定 按钮，返回"钻孔"对话框。

Step2. 指定顶面。

（1）单击"钻孔"对话框 指定顶面 右侧的 按钮，系统弹出"顶部曲面"对话框。

（2）在"顶部曲面"对话框的 顶面选项 下拉列表中选择 面 选项，然后选取图 21.31 所示的面。

（3）单击"顶部曲面"对话框中的 确定 按钮，返回"钻孔"对话框。

图 21.30　选择孔

图 21.31　指定部件顶面

Stage3. 设置刀轴

在"钻孔"对话框的 刀轴 区域中选择系统默认的 +ZM 轴 选项作为要加工孔的轴线方向。

Stage4. 设置循环控制参数

Step1. 在"钻孔"对话框 循环类型 区域的 循环 下拉列表中选择 标准钻... 选项，单击"编辑参数"按钮 ，系统弹出图 21.32 所示的"指定参数组"对话框。

图 21.32　"指定参数组"对话框

Step2. 在"指定参数组"对话框中采用系统默认的参数组序号 1，单击 确定 按钮，系统弹出"Cycle 参数"对话框，单击 Depth -模型深度 按钮，系统弹出"Cycle 深度"对话框。

Step3. 在"Cycle 深度"对话框中单击 刀尖深度 按钮，系统弹出"深度"对话框，在其文本框中输入值 40，单击 确定 按钮，系统返回"Cycle 参数"对话框。

Step4. 在"Cycle 参数"对话框中单击 确定 按钮，系统返回"钻孔"对话框。

Stage5. 避让设置

Step1. 单击"钻孔"对话框中的"避让"按钮 ，系统弹出"避让几何体"对话框。

Step2. 单击"避让几何体"对话框中的 [Clearance Plane -无] 按钮，系统弹出"安全平面"对话框。

Step3. 单击"安全平面"对话框中的 [指定] 按钮，系统弹出"平面"对话框，选取图 21.33 所示的平面为参照，然后在 偏置 区域的 距离 文本框中输入值 20，单击 [确定] 按钮，系统返回"安全平面"对话框并创建一个安全平面，单击"安全平面"对话框中的 [显示] 按钮可以查看创建的安全平面，如图 21.34 所示。

Step4. 单击"安全平面"对话框中的 [确定] 按钮，返回"避让几何体"对话框，然后单击"避让几何体"对话框中的 [确定] 按钮，完成安全平面的设置，返回"钻孔"对话框。

图 21.33　选取参照平面

图 21.34　创建安全平面

Stage6. 设置进给率和速度

Step1. 单击"钻孔"对话框中的"进给率和速度"按钮，系统弹出"进给率和速度"对话框。

Step2. 在"进给率和速度"对话框中选中 ☑ 主轴速度 (rpm) 复选框，然后在其文本框中输入值 1500，按 Enter 键，然后单击 按钮，在 切削 文本框中输入值 200，按 Enter 键，然后单击 按钮，其他选项采用系统默认设置，单击 [确定] 按钮。

Stage7. 生成刀路轨迹并仿真

生成的刀路轨迹如图 21.35 所示，2D 动态仿真加工后结果如图 21.36 所示。

Task12. 创建平面铣工序 1

Stage1. 插入工序

Step1. 选择下拉菜单 插入(S) ➡ 工序(E)... 命令，系统弹出"创建工序"对话框。

Step2. 确定加工方法。在"创建工序"对话框的 类型 下拉列表中选择 mill_planar 选项，在 工序子类型 区域中单击"平面铣"按钮，在 程序 下拉列表中选择 PROGRAM 选项，在 刀具 下拉列表中选择 D3 (铣刀-5 参数) 选项，在 几何体 下拉列表中选择 WORKPIECE 选项，在 方法 下拉列表中选择 MILL_FINISH 选项，采用系统默认的名称。

Step3. 在"创建工序"对话框中单击 [确定] 按钮，系统弹出"平面铣"对话框。

Stage2. 指定部件边界

Step1. 在 几何体 区域中单击"选择或编辑部件边界"按钮 ⬚，系统弹出"边界几何体"对话框。

Step2. 在"边界几何体"对话框的 模式 下拉列表中选择 曲线/边… 选项，系统弹出"创建边界"对话框。

Step3. 在"创建边界"对话框的 平面 下拉列表中选择 用户定义 选项，系统弹出"平面"对话框，选取图 21.37 所示的平面为参照，然后单击 确定 按钮，系统返回"创建边界"对话框。

图 21.35　刀路轨迹

图 21.36　2D 仿真结果

图 21.37　定义参照面

Step4. 创建边界。

（1）在 材料侧 下拉列表中选择 外部 选项，在 刀具位置 下拉列表中选择 对中 选项，然后在图形区选择图 21.38 所示的边线 1。

（2）在 刀具位置 下拉列表中选择 相切 选项，在图形区选择图 21.39 所示的边线 2。

图 21.38　定义参照边 1

图 21.39　定义参照边 2

（3）在 刀具位置 下拉列表中选择 对中 选项，然后在图形区选择图 21.40 所示的边线 3。

（4）在 刀具位置 下拉列表中选择 相切 选项，在图形区选择图 21.41 所示的边线 4，单击 创建下一个边界 按钮，系统自动创建一个边界，如图 21.42 所示。

图 21.40　定义参照边 3

图 21.41　定义参照边 4

Step5. 创建其余边界。详细过程参照 Step4，创建其余 3 条边界，结果如图 21.42 所示。

Step6. 分别单击"创建边界"和"边界几何体"对话框中的 确定 按钮，系统返回"平面铣"对话框。

Stage3. 指定底面

Step1. 单击"平面铣"对话框 指定底面 右侧的 按钮，系统弹出"平面"对话框。

Step2. 选取图 21.43 所示的面，单击"平面"对话框中的 确定 按钮，返回"平面铣"对话框。

图 21.42 创建边界

图 21.43 指定底面

Stage4. 设置刀具路径参数

Step1. 选择切削模式。在"平面铣"对话框的 切削模式 下拉列表中选择 轮廓加工 选项。

Step2. 设置一般参数。在 步距 下拉列表中选择 刀具平直百分比 选项，在 平面直径百分比 文本框中输入值 50，其他参数采用系统默认设置。

Stage5. 设置切削层

在 刀轨设置 区域中单击"切削层"按钮 ，系统弹出"切削层"对话框；在 每刀切削深度 区域的 公共 文本框中输入值 1，然后单击 确定 按钮，系统返回到"平面铣"对话框。

Stage6. 设置切削参数

Step1. 在 刀轨设置 区域中单击"切削参数"按钮 ，系统弹出"切削参数"对话框。

Step2. 在"切削参数"对话框中单击 策略 选项卡，在 切削 区域的 切削顺序 下拉列表中选择 深度优先 选项，其他参数采用系统默认设置。

Step3. 单击"切削参数"对话框中的 确定 按钮，系统返回到"平面铣"对话框。

Stage7. 设置非切削移动参数

Step1. 在"平面铣"对话框的 刀轨设置 区域中单击"非切削移动"按钮 ，系统弹出"非切削移动"对话框。

Step2. 单击"非切削移动"对话框中的 进刀 选项卡，在 封闭区域 区域的 进刀类型 下拉列

表中选择 沿形状斜进刀 选项，在 斜坡角 文本框中输入值 2；单击 起点/钻点 选项卡，在 区域起点 区域的 默认区域起点 下拉列表中选择 拐角 选项，其他参数采用系统默认设置，单击 确定 按钮，完成非切削移动参数的设置。

Stage8. 设置进给率和速度

Step1. 单击"平面铣"对话框中的"进给率和速度"按钮 ，系统弹出"进给率和速度"对话框。

Step2. 在"进给率和速度"对话框的 主轴速度 区域中选中 ☑ 主轴速度 (rpm) 复选框，在其后的文本框中输入值 3500，按 Enter 键，在 进给率 区域的 切削 文本框中输入值 500，按 Enter 键，然后单击 按钮，其他参数采用系统默认设置。

Step3. 单击"进给率和速度"对话框中的 确定 按钮，完成进给率和速度的设置。

Stage9. 生成刀路轨迹并仿真

生成的刀路轨迹如图 21.44 所示，2D 动态仿真加工后结果如图 21.45 所示。

图 21.44　刀路轨迹

图 21.45　2D 仿真结果

Task13. 创建平面铣工序 2

Stage1. 插入工序

Step1. 选择下拉菜单 插入(S) ➡ 工序(E)... 命令，系统弹出"创建工序"对话框。

Step2. 确定加工方法。在"创建工序"对话框的 类型 下拉列表中选择 mill_planar 选项，在 工序子类型 区域中单击"平面铣"按钮 ，在 程序 下拉列表中选择 PROGRAM 选项，在 刀具 下拉列表中选择 D3 (铣刀-5 参数) 选项，在 几何体 下拉列表中选择 WORKPIECE 选项，在 方法 下拉列表中选择 MILL_FINISH 选项，采用系统默认的名称。

Step3. 在"创建工序"对话框中单击 确定 按钮，系统弹出"平面铣"对话框。

Stage2. 指定部件边界

Step1. 在 几何体 区域中单击"选择或编辑部件边界"按钮 ，系统弹出"边界几何体"对话框。

Step2. 在"边界几何体"对话框的 模式 下拉列表中选择 曲线/边... 选项，系统弹出"创建边界"对话框。

Step3. 创建边界。在"创建边界"对话框的 材料侧 下拉列表中选择 外部 选项，在 刀具位置 下拉列表中选择 相切 选项，然后在图形区选择图 21.46 所示的边线 1；在 刀具位置 下拉列表中选择 对中 选项，在图形区选择图 21.47 所示的边线 2；在 刀具位置 下拉列表中选择 相切 选项，然后在图形区选择图 21.48 所示的边线 3；在 刀具位置 下拉列表中选择 对中 选项，在图形区选择图 21.49 所示的边线 4，单击 创建下一个边界 按钮，系统自动创建一个边界。

图 21.46　定义参照边 1　　　　　　　　图 21.47　定义参照边 2

图 21.48　定义参照边 3　　　　　　　　图 21.49　定义参照边 4

Step4. 创建其余边界。详细过程参照 Step3，创建其余 3 条边界，结果如图 21.50 所示。

Step5. 分别单击"创建边界"对话框和"边界几何体"对话框中的 确定 按钮，系统返回"平面铣"对话框。

Stage3. 指定底面

Step1. 单击"平面铣"对话框 指定底面 右侧的 按钮，系统弹出"平面"对话框。

Step2. 选取图 21.51 所示的面，单击"平面"对话框中的 确定 按钮，返回"平面铣"对话框。

图 21.50　创建边界　　　　　　　　　　图 21.51　指定底面

Stage4．设置刀具路径参数

Step1．选择切削模式。在"平面铣"对话框的 切削模式 下拉列表中选择 轮廓加工 选项。

Step2．设置一般参数。在 步距 下拉列表中选择 刀具平直百分比 选项，在 平面直径百分比 文本框中输入值 50，其他参数采用系统默认设置。

Stage5．设置切削层

在 刀轨设置 区域中单击"切削层"按钮 ，系统弹出"切削层"对话框。在 每刀切削深度 区域的 公共 文本框中输入值 1，然后单击该对话框中的 确定 按钮，系统返回到"平面铣"对话框。

Stage6．设置切削参数

Step1．在 刀轨设置 区域中单击"切削参数"按钮 ，系统弹出"切削参数"对话框。

Step2．在"切削参数"对话框中单击 策略 选项卡，在 切削 区域的 切削顺序 下拉列表中选择 深度优先 选项，其他参数采用系统默认设置。

Step3．在"切削参数"对话框中单击 确定 按钮，返回到"平面铣"对话框。

Stage7．设置非切削移动参数

Step1．在"平面铣"对话框的 刀轨设置 区域中单击"非切削移动"按钮 ，系统弹出"非切削移动"对话框。

Step2．单击"非切削移动"对话框中的 进刀 选项卡，在 封闭区域 区域的 进刀类型 下拉列表中选择 沿形状斜进刀 选项，在 斜坡角 文本框中输入值 2；单击 起点/钻点 选项卡，在 区域起点 区域的 默认区域起点 下拉列表中选择 拐角 选项，其他参数采用系统默认设置，单击 确定 按钮，完成非切削移动参数的设置。

Stage8．设置进给率和速度

Step1．单击"平面铣"对话框中的"进给率和速度"按钮 ，系统弹出"进给率和速度"对话框。

Step2．在"进给率和速度"对话框的 主轴速度 区域中选中 ☑ 主轴速度 (rpm) 复选框，在其后的文本框中输入值 3500，按 Enter 键，单击 按钮，在 进给率 区域的 切削 文本框中输入值 500，按 Enter 键，然后单击 按钮，其他参数采用默认设置。

Step3．单击"进给率和速度"对话框中的 确定 按钮，完成进给率和速度的设置。

Stage9．生成刀路轨迹并仿真

生成的刀路轨迹如图 21.52 所示，2D 动态仿真加工后结果如图 21.53 所示。

图 21.52　刀路轨迹

图 21.53　2D 仿真结果

Task14. 创建平面铣工序 3

Stage1. 插入工序

Step1. 选择下拉菜单 插入(S) ➡ 工序(E)... 命令，系统弹出"创建工序"对话框。

Step2. 确定加工方法。在"创建工序"对话框的 类型 下拉列表中选择 mill_planar 选项，在 工序子类型 区域中单击"平面铣"按钮 ，在 程序 下拉列表中选择 PROGRAM 选项，在 刀具 下拉列表中选择 D3 (铣刀-5 参数) 选项，在 几何体 下拉列表中选择 WORKPIECE 选项，在 方法 下拉列表中选择 MILL_FINISH 选项，采用系统默认的名称。

Step3. 在"创建工序"对话框中单击 确定 按钮，系统弹出"平面铣"对话框。

Stage2. 指定部件边界

Step1. 在 几何体 区域中单击"选择或编辑部件边界"按钮 ，系统弹出"边界几何体"对话框。

Step2. 在"边界几何体"对话框的 模式 下拉列表中选择 曲线/边... 选项，系统弹出"创建边界"对话框。

Step3. 在"创建边界"对话框的 平面 下拉列表中选择 用户定义 选项，系统弹出"平面"对话框，选取图 21.54 所示的平面为参照，然后单击 确定 按钮，系统返回"创建边界"对话框。

Step4. 创建边界。在 材料侧 下拉列表中选择 外部 选项，在 刀具位置 下拉列表中选择 相切 选项，然后在图形区选择图 21.55 所示的边线 1；在 刀具位置 下拉列表中选择 对中 选项，在图形区选择图 21.56 所示的边线 2；在 刀具位置 下拉列表中选择 相切 选项，然后在图形区选择图 21.57 所示的边线 3；在 刀具位置 下拉列表中选择 对中 选项，在图形区选择图 21.58 所示的边线 4，单击 创建下一个边界 按钮，系统自动创建一个边界，如图 21.59 所示。

Step5. 分别单击"创建边界"对话框和"边界几何体"对话框中的 确定 按钮，系统返回"平面铣"对话框。

图 21.54 定义参照面

图 21.55 定义参照边 1

图 21.56 定义参照边 2

图 21.57 定义参照边 3

图 21.58 定义参照边 4

图 21.59 创建边界

Stage3. 指定底面

Step1. 单击"平面铣"对话框 指定底面 右侧的 按钮，系统弹出"平面"对话框。

Step2. 选取图 21.60 所示的面，单击"平面"对话框中的 确定 按钮，返回"平面铣"对话框。

Stage4. 设置刀具路径参数

Step1. 选择切削模式。在"平面铣"对话框的 切削模式 下拉列表中选择 轮廓加工 选项。

Step2. 设置一般参数。在 步距 下拉列表中选择 刀具平直百分比 选项，在 平面直径百分比 文本框中输入值 50，其他参数采用系统默认设置。

Stage5. 设置切削层

在 刀轨设置 区域中单击"切削参数"按钮 ，系统弹出"切削层"对话框；在 每刀深度 区

域的 公共 文本框中输入值1，然后单击该对话框中的 确定 按钮，返回到"平面铣"对话框。

Stage6. 设置切削参数

参数采用系统默认设置。

Stage7. 设置非切削移动参数

Step1. 在"平面铣"对话框的 刀轨设置 区域中单击"非切削移动"按钮 ，系统弹出"非切削移动"对话框。

Step2. 单击"非切削移动"对话框中的 起点/钻点 选项卡，在 区域起点 区域的 默认区域起点 下拉列表中选择 拐角 选项，然后选择图 21.61 所示的点，其他参数采用系统默认设置，单击 确定 按钮，完成非切削移动参数的设置。

图 21.60　指定底面

图 21.61　定义参照点

Stage8. 设置进给率和速度

Step1. 单击"平面铣"对话框中的"进给率和速度"按钮 ，系统弹出"进给率和速度"对话框。

Step2. 在"进给率和速度"对话框的 主轴速度 区域中选中 ☑ 主轴速度 (rpm) 复选框，在其后的文本框中输入值 3500，按 Enter 键，单击 按钮，在 进给率 区域的 切削 文本框中输入值 500，按 Enter 键，然后单击 按钮，其他参数采用默认设置。

Step3. 单击"进给率和速度"对话框中的 确定 按钮，完成进给率和速度的设置。

Stage9. 生成刀路轨迹并仿真

生成的刀路轨迹如图 21.62 所示，2D 动态仿真加工后结果如图 21.63 所示。

图 21.62　刀路轨迹

图 21.63　2D 仿真结果

Task15. 变换工序

说明：本 Task 的详细操作过程请参见随书光盘中 video\ch21\reference 文件下的语音视频讲解文件"塑料凳后模加工-r03.avi"。

Task16. 保存文件

选择下拉菜单 文件(F) ➡ 保存(S) 命令，保存文件。

读者意见反馈卡

尊敬的读者：

感谢您购买中国水利水电出版社的图书！

我们一直致力于 CAD、CAPP、PDM、CAM 和 CAE 等相关技术的跟踪，希望能将更多优秀作者的宝贵经验与技巧介绍给您。当然，我们的工作离不开您的支持。如果您在看完本书之后，有好的意见和建议，或是有一些感兴趣的技术话题，都可以直接与我联系。

策划编辑：杨庆川、杨元泓

注：本书的随书光盘中含有该"读者意见反馈卡"的电子文档，您可将填写后的文件采用电子邮件的方式发给本书的责任编辑或主编。

E-mail: 展迪优 zhanygjames@163.com；宋杨: 2535846207@qq.com。

请认真填写本卡，并通过邮寄或 *E-mail* 传给我们，我们将奉送精美礼品或购书优惠卡。

书名：《UG NX 9.0 数控加工实例精解》

1. 读者个人资料：

姓名：_____ 性别：____ 年龄：____ 职业：_____ 职务：_____ 学历：_____

专业：_____ 单位名称：_____ 电话：_____ 手机：_____

邮寄地址：_____ 邮编：_____ E-mail：_____

2. 影响您购买本书的因素（可以选择多项）：

☐ 内容　　　　　　　　　　☐ 作者　　　　　　　　　　☐ 价格

☐ 朋友推荐　　　　　　　　☐ 出版社品牌　　　　　　　☐ 书评广告

☐ 工作单位（就读学校）指定　☐ 内容提要、前言或目录　　☐ 封面封底

☐ 购买了本书所属丛书中的其他图书　　　　　　　　　　☐ 其他_____

3. 您对本书的总体感觉：

☐ 很好　　　　　　☐ 一般　　　　　　☐ 不好

4. 您认为本书的语言文字水平：

☐ 很好　　　　　　☐ 一般　　　　　　☐ 不好

5. 您认为本书的版式编排：

☐ 很好　　　　　　☐ 一般　　　　　　☐ 不好

扫描二维码获取链接在线填写
"读者意见反馈卡"，即有机会
参与抽奖获取图书

6. 您认为 UG 其他哪些方面的内容是您所迫切需要的？

_____

7. 其他哪些 CAD/CAM/CAE 方面的图书是您所需要的？

_____

8. 您认为我们的图书在叙述方式、内容选择等方面还有哪些需要改进的？

如若邮寄，请填好本卡后寄至：

北京市海淀区玉渊潭南路普惠北里水务综合楼 401 室　中国水利水电出版社万水分社

宋杨（收）　邮编：100036　联系电话：（010）82562819　传真：（010）82564371

如需本书或其他图书，可与中国水利水电出版社网站联系邮购：

http://www.waterpub.com.cn　　咨询电话：（010）68367658。